Journalism & Communication

国家社科基金青年项目
"我国媒体对跨国公司在华环境污染的舆论监督机制研究"
（13CXW017）成果

Communication Failure and Reconstruction: Pollution by China-based Corporates and its Countermeasures

我国境内企业污染的传播失灵与重建

王积龙　著

上海交通大学出版社
SHANGHAI JIAO TONG UNIVERSITY PRESS

内容提要

本书在分析了我国境内企业污染的传播失灵现象后,分别从市场、政府和社会组织的角度探讨了该问题产生的原因和各自所处的困境。认为:机制性地解决方案为建立我国的 PRTR 体系,鼓励公民的充分参与,这一体系能对造成传播失灵的诸要素做很好的纠正。

本书可作为新闻传播学、经济学、社会学和管理学领域研究人员的学习参考用书。

图书在版编目(CIP)数据

我国境内企业污染的传播失灵与重建/ 王积龙著
.—上海:上海交通大学出版社,2019
ISBN 978 - 7 - 313 - 22327 - 2

Ⅰ.①我… Ⅱ.①王… Ⅲ.①企业环境管理—污染防治—舆论—监督—研究—中国 Ⅳ.①X322②G219.2

中国版本图书馆 CIP 数据核字(2019)第 260770 号

我国境内企业污染的传播失灵与重建
WOGUO JINGNEI QIYE WURAN DE CHUANBO SHILING YU CHONGJIAN

著　　者: 王积龙
出版发行: 上海交通大学出版社　　　　　　　地　　址: 上海市番禺路 951 号
邮政编码: 200030　　　　　　　　　　　　电　　话: 021 - 64071208
印　　制: 当纳利(上海)信息技术有限公司　　经　　销: 全国新华书店
开　　本: 710mm×1000mm　1/16　　　　印　　张: 16
字　　数: 251 千字
版　　次: 2019 年 12 月第 1 版　　　　　　印　　次: 2019 年 12 月第 1 次印刷
书　　号: ISBN 978 - 7 - 313 - 22327 - 2
定　　价: 68.00 元

序
Preface

　　环境污染问题，与每个人息息相关，关系到每个人的身体健康乃至生命保障。而这一问题能否得到足够的重视和认真的解决，一个基本前提是，有关信息是否得到了充分的传播？这就是所谓的环境传播研究及其应用的重大意义所在。

　　环境传播研究（也可称之为环境传播学）是传播学的众多分支之一，由此可知，传播学是一门对于国计民生多么重要的学科。

　　传播学引入中国已逾 40 年，从无到有，从小到大，从幼稚到成熟，在研究层面，逐渐形成了内容多元化、对象本土化、方法科学化、视野国际化等取向，而环境传播学的成长，既是这个发展过程的一个产物，同时，也是体现这些取向的一个范本。

　　当然，对环境传播问题的关注，早已有之，但原先局限于新闻学的范围，以环境新闻或报道、环境宣传等作为研究对象。例如，本书作者积龙教授的博士学位论文《西方环境新闻研究》（2008 年），就是中国大陆第一篇系统评介西方环境新闻研究的学术成果，此文借鉴西方发达国家近百年来的环境新闻理论与实践，跨越了传统的"报道""宣传"理论框架。自此，作者也开始了全方位探索环境传播（包括环境新闻传播在内）的普遍规律之历程，你我眼前的这本书，就是这一不凡努力的又一硕果。

在我看来，本书的主要贡献和特色如下：

一、开拓性。如上所述，中国传播学的研究领域不断扩展，但相对而言，环境传播研究远非热门，其重要性与受重视程度很不相称，为此，就特别需要有一批拓荒者，而作为其中一员的积龙教授，堪称"十年磨一剑"，从环境新闻研究到环境传播研究，锲而不舍，默默耕耘，付出了十多年的辛勤劳动，终于获得相应回报——在习近平总书记关于生态文明建设一系列论述的指引下，环境传播研究领域的影响显著增大，积龙教授本人也成为这一重要领域的代表性学者之一。

二、创新性。作为环境科学与传播科学的交叉学科——环境传播学的价值虽然很高，但难度很大，因为，环境问题本身及其周边各种因素和关系，都异常复杂，这一方面使它令人望而生畏，另一方面，却也提供了创新的机会和空间。本书作者秉持学术良知和理论勇气，将国际视野与本土问题对接，直面中国作为"世界工厂"如何认识和解决包括在华跨国公司在内的各类企业的环境污染问题，创造性地运用"传播失灵"理论来分析现实，发现当下环境传播的主要问题，来源于三种监督（即：大众传媒对企业污染的监督、政府对企业环境信息公开的监督、社会公众及其相关组织对企业污染行为的监督）的失灵，在此基础上，就如何"重建"有效的环境传播生态，提出了富有理论创新意义和实际应用价值的"建设中国PRTR（污染物排放与转移登记制度）体系"之观点和建议。

三、规范性。真正的创新，必定来自科学的方法。作者在十多年的研究过程中，积累了扎实的功底，掌握了多元的方法。就本书而言，根据研究需要，主要采用了内容分析、问卷调查、案例研究、深度访谈等实证方法，并加入了跨国比较的视角，从而切实保障了整个研究的科学性、解释力和说服力。

　　综上所述，本书的出版，折射出环境传播研究在中国的快速进步和良好前景，这样一部佳作，值得所有关心中国环境问题的各界人士阅读和参考。

　　是为序。

张国良

2019 年岁末

张国良：上海交通大学教授，全球传播研究院院长。

前 言
Preface

　　这本专著是以国家社科基金青年项目"我国媒体对跨国公司在华环境污染的舆论监督机制研究"（批准号 13CXW017）成果为基础修订而成。新中国成立 70 年来，我国工业以前所未有的速度破浪前行。工业增加值从 1952 年的 120 亿元增加到 2018 年的 305 160 亿元，按不变价格计算增长 970.6 倍，年均增长 11.0%。其中，自 2010 年以来，我国连续多年稳居全球制造业第一大国。2017 年，我国制造业增加值占世界的份额高达 27.0%，成为驱动全球工业增长的重要引擎。[①] 全球五百强在中国基本上都有工厂，同时我国也有 100 多家企业入选"财富世界 500 强"，中国是名副其实的"世界工厂"。

　　伴随而来的是严重的工业环境污染与治理成本高企的问题。根据国家环保部发布的相关数据，2013 年，我国环境污染严重，雾霾日数 50 年来最多，74 个按空气

---

① 班娟娟. 工业增加值破 30 万亿大关　我国稳居制造业第一大国［N］. 经济参考报，2019 - 9 - 9.

质量新标准监测的城市中，仅有 4.1% 的城市达标；[①] 水资源污染令人震惊，长江和黄河等 10 大水系的国控断面中，9% 的断面为劣五类水质；全国 4 778 个地下水监测点位中，较差和极差水质的监测点比例为 59.6%。与此同时，2007 年至 2017 年环境污染治理支出不断加大，成为国家财政的重要负担：2015 年为 8 806.3 亿元，2017 年为 9 538.95 亿元，2019 年环境污染治理投资占 GDP 比重高达 1.9%。[②] 这样严重的污染局面，与中央的绿色发展观、"五位一体"布局、"美丽中国"建设的国家战略相去甚远，亟待理论研究的介入。

本书探讨环境污染的信息传播，并置于传播失灵的理论框架内，采用后工业性理念很强的公共选择理论作为纠正传播失灵的论证依据，目的在于抛弃意识形态性的批评，从工业社会发展的一般规律上来寻求问题产生的原因与有效的解决途径。这是我们作为现代社会彼此吸收发展经验并能够共同进步的重要力量源泉，也是我国改革开放并与世界打交道的重要原因所在。

我国境内企业污染现象较为普遍，其中信息传播失灵是重要原因。本书在新闻传播学框架下，以传播失灵的三种主要形态为考察坐标，对我国市场化大众传媒的传播失灵、地方政府监督企业的传播失灵、社会化组织监督的传播失灵进行实证研究，以证明这些问题的存在是一种普遍现象。解决方案是建立我国的 PRTR 体系。根据在于 PRTR 体系能很好地解决环境污染信息的公共产品属性、环境污染的负外部性以及信息对称等问题。这一方案来自公共选择理论，即当非市场机制失灵的时候，最好是通过市场机制的引入来加以解决。因为非市场机构同样需要通过公众的选择才能够发挥作用，这是现代社会进步的重要力量源泉。

传播失灵来自医学传播中的碎片化传播现象研究。严格地说，在正式被运用于心理、社会、经济与政治等复杂的情境研究之前，它还不能被称为完善的理论。环境问题的深入研究，无疑能推动这一理论的深化，国内

---

① 张彬，杨烨，钟源. 中国 2013 年平均雾霾天数达 29.9 天 创 52 年来之最 [N]. 北京经济参考报，2013 - 12 - 30.

② 中华人民共和国国土资源部. 2013 中国国土资源公报 [R]. 2014. 4.

外学者开始在此领域深耕，本书的研究与撰著也是一种尝试。传播失灵的深刻之处在于，它把环境污染信息的传播不畅、内容扭曲、传播机构不作为等一系列问题集中于一个更直观的结果上：失灵。这又打开了另一个分析问题与研究问题的框架——市场失灵与非市场失灵，这样一个公共选择的理论体系。两者浑然天成，相互回应。传播失灵与科斯定律、沃尔夫的市场失灵与非市场失灵的结合，然后再具体为 PRTR 体系这一解决方案，成为一个相对完整的问题发现、问题分析与问题解决的理论思考过程。

本书研究过程中获得了很多人的支持与帮助。上海交通大学全球传播研究院院长张国良教授在研究过程中给予了很多方法论方面的指导；华东师范大学传播学院的路鹏程副教授在研究理论框架、研究方法与某些细节方面都给予了重要的帮助；上海交通大学媒体与传播学院的黄康妮博士在本研究美国环境新闻记者实证调研阶段，承担了大量的工作，并促使数据最终完成；我的硕士生谢凡女士多次往返于北京和上海之间，完成了对公众环境研究中心的访谈；密歇根州立大学传播学系的张渠成博士也在本研究的雾霾调研中承担了很多工作。没有这些人的帮助，本研究很难顺利完成。本书存在的疏漏与不足之处，也请广大读者与同道批评指正。

目 录
Contents

绪　论

一、研究问题与理论构架

传播失灵（communication failure）在传播学研究领域最早源自技术性问题的医患沟通。早在 1969 年前提出这一概念的研究认为，医院里医患关系传播失灵将会把医疗案件变成一个法律案件，这里的传播失灵是指医生医疗话语与患者大众话语之间对接的沟通失败。[①] 目前的传播失灵研究逐步走向多学科发展交叉的视角，传播学领域的学科特征并不是很明显。

对现有文献的梳理表明，传播失灵大体上可以分为三个层面：

第一，内容扭曲性传播失灵，或者称为内容扭曲的传播失灵。主要体现在语言学、心理学与健康传播等领域。传播失灵从健康领域引入传播，涉及科学与环境问题难以被大众理解，导致传播失灵，因而对当代认知和传播理论提出了挑战。有研究以认知和交流理论（theories of cognition and communication）为例，说明这一理论对牛海绵状脑病（BSE）和克雅氏病（CJD）之间联系的解释性作用。[②]

第二，功能性失灵，即传播结构完整，但某（些）部分结构的功能失灵。健康传播领域把科学话语与大众话语的沟通不畅、传播结构的功能缺失引入到传播学中来，传播失灵后来进一步把技术性特征的媒介引入大众传播研究，如通过实验研究证实耳麦在语言沟通中（曲解传者的描述）的

[①]　Horty, J. F., 'Hospital-patient Communication Failure Can Turn Medical Cases into Legal Cases', *Modern Hospital*, 1969, 113 (5): 74.

[②]　Harvey, J., 'Communication Failure on Environmental and Health Issues', *The Irish Journal of Psychology*, 1996, 17 (4): 299-309.

传播失灵以及纠正的方法。这种传播失灵牵涉传播结构中的传者—媒介—受者等多种传播结构性功能，在传播失灵中所起的作用。[①] 再比如，在经济领域 2008 年全球经济危机之后，有的研究认为经济危机实质上是信息传播的危机，因为信息生产的管理结构、驱动力与员工不安全感建立起的工作场所达成一致，导致不准确信息生产的环境变得正常化。从信息生产与资本及其所有者属性角度阐述了经济危机与传播失灵的关系。[②]

第三，结构性功能失灵，即传播结构不完整或者结构上存在不确定因素，导致传播失灵。在健康传播领域如残疾人传播：在传播结构中当传播者出现传播结构功能问题时，就会出现传播失灵。[③] 因为传播是由完整的结构和过程组成的，每一个结构里都会承担着一定的传播功能，当结构不存在时，功能也就无所依附。[④] 在社会传播活动中，由于缺少外围的支持系统，如制度体系的支撑，也很容易造成结构性功能的传播失灵。较为典型的就是社会化组织的监督职能，没有制度性规定，就没有这种传播结构，如传者身份、媒体平台、告知功能等，就形成结构性功能失灵。比如绿色和平的有效传播活动就需要这种支持系统，并进一步影响其传播的有效性。[⑤]

本书所说环境污染的传播失灵是指在环境传播情境下、在中国境内的企业环境污染信息公开或传播的过程中，大众传媒、政府监督部门与社会组织传播过程中出现的内容扭曲、功能或结构性功能断裂，从而造成传播失败的现象。这一概念的主要理论依据来自查尔斯·沃尔夫（Charles Wolf）的市场失灵之"失灵"的阐释。他认为失灵可以用"缺陷"（shortcomings）和"失灵"（failure）两个词来交替使用。因为"缺陷"具有更广泛的意义，经济学

① Longhurst, M., Siegel, G., 'Effects of Communication Failure on Speaker and Listener Behavior', *Journal of Speech and Hearing Research*, 16 (1): 128-140.

② Marshall, J., 'Communication Failure and the Financial Crisis', *Globalizations*, 2013, 10 (3): 367-381.

③ McCartney, E., 'Constructive Communication Failure: the Response of Speech Disordered Children to Requests for Clarification', *British Journal of Disorders of Communication*, 16 (3): 147-157.

④ Elizabeth, D., Kerm, H., 'Communication Failure: Basic Components, Contributing Factors, and the Call for Structure', *Joint Commission Journal on Quality and Patient Safety*, 2007, vol.33, pp.34-47.

⑤ Bakir, V, 'Policy Agenda Setting and Risk Communication-Greenpeace, Shell, and Issues of Trust', *Harvard International Journal of Press-Politics*, 2006, 11 (3): 67-88.

上把背离帕累托效率的结果归为失灵，这样就可以把分配问题的思考也考虑在市场失灵之下。① 环境污染中的传播失灵无外乎着重于传播的"缺陷"或者"失灵"，如"缺陷"是指传播的环境污染信息不全或者内容的扭曲，即市场化大众传媒的传播失灵；政府对监督企业环境信息不公开或公开内容不全，属于功能性失灵；社会组织在监督企业、政府信息公开时缺少可执行、可保障的法律体系，这又是结构性功能失灵。"失灵"严格意义上是指传播内容的扭曲、空缺，或功能性、结构性功能的断裂，导致这一原因的多是因为传播要素在结构上的不完整或功能性的缺位。"缺陷"与"失灵"的结合构成了本研究的"传播失灵"这一内涵。

本书主要考察我国当前社会情境下的企业环境污染的环境信息传播问题，探究三个方面的传播失灵：我国市场化大众传媒（主要是内容扭曲的传播失灵）、地方政府（主要是功能性传播失灵）与社会化组织对环境污染信息监督（主要是结构性功能的传播失灵）的问题。在本书中，内容扭曲的传播失灵与功能性传播失灵虽然其传播的结构完整，但内容扭曲性的传播失灵多是指市场化的失灵，而功能性失灵是非市场化的失灵，比如政府环保主管部门的信息公开失灵。但三种传播失灵又相互交叉，比如门户网站的传播失灵缺少法律上采访权的支持，是结构性功能失灵；公众参与中因为科学知识沟的存在而导致内容扭曲性的传播失灵。从研究框架来说，通过实证为主的研究探讨我国境内企业环境污染领域的传播失灵现象，即通过市场化大众传媒舆论监督的失灵、地方政府监督企业环境信息公开的传播失灵、社会化组织监督的传播失灵来构建我国环境污染领域的传播失灵。

这一理论体系是我国社会情景下环境信息传播失灵研究的理论框架。这一理论基础来自沃尔夫的市场失灵（market failure）与政府失灵（government failure）。盖伦认为环境问题具有的外部性（externalities）、非市场性（non-market）、公共性（public）等属性导致信息市场化的失灵，主要采用非市场失灵理论（theory of nonmarket failure）来主张需要

---

① Wolf, C., *Market or Governments: Choosing Between Imperfect Alternatives*, Santampnica, 1986, pp.14 - 15.

政府干预。[①] 国内较早涉及传播失灵与政府职能关系的研究在图书馆领域;[②] 也有研究认为由于政府干预带有明显的人为特征,可能违反事物规律,从而导致政府失灵。[③] 不过国际学术界的观点认为,市场失灵造成的传播失灵应该由政府承担责任,信息不对称的市场失灵是由不对等的垄断权力所造成的,纠正这一失灵需要政府介入。[④] 因此在此部分内,研究我国环境传播中市场媒体传播失灵、政府传播失灵,其理论框架为沃尔夫的市场失灵理论与政府失灵理论;[⑤] 在社会化监督方面的理论基础是政府—企业—社会组织三角监督理论[⑥]的传播失灵。

本书的理论框架不同于已有的偏政治经济学类的信息传播失灵研究,主要着重于后工业社会理论的公众选择理论(public choice theory)[⑦] 与三角监督理论。国内最早从组织社会学角度提出传播失灵理论的是潘祥辉,他从研究苏联解体的教训中,分析传播失灵在苏联结构性功能缺失中所导致的信息短缺、失真及扭曲,得出其原因在于僵化的体制。[⑧] 他还进一步从信息经济学的角度考察传播失灵与政府失灵、市场失灵的关系,认为不同的社会体制在这三角关系中对传播失灵起到不同的作用。[⑨] 这一系列观点,因为从分析信息经济学开始到分析政治制度结束,把传播失灵放在特定的经济体制与政治体制下来考量,因此带有明显的偏政治经济学分析的特征,令人耳目一新。在国外,有学者发现美国教育中也有重市场失灵而轻政府失灵的研究与传播特征。在有关公共选择的 23 份教材中,市场失灵

①　Wolf, C., *Markets or Governments: Choosing Between Imperfect Alternatives*, RAND Corporation, 1986, pp.Ⅴ-Ⅹ.

②　查先进:《论市场失灵与政府干预》,《中国图书馆学报》,2000 年第 4 期, 第 27—29 页。

③　查先进、严亚兰:《再论市场失灵与政府干预》,《中国图书馆学报》,2001 年第 4 期,第 8—10 页。

④　Pranav Jain, '4 Types Of Market Failures That Require Government Intervention', *Huffington Post*, Oct. 2nd, 2017.

⑤　Wolf, C., 'Non-market Failure Revisited: the Anatomy and Physiology of Government Deficiencies', in H. Hanusch (ed.), *Anatomy of Government Deficiencies*, NY: Springer-Verlag, 1983.

⑥　Krishnan, S., 'NGO Relations with the Government and Private Sector', *Journal of Health Management*, 2007, 9 (2), pp.237 - 255.

⑦　Krishnan, S., 'NGO Relations with the Government and Private Sector', *Journal of Health Management*, 2007, 9 (2), pp.237 - 255.

⑧　潘祥辉:《社会主义国家"传播失灵"现象的组织社会学分析》,《新闻学研究》,2011 年第 7 期, 第 269—306 页。

⑨　潘祥辉:《传播失灵、政府失灵及市场失灵的三角关系:一种信息经济学的考察视角》,《现代传播(中国传媒大学学报)》,2012 年第 2 期,第 51—56 页。

观点覆盖范围是政府失灵理论的 6 倍之多。而作者认为市场失灵来自政府失灵，是由政府结构性功能失灵所造成；[①] 并在此基础上认为从政府失灵角度的研究之稀缺是普遍现象，有学术也有体制的原因。

作为后工业社会理论之一的公共选择理论并不认为政府凌驾于市场之上，因为市场失灵也会带来政府失灵，政府比市场更容易失灵，根源在于政府割断了投入与产出之间的联系。公共选择理论既简单又直接，假定选民是消费者，政府雇员相当于商人，认为政府失灵可以通过市场手段即公众的选择得以解决。它适合于新闻传播学问题的切入，比如通过信息对称这样一个打破市场垄断的方法来解决政府与非营利组织的失灵问题，具有明显的后工业社会理论特征，是研究现代社会问题的重要理论框架，它甚至认为不适合研究非市场经济的非现代社会的落后制度国家。[②] 如《公共选择》期刊已经在美创办 30 多年，欧洲也创办了自己的《公共选择》期刊，日本、韩国、中国台湾地区都有这方面的研究。因此，这是一个普遍的后工业社会的研究领域。[③] 本书的主要理论框架借鉴了查尔斯·沃尔夫的政府失灵与市场失灵理论，并采用市场失灵导致政府失灵、政府失灵导致非营利组织失灵的分析框架。[④] 非营利组织的失灵属于非市场组织失灵的观点来分析我国的社会化组织传播失灵问题。

后工业社会理论认为人类进入工业社会以后，政府与企业的两级管理体系的失败，必须依靠第三方监督的介入调整，这是工业社会的通病。如对美国环境灾难中的信息传播失灵研究，风险传播失灵（risk communication failure）理论通过卡特里娜飓风灾难中新奥尔良市传播失败现象来探讨社会化原因，认为包括信息外围的共识、危机前信息的准备、信息（源）可信度、受众的人口统计学特征等要素都应考虑在传播失灵当中。[⑤] 研究强调政府在创造条件消除环境传播失灵中的责任与主导作用，显示出后工业

① Fike, R., Gwartney, J., 'Public Choice, Market Failure, and Government Failure in Principles Textbooks', The Journal of Economic Education, 2015, 46 (2): 207 - 218.

② Simmons, T., Beyond Politics: The Roots of Government Failure, Oakland: Independent Institute, 2011, pp.1 - 3.

③ Simmons, R., Beyond Politics: The Roots of Government Failure, Oakland: Independent Institute, 2011, pp.xiii - xv.

④ Wolf, C., Market or Governments: Choosing Between Imperfect Alternatives, Santampnica, CA: 1986, pp.49 - 71.

⑤ Cole, T., Fellows, K., 'Risk Communication Failure: A Case Study of New Orleans and Hurricane Katrina', Southern Communication Journal, 2008, 73 (3): 211 - 228.

理论寻求问题普遍性的特征。在政府与社会化组织传播失灵上，本书将以我国境内企业环境信息公开作为切入口，理论框架还涉及合法性理论（legitimacy theory）和利益相关者理论（stakeholder theory），前者通过环境信息公开来表明企业环境业绩以证明其存在的合法性，后者强调在信息公开和舆论监督中利益相关者要求的重要性。[①] 本书也侧重于对后工业社会或称之为风险社会的技术性解决方案的理论关照。

　　作为后工业社会理论的解决方案，强调信息传播特别是信息对称。[②] 解决我国环境污染问题的传播失灵，应制定技术性的解决方案，即借鉴主要发达国家和一部分发展中国家的发展经验，建立中国的 PRTR 体系，对环境信息的公共性、外部性、竞争性进行公共政策的调整，对地方政府的内在性与组织目标进行符合公众要求的革新，引入竞争机制，从而带动非营利组织的功能提升，提升公众参与水平，从而克服我国境内企业污染信息的传播失灵。

二、主要研究方法

　　本书以针对企业污染的传播失灵及其有效传播再建为最终研究目标，以考察现有的中国媒介生态之监督企业的可能性为参照，以我国环境新闻记者队伍现状为基本的考察点，以西方国家特别是美国的实践历史为比较，以国际通行惯例为参照的方法，研究中国 PRTR 体系建设的框架与纠正环境污染传播失灵的内部逻辑。为此，本书采用了多种研究方法。

（一）问卷调查法

　　为了研究我国大众传媒环境污染议题上的传播失灵，对当前环境新闻记者的环境科学素养知识进行实证考察，本书采取了问卷调查法。主要通过 2010—2012 年在上海交通大学举办的"环境保护新闻与传播"学术论坛，以及"2014 中国环境新闻记者年会"邀请而来全国各地的环境新闻记

---

① Cormier, D., Magnan, M., & Van, B., 'Environmental Disclosure quality in Large German Companies: Economic Incentives, Public Pressures or Institutional Conditions?', *European Accounting Review*, 2005, 14 (1): 3-39.

② Bell, D., *The Coming of Post-Industrial Society*, NY: Basic Books, 1973.

者建立起基础数据库，并请参与者通过滚雪球的抽样方法拓展名单，最后获得一份涵盖全国各地和各种媒体环境新闻记者的抽样框，最后获得有效样本。研究根据环境新闻记者的工作性质和专业特征，从美国温室效应题库、耶鲁大学气候变化传播计划中选择问题，建立起成气候变化科学知识指标。[①]

通过问卷调查研究发现，我国环境记者整体而言对环境科学知识掌握程度较低，缺乏坚实而全面的环境科学知识结构，环境记者的科学专业能力和水准有待提高。并且，环境新闻记者在采访中使用最频繁的消息来源是非营利性环保组织，出现严重的"媒体 NGO 化"倾向。研究还表明，科学信源的使用是环境新闻记者提升科学素养的重要渠道之一。而我国环境新闻记者普遍缺少科学信源使用，也可能导致环境科学信息生产的缺失，从而形成传播失灵。这些都是在调查问卷基础上得来的结论。从研究范围和专业性来看，这是我国新闻传播学界第一次在全国范围内进行的环境新闻领域的大规模实证研究。

为了获得国际研究视角，从环境新闻生产的角度进行中美环境新闻记者知识的比较研究。本研究还联合密歇根州立大学环境新闻研究中心，获得了在美国区域内大规模记者调查问卷的数据。研究通过环境新闻记者协会（SEJ）会员名单、农业记者名单，以及 2011 年 1—2 月的地方环境报道中建立曾报道环境议题的记者名单等抽样框中选择了五大湖区的环境新闻记者，并通过滚雪球抽样法进步拓展样本，最后获得有效样本完成问卷。在非正式学习中习得的气候变化科学知识上，研究同样采用了雷瑟罗维茨、史密斯和马龙（Leiserowitz，Smith & Marlon）设计的非正式学习指数。该指数通过测量受访者在印刷媒体、电子媒体、互联网等各种不同媒体学到的有关气候变化的知识，将其加总形成媒体使用之非正式学习指数的设计。

① Keller，J. M. Part I：*Development of a concept inventory addressing students' beliefs and reasoning difficulties regarding the greenhouse effect*；'Part II：Distribution of chlorine measured by the Mars Odyssey Gamma Ray Spectrometer'. Dissertation submitted to the department of planetary sciences，the University of Arizona.2006；Leiserowitz，A.，Smith，N. & Marlon，J. R. Americans' Knowledge of Climate Change. Yale University. New Haven，CT：Yale Project on Climate Change Communication2010. http：//environment. yale. edu/climate/files/ClimateChangeKnowledge2010. pdf，2016 年 7 月 18 日。

在公众参与和环境科学知识素养领域，本书瞄准环境污染区域与环境优异区域公众参与诸要素是否具有差异性这一目标，把雾霾区严重的保定和没有雾霾区的海口作为考察的对象，选取了两地各具代表性的两所大学：河北大学和海南大学。首先，因为在保定和海口两地大专院校中，具有全国生源、学科门类较为齐全、在全国较有影响力的，主要是河北大学与海南大学。其次，本书根据学科文理分层，然后分别随机抽取若干学院，随后从抽中的学院再随机抽取出若干专业，进而在专业样本框中再随机抽取若干年级，最后对抽到的年级进行全员调查。考察公众参与中雾霾区和非雾霾区公众风险感知和政策认知方面的差异。调查问卷法是本书的一个研究特色。

（二）比较研究法

一是微观领域的比较研究。为了探求新闻生产领域的传播失灵现象，本书对中美环境新闻记者的环境科学素养进行比较研究。把 220 名中美记者（其中中国记者 104 名，美国记者 116 名）放在同一张问卷，即 15 道气候变化的知识卷上比较，考察数据上的不同，并尝试给出原因。比较的目的是为了让读者清楚在气候变暖问题上，中美两国环境新闻记者科学素养之不同，有可能在新闻生产环节上产生传播失灵现象。通过比较研究发现，在气候变化科学知识习得上，中国环境记者对从学校正式教育获得的相关知识的主观评价高于美国环境记者，而在非正式学习指数的测量中则低于美国环境记者。

比较研究可以在更微观的视角里发现非常细节的传播失灵的问题。就新闻生产而言，中美环境记者征引的消息来源均非常广泛而多元，但美国环境记者偏爱使用科学性消息来源，而超过一半以上的中国同行更愿意采用环保非政府组织的信息作为信源。这些因素在不同程度上对中美环境记者的气候变化科学知识指标测量形成一定的影响。探索造成这些差异的深层动因，在中国与印度为主的第三世界环境新闻记者看来，气候变化是西方建构起来的话语体系，与发展中国家环保所面临的生存与发展等一系列具体问题相去甚远。通过比较研究可以清楚地看到，我国新闻记者的环境科学素养普遍较低，这在一定程度上反映传播失灵的新闻生产领域的原因。这是新闻传播学领域第一次出现中美两国记者以量化为主、在调查问卷为基础上的实证性的比较研究，这也是本书在研究方法上的重要贡献。

二是宏观层面的比较研究。比较研究还表现在借鉴国际经验寻求我国环境污染问题传播失灵的解决方案上，即对中国 PRTR 体系建设的必要性与可能性等要素的考量上。另外，我国 PRTR 制度建设，是以全国统一的企业环境信息数据库为核心、以不断完善的企业环境信息公开法规为框架、以不断演进的有害化学品清单为指标、以最高环境资源部门为主导，以各种形式的公众参与为保障的规制体系。符合条件的企业按有害化学品清单将污染物数据上报至地方环境资源部门，最终汇总于最高环境资源部门并委托第三方专业机构承运企业环境信息数据库。有害化学品清单的演进遵循着一定的逻辑，即公众对有害化学品认知程度、有害化学品危害程度、控制成本、影响范围等都是重要的考量要素。这些都是在参照欧美发达国家 PRTR 体系营运特征的基础上以得出结论的。

（三）访谈法

为了研究我国民间推动的以 PRTR 数据库建设，以及把握我国民间环保组织舆论监督为主的公众参与，在社会力量监督章节与公众参与章节里，本书采用了对我国民间环保组织公众环境研究中心副主任王晶晶的访谈，探讨公众环境研究中心自 2006 年以来的实践，这其中的诸多经验都值得研究。诸如当前 PRTR 数据库的主要公众参与问题是公众对环境信息公开认知度低，科学语言转化为大众语言的困境等；而应对这些困难，环保组织需要努力在关键领域引导公众参与，推动参与政策制定，建立环保组织与政府良性互动机制等实践的尝试。这些都是在访谈基础上获得的。另外，对于中美两国环境新闻记者科学知识结构等方面存在的差异，中国环境新闻记者气候科学知识的普遍较低，有可能导致新闻生产领域的传播失灵。在探究其中的原因时，也对大量的一线环境新闻记者进行了访谈，包括中央人民广播电台前记者汪永晨、《中国环境报》前社长杨明森、《南方周末·绿版》前主编何海宁、中央电视台社会新闻部记者臧公柱等。通过一大群中国一线环境新闻记者的观点访谈，来建立中国环境新闻的话语方式，这是本书一个很重要的特点。

（四）内容分析与二次文献法

本书的主要研究方法还有内容分析法和二次文献法。为研究我国市场化媒体的传播失灵，此部分主要采取内容分析法，抽样均按照分层抽样进行，包括《南方周末·绿版》（简称"绿版"）上的环境新闻与刊登其上的各类绿色诉求广告的内容分析，抽取样本时间为 2009 年 10 月—2012 年 10 月，环境新闻数量为 201 篇，绿色诉求广告样本 70 则；《北京青年报》抽样时间为 2000—2011 年，获得环境新闻样本 192 份；《解放日报》抽样时间段为 2006—2011 年，获得环境新闻样本 68 份；《新民周刊》抽样时间段为 2000—2011 年，共有 101 份新闻样本；《贵阳晚报》的取样时间段为 2002 年 7 月—2012 年 6 月，获得环境新闻样本数 261 份。二次文献法主要针对我国著名环保组织公众环境研究中心（以下简称"IPE"）提供的资料，以该中心开发的污染源监管信息公开指数（PITI）为切入口，研究社会化组织对地方政府环境信息公开的监督效果及其遇到的问题。我国地方政府监管的信息传播失灵与社会化监督的传播失灵的实证材料，主要来自 2008 年《环境信息公开办法（试行）》（本章简称《办法（试行）》）以来 IPE 的实践资料，以此作为二次文献展开研究。

三、我国境内企业污染的传播失灵之概论

（一）内容扭曲：市场化大众传媒的传播失灵

内容扭曲是我国市场化大众传媒的传播失灵的抽象概括。市场化传播失灵的第一个表现是舆论监督的偏移。对"绿版"诞生后 3 年的内容分析发现，在环境污染的报道中，几乎看不到对该媒体所在省份的报道。从具体的数字来看，在被抽样的 201 篇环境新闻中，仅有 4 篇报道牵涉广东的环境问题，其中算得上调查报道的负面新闻仅有 2 篇。[①] 这种在本地环境问题报道上的偏移本质上是一种传播失灵现象，被学界称为"阿富汗斯坦主义"（afghanistanism），即对别人的问题报道深谋远虑，对本地问题视而不见、充耳不闻。从环境新闻传播的经验来看，由于发生在本地的问题具有物理空间的接近性、特定的社会情境与无可替代的可信度体验，因此受

① 王积龙：《我国绿色新闻出版业的发展、问题与成因研究》，《上海交通大学学报（哲学社会科学版）》，2013 年第 5 期，第 62—69 页。

众对于本地环境问题的把握，能够提高他们对环境风险的认识，也进一步推动他们的公众参与，媒体传播的地方化对问题的解决起着决定性作用。①

地方市场化媒体的传播失灵主要表现在环境污染问题在传播内容上的稀缺。研究有对北京、上海这样经济十分发达区域的报刊（包括《新民周刊》《解放日报》《北京青年报》等）进行取样，也有对经济欠发达地区地方报纸（如《贵阳晚报》等）的取样，均属于5—10年的中长程内容分析的实证研究。② 发现环境污染类深度调查报道在地方市场化媒体中极为稀缺，即使是以《新民周刊》这样以深度报道为主的媒体上也极难发现。唯一可见的是《新民周刊》初创时期两期关于"苏州河污染事件"的报道。之所以会有这两期的深度报道，是因为时任上海市领导的江泽民与朱镕基亲自批示之后才有了媒体的新闻生产。这种传播内容上的扭曲是市场化媒体之传播失灵另一种表现。

从环境新闻发展的国际经验来看，地方性环境报道最难展开有其深刻原因。美国发行量最小的日报《华盛顿每日新闻》（南加州）曾在1990年获得普利策新闻奖中分量最重的"公众服务奖"。获得这项殊荣的理由是，该报在1989年的一系列深度报道，揭露了南加州华盛顿小城8年的自来水污染。这个在当时发行量仅有1万份左右的报纸顿时引起同行的关注。《夏洛特观察者报》社论认为这是地方小报的奇迹，因为记者要批评一位市议员却又不得不在她家吃晚饭；记者揭露市长要掩盖的真相，又不得不从他的银行借钱；记者报道监狱的管理不善，可记者的儿子又和监狱长的女儿同班同学。③ 这里，指出地方报纸在传播失灵上复杂的社会原因。

市场化报纸的传播失灵有其经济上的原因。研究对"绿版"前3年的"绿色"广告内容抽样发现，在70个广告样本中汽车有16则，占总数23%，居首位；家电占12%，居次位；石油化工为10%，居第三。而且绝大多数广告诉求都与绿色环保没有关系，多属于国际石化能源巨头、

　　① Bickerstaff, K., Walker, G., "Public Understandings of Air Pollution: the 'Localization' of Environmental Risk", *Global Environmental Change*, 2001, Vol. 11, pp.133 – 145.

　　② 王积龙：《我国地方综合新闻报刊环境新闻发展中的问题——基于五家报刊的内容分析》，《西南民族大学学报（哲学社会科学版）》，2013年第11期，第135—141页。

　　③ Coughlin, W., 'Think Locally, Act Locally', (in ed.) LaMay, C., Dennis, E., *Media and the Environment*, Washington, D. C.: Island Press, 1991, pp.115 – 124.

汽车跨国公司的"漂绿"宣传。[①] 由于广告主以这些石化、汽车等污染企业为主,也进一步限制了"绿版"的新闻宗旨。研究进一步发现,该报每年主打的新闻栏目"漂绿榜"已经数次推出"十大漂绿企业",像壳牌这样的国际能源企业多次上榜,却又多次在"绿版"头版头条上隆重推出壳牌的"绿色"广告。赫尔曼(E. Herman)与乔姆斯基(N. Chomsky)在论及新的宣传模式时,指出在资本日益集中的垄断化时期,市场化媒体在这全球化的浪潮里必然失去利益多样化的广告主,从而导致大众传媒的内容生产受制于日益集中化的广告主之利益垄断。[②] 这是造成传播失灵的市场原因,作为全球化的重要区域,中国市场化传媒也不能例外。

面对市场化媒体的传播失灵,在后工业化社会理论里,美国有学者主张建立非营利模式深度报道"新闻生态系统",即非市场化媒体,专注于公共福祉进行深度报道,通过民间慈善基金、政府补贴、政策扶植等多种形式保障媒体的财力,使传统媒体的新闻专业主义理想在数字化时代得以继承。[③] 美国新闻业已经开始了这类实践,非营利媒体 Propublica 于 2010 年和 2011 年连续两年获得普利策新闻奖,是第一家获得普利策新闻奖的网络媒体;2017 年又与《纽约每日新闻》获得普利策"公共服务奖"。Propublica 是 2007—2008 年建立的新媒体平台,创始时由桑德列家族基金(Sandler Family Foundation)支持。主要的新闻理想是"利用调查新闻的道德力量"来"揭露权力的滥用与对公众信任的背叛"。[④] 从个案来看,这种对传媒市场传播失灵的纠正在短期内是有成效的。

(二)功能性失灵:地方政府环境信息的传播失灵

地方政府功能性传播失灵是指地方政府虽然具有企业环境信息的职责和机构,却不作为或不能进行有效传播。按照查尔斯·沃尔夫的理论,现代市场都混合有政府的作用。由于西方政府根据凯恩斯主义对经济干预所

---

① 王积龙、郭一阳:《绿新闻 绿卖点?》,《现代传播(中国传媒大学学报)》,2014 年第 12 期,第 106—111 页。

② Herman, E., Chomsky, N., *Manufacturing Consent: The Political Economy of The Mass Media*, NY: Pantheon Books, 1988, pp.XⅡ - XⅨ.

③ Downie, L., Schudson, M., 'Finding A New Model for News Reporting', *Washington Post*, Oct., 19th, 2009.

④ 'The Mission', https://www.propublica.org/about/.

取得的一些成功，给了政府干预市场更大的信心。然而，由于政府的局限，市场做不好的事情，政府纠正的过程中同样也会做不好。① 因为政府干预经济常用的政策、法律等诸多手段不能从根本上解决环境的公共产品属性、外部性、市场垄断与信息传播不对称等问题。在我国环境传播领域，地方政府失灵导致的传播失灵主要是在政府监督企业环境信息公开领域中的信息传播。我国环保组织 IPE 自 2008 年《办法（试行）》实施以来，开发了专门评估政府传播失灵的指数——污染源监管信息公开指数（PITI）。这个指数是指《办法（试行）》中要求政府"及时、准确地公开""政府环境信息"，包括"环保部门在履行环境保护职责中制作或者获取的……信息"，并要求"环保部门应当建立、健全环境信息公开制度"。我国《环境保护法》进一步规定"县级以上人民政府环境保护主管部门……依法公开环境质量、环境监测……信息"。这给我们探究政府环境信息的传播失灵方面提供诸多鲜活的素材。

从整体看，我国地方政府在环境污染领域的传播失灵现象较为普遍。从评估范围来看，IPE 的 PITI 从一开始就囊括全国主要的 113 个城市，后期进一步扩展。从环境信息公开元年（2008 年）的结果来看，我国地方政府在污染源监管信息公开方面总体上处于传播失灵状态。PITI 指数的分值满分设为 100，其中超过 60% 的分值可视为依据法规要求设定的基本指标，剩下的 40% 则为公众参与设定的倡导性指标，实为政府信息公开的保障体系。结果显示，在 113 个被纳入评估的地方政府中，达到 60 分的只有 4 个城市，不到 20 分的城市多达 32 个，而 113 个城市的平均分只有 31 分。② 在这 113 个样本城市中有 110 个是国家环保重点城市，广泛分布于东、中、西部重要区域，都是全国环境基础与品质较好的地方。这意味着在信息公开领域，至少在信息公开元年，政府环境信息公开的传播失灵状态相当明显。

从形式上看，我国地方政府环境信息传播失灵主要表现为传者、媒介、受者的不作为，即在传播结构完整的情况下，结构的功能缺失，地方政府作为传者、媒介或受众在信息流通作用上的缺位。具体来说，《办

---

① Wolf, C., *Markets or Governments: Choosing Between Imperfect Alternatives*，RAND Corporation, 1986, pp.118 - 136.

② IPE NRDC：《环境信息公开　艰难破冰》，公众环境研究中心，2008 年，第 2—6 页。

法（试行）》规定地方政府具有传者的功能，即"环保部门""应当及时、准确地公开政府环境信息"；政府还要健全信息公开的平台与渠道，同时政府又是有责任的积极受众，即"政府环境信息"包括"环保部门在履行环境保护职责"过程中"制作或者获取""以一定形式记录、保存的信息"（主要是来自企业的环境信息）。在 PITI 的 8 个指标中，根据《办法（试行）》所规定的公开信息的系统性、及时性、完整性是最基本的指标。数据显示，在信息公开元年，IPE 对 113 个城市的环保部门分别依法申请公开污染企业行政处罚名单和经调查核实的公众信访处理结果等信息，多达 86 个城市的环保部门未能提供名单或拒绝公开申请。从传播学角度来看，地方政府作为向公众公开政府环境信息的传播者失去了作用，又在监督并记录企业环境信息的接受者角色上未发挥功能，从而形成信息流通中结构性功能的传播失灵。

从问题产生的原因来看，我国地方政府环境信息传播失灵在于公共选择理论下的政府失灵。地方政府与企业之间有着共同的利益关系，即对 GDP 的共同追求，而作为公共产品且具有外部性的环境则成为牺牲品。这是由地方政府内在性和组织目标所决定的。从当代公共选择理论来看，布坎南（J. M. Buchanan）认为公共决策并不能根据公共利益来选择，政府也是拥有自身利益的"经济的人"（economic man），因此会出现"政治创租"（political rent creation）和"抽租"（rent extraction），从而导致政府失灵。[①] 因此，需要从更高的视角来克服。我国从 2016 年开始逐步建立起中央环保督察制度，即由环保部牵头成立，中纪委与中组部相关领导参加，成立中央环保督察组，代表党中央和国务院对各省市党委、政府及有关部门开展环保督察。这一制度的核心是对地方政府的督政，极大地促进了地方政府环境信息公开，是对地方政府在环境问题上传播失灵的一种纠正。

（三）结构性功能不全：社会组织监督中的传播失灵

从传统的政府—企业二元结构的社会治理之失灵角度来看，本书提出

---

① 詹姆斯·M. 布坎南著，平新乔、莫扶民译：《自由、市场和国家》，上海三联书店，1989年，第29—58页。

加入第三方即包括非政府组织参与治理的三元结构。在理论上这是克服市场外部效应、公共资源利用不当、公众产品供给不足等市场失灵与政府失灵问题的有效社会治理模式。① 非政府组织存在的法理依据是我国现行《宪法》第三十五条规定公民有"结社"之权利。新《环保法》第五章的"信息公开和公众参与"专门详细地罗列出"社会组织""其他组织"在环保"信息公开"中"社会监督"的权利。我国在此领域也有很多实践，从可查的数据来看，截至 2013 年我国有环保组织近 8 000 个②。其中，最有影响力和代表性的当属 IPE，其联合各环保组织的社会化监督所取得的成效与所遇到的问题，及它在诸多三角监督中的传播失灵值得思考。

首先，规制不全导致监督的结构性功能不全，结果是社会化监督缺少权威性与强制性，在三角监督中属于最弱一方，往往受到企业和地方政府的漠视与抵制，造成信息传播结构不全或结构完整但功能不全，出现信息传播的断裂，从而导致传播失灵。根据《中华人民共和国信息公开条例》第十三条规定，公民、法人或其他组织可以向政府部门申请信息公开。为了让社会组织的舆论监督形成合力，IPE 联合了自然之友、地球村、绿家园志愿者、阿拉善 SEE 与 NRDC（美国自然资源保护委员会）等多家国际国内环保组织监督地方政府与企业环境信息公开，但多数地方政府环保部门、企业单位以"商业机密"为由拒绝环境信息公开，有些地方政府环保部门与企业根本不予回应。最新的数据显示，IPE 等社会化组织抱团监督企业的效果也依然不容乐观：在 PITI 评价的 4 937 个企业样本中，3 930 份年报中涉及污染物排放信息，仅有 962 份年报披露了有害化学品的转移与处置信息，仅 882 份涉及重金属污染物的排放信息。③ 因此，社会化监督的非强制性特征导致其范围内传播失灵的现象依然普遍。

其次，社会化监督在规制上需要外部特别是政府部门的支持，否则因结构功能不全而导致传播失灵，集中体现在传播介质的新媒体平台数据库建设上。在我国环保组织 IPE 的倡导下，于 2006 年开始了我国数据导控的"污染地图"实践。这一数据库致力于收集、归整、分析来自政府和企业所公开的环境信息，为公众搭建环境信息数据库，目前已发展成为污染

---

① 若弘：《非政府组织在中国》，人民出版社，2010 年，第 7—27 页。
② 沈慧：《我国已有近 8 000 个环保民间组织》，《经济日报》，2013 年 12 月 9 日。
③ IPE IPEN：《污染源监管信息公开渐成常态》，公众环境研究中心 2018 年，第 22 页。

地图网站和用于移动的蔚蓝地图 App 两个应用平台。从实质上来说，该数据库致力于从社会组织（即民间）来推动中国 PRTR 数据导控体系的建设。为此，该组织根据我国国情和国际惯例，出台了相当于美国有害化学品清单（TRI）的"中国环境优先污染物转移登记制度建议物质清单"，其所列的持久有机污染物一共有 104 种，均需要在 IPE 的 PRTR 数据平台中填报。[①] 这一清单填补了在 2016 年 7 月废止的相当于中国官方 TRI 清单的《重点环境管理危险化学品目录》之空缺。然而，因为环保组织的民间身份，这一倡导很难在一些重要的污染领域起到舆论监督的作用，从而导致传播失灵。

能说明问题的是，在 2018 年里发生的各类污染事件。这些骇人听闻的有害物非法倾倒事件分布于我国各区域，包括长江经济带的诸多生态环境违法事件、山西洪洞县三维集团非法倾倒 16.8 万立方米的有毒工业化品、江苏盐城辉丰公司非法处置高危工业污染物等。与此形成对照，《办法（试行）》规定了国控污染源排放要求实现实时排放数据公开，这能使公众参与舆论监督有的放矢，数据公开效果明显。这些污染信息传播与监督的情况表明，没有政府规制的协同，民间非政府组织进行数据导控的舆论监督就很难形成强制力量。在环境舆论监督的攻坚领域，尤其需要政府部门在规制上的支持，否则社会组织传播结构不全而缺少完整的传播功能很容易出现传播失灵。

四、我国针对环境污染传播失灵的重建

建立我国数据导控的环境信息传播体系的核心是建立有害物登记与转移制度。所谓数据导控，是指在以有害化学品清单为指标，囊括危险废弃物的生产、转移与处置之信息的集合。以 PRTR 数据库为核心的数据导控体系，是以信息科学性和完整性为基础，确保环境信息的公共产品属性，克服市场传媒内容扭曲、地方政府传播功能性失灵与社会组织传播结构性功能失灵的短板，也弥补了信息不对称造成的市场、政府传播失灵，把企

---

① IPE IPEN：《建立中国的污染物排放与转移登记制度》，公众环境研究中心，2018 年，第 51—53 页。

业、地方政府与公民团体/个人都作为"经济的人"的利益一方并囊括在内，从而有针对性地纠正导致市场与政府失灵的外部性与公共产品等属性带来的治理偏差。

首先，数据导控的 PRTR 体系克服了导致市场与政府传播失灵的根本原因——信息不对称。有了信息对称，就解决了内容扭曲与功能性失灵的传播问题。信息不对称被认为是信息经济学的核心部分，是对竞争均衡理论（competitive equilibrium theory）模型的挑战。产品市场不均衡的很多问题均来自买卖双方信息不对称，这使得信息变得异常昂贵，会导致市场失灵；[①] 信息不对称同样也会导致政府的决策存在偏差，做出不科学的决议，导致政府失灵（布坎南，1988）。因而，关于环境污染的完整信息就带有了公共产品的属性。从欧美以及亚洲（日韩）的经验来看，建立 PRTR 数据导控需要有指标体系，如美国的有毒物化学品清单。这一清单依托美国环保署即 EPA，从 1986 年开始，经过不断完善，到目前已经形成了一个包含 650 多种有害化学品的名录，并要求在有害化学品产生和转移的整个过程中超过一定数量时必须申报。从 1986 年到现在，清单上美国境内有害化学品的产生与转移信息均可以在数据库中查到。这种科学（有害物化学品清单不断完善）、完整（30 多年从未间断）、公开可查的数据导控系统，使环保信息在公共产品、保持各利益主体之间的信息对称上发挥至关重要的作用。

其次，完整的数据导控有利于地方政府内部形成竞争机制，打破信息垄断，有利于纠正功能性传播失灵。PRTR 体系在我国民间组织 IPE 的倡导下已经开始了实践，并初步证明是有效的，为正式出台中国的 PRTR 数据导控体系提供了宝贵的经验。按照公共选择理论的观点，纠正政府失灵一个非常重要的举措就是在政府内部形成竞争机制。因为政府内部竞争可以打破公共产品的垄断，可以为消除政府低效率破除障碍（布坎南，1988）。在 IPE 对政府信息公开的各类排名（如 PITI 排名）中，把全国 170 多个城市地方政府（截至 2018 年底）的环境信息公开进行排名，一定程度上就是为了在地方政府内部形成竞争机制，解决地方政府的低效率

① Stiglitz, J., 'Equilibrium in Product Market with Imperfect Information', American Economic Association, 1979, 69 (2), pp.339 - 345.

的问题。从区域来看，我国东部、中部和西部 PITI 指数排名存在着差距与竞争；在同一个区域内部，比如成都与重庆、青岛与济南，都会存在着巨大的排名差异与竞争。[①] 这种竞争机制就来源于 IPE 的数据导控，有利于在环保信息领域纠正地方政府的传播失灵。

最后，充分利用数据导控，还需要创造条件促进各方利益群体进行各层次的公众参与，纠正传播的结构性功能失灵，公众参与是数据导控传播和舆论监督的保障。中央的环保督察在纠正我国地方政府失灵方面起着重要作用，不过这属于政府内部的权力监督。有学者认为这种督政的权力制约方式不可避免地会形成一种拮抗效果，[②] 从而再次导致政府失灵。公众参与具有多层次的效果，每一个层次都有不同的功能，多种利益主体的公众参与和政府、企业形成三角舆论监督，能够形成环境决策的科学性并有利于环境正义，使得社会组织或公民团体具有完整的传播结构与功能，[③] 也有利于纠正政府—企业的二元结构失灵——在本书讨论中具体表现为传播中的市场失灵与政府失灵。

数据导控的 PRTI 体系是环境信息对称及纠正企业、地方政府和社会组织传播失灵的必要条件而非充分条件，需要有充分的公众参与作保障。2019 年发生在江苏盐城响水的天嘉宜化工厂大爆炸进一步印证了公众充分参与的重要性。我们利用 IPE 蔚蓝地图查找"江苏天嘉宜化工有限公司"的环境污染与危险违规记录，很清楚地发现在环境信息公开中，该公司近 4 年里一共有 10 次化工危险违规记录，包括私设管道排污、逃避监管向大气非法排放污染物等，而且明显有加剧、加快的趋势。[④] 从政府信息监管公开的角度来看，时至 2018 年 2 月，国家应急管理部（原国家安全监督总局）公开的文件表明，该机构对天嘉宜化工公司现场检查发现存在着 13 项重大安全隐患，包括甲醇罐根部未设紧急切断阀、私设二级重大危险源的苯罐区，等。[⑤] 这些都被政府监管部门及时公开却依然不能避免环

---

① IPE NRDC：《信息公开 三年盘点》，公众环境研究中心，2012 年，第 18—28 页。

② 刘奇、张金池：《基于比较分析的中央环保督察制度研究》，《环境保护》，2018 年第 11 期，第 51—54 页。

③ 王积龙、闫思楠：《企业污染的舆论监督为什么需要多层次的公众参与》，《中国地质大学学报（社会科学版）》，2019 年第 1 期，第 109—119 页。

④ 参见网站：http://www.ipe.org.cn/IndustryRecord。访问时间 2019 年 6 月 26 日。

⑤ 《江苏响水爆炸事故涉事企业去年曾因 13 项安全隐患被点名》，人民网—江苏频道，2019 年 3 月 21 日。

境灾难，其根源就在于公众参与不够充分，未能让各方利益相关者参与监督。因此，三方监督的框架只是结构上的完整性，而不是功能上的完整性，真正纠正市场失灵与政府失灵还需要公众的充分参与，从而纠正传播的结构性功能失灵。

上　篇

传播失灵：从跨国公司
到本土企业

上篇在功能上为立论，主要是引出所要研究的问题。通过各种调查研究与二次文献等方法，论述在华企业环境污染信息之传播失灵的确凿证据，并进一步论证其存在的普遍性。第一部分有两章。第一章的两节遵循从面到点的论证逻辑，通过对全国范围内跨国公司环境信息公开的调查资料之研究，确立起跨国公司传播失灵的论点。为了进一步深挖这一问题，第二节采用解剖麻雀的方式对苹果公司进行个案研究，确立起更多的细节以支持观点。第二章提升到更高的层面，剖析在华跨国公司在功能上与本土企业密不可分，论证客观上对在华跨国公司环境污染传播失灵监管区别对待的不可能性，从而确立起我国境内企业污染的传播失灵是一种普遍现象的观点，需要寻求一种无区别的机制来解决传播失灵。

跨国公司环境污染的传播失灵与危害是第一章的内容。引出问题为第一节，以跨国公司的群体为研究对象确立论点，以确保理论的科学性。通过对我国境内多个区域、多家跨国公司的环境污染进行考察，发现像苹果公司、壳牌、拉法基水泥、康菲石油、摩托罗拉等跨国巨头在华有诸多环境污染信息的传播失灵，涉及华东、华中、华北、西北和西南等诸多区域。本章还罗列这些跨国公司传播失灵的各类表现，初步探讨了产生这些现象的直接原因。据此，进一步提出跨国公司在华环境污染信息的传播失灵现象并非个案，而是普遍存在，像苹果公司这样的在华环境污染很具有代表性。接下来通过解剖麻雀的方式，对苹果公司及其供应链体系在我国境内环境污染信息传播失灵所造成的不良后果进行分析，提出跨国公司在华生态成本转移的观点，即把生态成本（环境污染）留给中国，把剩余价值回收到跨国公司的母公司。

企业污染的传播失灵从跨国公司拓展到本土企业的论证主要在第二章，论述了在功能上跨国公司与本土企业具有难以区分的特性，使得对跨国公司在华传播失灵的纠正在客观上变得困难重重。跨国公司通过订单、合作、业务外包等形式，把中国的企业纳入其功能体系，使得在流动过程中把中国企业变成跨国公司的供应链、供应链的供应链以及潜在的供应链体系。

因此，单纯地从形态上监督跨国公司在华污染的传播失灵已不重要，在功能上监督跨国公司在华环境污染已无可能，我们需要从整体上无差别地对企业的环境污染的传播失灵进行舆论监督，这才是真正解决我国境内跨国公司传播失灵的科学方案。从国际视野来看符合国际惯例，因为欧美等国针对企业环境污染的传播失灵之纠正，也是始于跨国公司的环境污染；从我国实践情况来看，可以从机制上解决我国境内企业的传播失灵。在环境污染问题上，舆论监督不排斥任何有污染的企业，国别并不重要，只要是由跨国公司引出来的带有普遍意义的环境问题，必须要有具有普遍意义的方案来解决。本部分各章节的逻辑关系如图1所示：

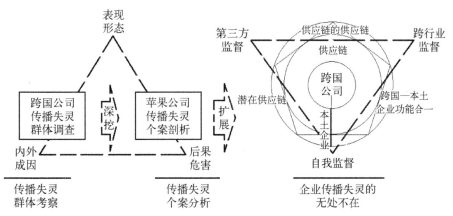

图1   上篇各章节主要观点与逻辑关系示意图

关于第一部分与其他部分的逻辑关系与作用。企业有国别之分，而针对企业污染传播失灵的纠正方案并没有国别之分，第一部分在于引出问题，并论证这一问题的实质是无差别的我国境内企业环境污染信息之传播失灵的问题。因此，第一部分在整个研究结构中处于引论地位。第一部分提出的问题是第二部分解剖分析的立论对象所在，即分析我国为什么会出现对企业特别是跨国公司环境污染信息传播失灵的纠正与监督。第二部分具体从大众传媒、民间组织、地方政府相关部门等一系列监督角度，考察了这些监督中传播失灵的原因所在，回答了在现有舆论监督框架下无法解决我国境内企业环境污染传播失灵的问题，从而把解决问题的途径推向第三部分即整个研究的结论部分，以建立一种崭新的纠错机制。

可见，上篇在全部研究中引出了问题，并明确、清晰地确立了问题的内涵和外延，并试图为中篇分析问题树立目标，为下篇的结论的提出奠定基础。

第一章

发现问题：跨国公司在华
环境污染的传播失灵

本章首先从新《环保法》出台后对我国境内的跨国公司进行调研的数据着手，发现跨国公司环境污染信息传播失灵的普遍存在及其各种表现，以及产生这些现象的初步原因。接下来对苹果公司的个案研究开始，解剖麻雀，分析传播失灵可能带来的各类危害。为第二章做铺垫，即从跨国公司的功能入手，把企业的污染信息传播失灵进一步延伸到普通的本土企业，为寻求一种普遍有效的应对企业污染信息传播失灵问题的解决方案奠定基础。

第一节 在华跨国公司信息传播
失灵的群体考察

为迎接严峻的环境问题挑战，修订后的《中华人民共和国环境保护法》（本章简称新《环保法》）和《企业事业单位环境信息公开办法》（本章简称《办法》）均于2015年伊始生效。从目前的情况来看，这些新环保法律法规对遏制在华跨国公司环境污染信息的传播失灵起到重要管控作用；同时，新环保法律法规发生作用的条件还有待于成熟，需要各方做出努力。为此，此部分选取较为典型的跨国公司在华信息公开为案例引出各类传播失灵的问题，[①] 研究我国在新环保法律法规执行前后，企业环境信

---

① 引入研究案例公司及其范围说明。此部分研究中所选取的在华跨国公司，标准 （转下页）

息公开方面存在的问题及原因，并尝试探讨解决这些传播失灵问题的途径。在新环保法律框架下的传播失灵有各种表现，现有跨国公司在华环境信息公开的媒体平台较为混乱，环境信息公开指标与其在国外相比采用双重标准。其原因在于我国企业环境信息公开指标体系的长期缺失，全国缺少统一的有害物排放与转移信息公开数据库系统。这些跨国公司的传播失灵集中地体现在信息的垄断地位、与公众环境信息的不对称。

一、我国境内跨国公司企业环境信息传播失灵的形态

根据已经公开的企业环境信息案例，本书考察在华跨国公司环境信息公开的时间跨度为 2008 年 5 月 1 日—2015 年 4 月 30 日。起始点是我国《企事业单位环境信息公开办法（试行）》的生效日期；终结点为新《环保法》《办法》实施 4 个月。通过 7 年的时间，发现在新环保法律法规实施前后跨国企业环境信息公开中存在的问题。

（一）跨国公司环境信息公开与媒体平台的混乱

首先，现有跨国公司环境信息公开平台较为混乱。《办法》规定污染物排放超过国家、地方标准的企业，需要在特定时间内（30 日）公布污染物排放信息；媒体平台可以是政府网站、公报、新闻发布会、报刊、广播、电视等便于公众知晓的形式。《办法》中也做了相似的规定。信息公开的责任主体包括企业与监督企业的政府主管部门。本节研究的跨国公司之前被环保部门公开过超标排污记录。然而，多种媒体平台的企业环境信息公开，却导致企业很容易选择最不易引起关注的传播形式，以逃避公众的舆论监督。

（接上页）属于世界 500 强之内，按照《环境信息公开办法（试行）》，自 2008 年 5 月 1 日即向公众公开企业环境信息，在 2008 年 5 月 1 日—2009 年 5 月 1 日，这些企业出现过向水中排放污染物超标而被环保部门网上公开过，并被国际环保组织绿色和平等反复调研与记录在案。它们是壳牌（Shell）、威立雅（Veolia）、雀巢（Nescafe）、乐金（LG Corp）、摩托罗拉（Motorola）、普利司通（Bridgestone）、卡夫（Kraft）、电装（Denso）和三星（Samsung）9 家跨国公司，涉及十几家工厂。其中，三星电子有天津三星电子有限公司、苏州三星电子有限公司 2 家工厂，其他都是1 家在华工厂。新《环保法》《办法》等实施以来，笔者根据以前文献的记录，比之新法律法规出台以来的实践，时间跨度长达 7 年，对跨国公司在我国境内企业环境信息公开展开研究，提出研究问题并分析原因。

调查的结果也证实这一点。以应对跨国公司很有经验的国际环保组织绿色和平的调查为例，在当年发生污染事故的有效时间内，该组织按照其中 8 家跨国公司（威立雅除外）所在的公司网站、9 家工厂所在的地方环保局网站进行查找，仅有三星电子 1 家跨国公司的 2 家工厂简单地公布了排放信息。责任方三星电子麾下的苏州三星电子有限公司、天津电子显示器有限公司通过天津泰达开发区政府网公布。① 另有调查问卷中不回应、不知道、不知如何回应等都有。对于公众来说，一种或者几种固定的、可查询的信息公开形式很重要，如政府主管部门建立企业公开的环境信息库等。

其次，信息公开平台混乱的结果是污染企业很快退出公众舆论场。环境污染的舆论监督最常见的退场机制就是新闻报道的不持续性；在此前提下，旧有信息的消失使得同一问题之舆论场的持续失去了基础。例如，笔者在重新对这 9 家跨国公司的工厂污染信息进行再次核实时，在这些工厂所在的主管环保部门网站上，无一例外地查找不到之前曾经被这些媒体平台公布的信息。以三星电子的两家工厂为例，天津与苏州三星电子曾经于 2009 年 7 月在天津泰达开发区政府网公布过排污信息，而笔者于 2015 年 4 月再去查询这些信息时发现，这家政府网站的信息最多只能追溯到 2013 年 6 月，之前的信息也都自动退出网站记录。再以苏州市环保局网站为例，该网站开设了"环境信息公开"栏目，并设有子栏目"重点污染源监督性监测"，这些信息最远也只能查到 2012 年 4 月。三星电子的这两家工厂只有苏州三星电子有限公司有网站，但没有任何排污记录。

唯一有记录的就是公众环境研究中心（IPE）网站的"污染地图"，子数据库"企业排放数据"的"工厂及排放数据"里，依然保存着这两家工厂的排污信息。IPE 是由民间著名环保人士马军于 2006 年在北京创立，并创建了"污染地图"，收集政府部门依法公布的监管企业的环境公开信息，是目前中国此类信息较为完整的数据库，属民间身份。但从我国的实践来看，目前从身份、规模、能力、影响力等诸多方面仍有局限。从政府的监督、企业的信息公开角度来说，三星电子这两家工厂属于 4 年前唯一回应信息公开的跨国公司，其他 7 家跨国公司均没有回应，由此可见一斑。这

①《"沉默"的大多数企业污染物信息公开状况调查》，（香港）绿色和平，2009 年 10 月。

些信息无文字可查，这些污染事件也早早退出舆论场，公众更无从参与。

（二）跨国公司对环境信息公开采用双重标准

从已经公开的企业环境信息来看，跨国公司在华公开指标与在欧美存在着不同的标准。其表现为在华环境信息公开之指标体系的过于简单。壳牌在中国有多处排污超标记录，在 IPE"污染地图"的"工厂级排放数据"里查找到壳牌公司在惠州的工厂排污数据，即中海壳牌石油化工有限公司在 2007 年、2008 年、2009 年 3 次往珠江水体里排污记录。笔者发现 2007 年仅有"排污说明来源"，即企业违反《关于加强危险废物监督管理的通知》的规定，信源为广东省环境保护厅，时间为 2010 年 1 月 6 日。除此之外，这次排污所有指标都是空白。2008 年这次排污记录也仅有"固体废物"指标里"危险废物产生总量 3 721.37 吨"这一项数据，具体的化学污染物指标全部空缺。在 2009 年的排污记录里，有了 4 个指标，即水环境负荷的"化学吸氧量""氨氮"2 个指标，与大气环境负荷的"二氧化硫""氮氧化物"2 个指标，固废（固体废弃物）各项指标全部空缺。因此，虽然《办法（试行）》实行以后企业环境信息公开有所进步，但排污指标体系简单，甚至避重就轻，几乎从所有细节上都无从评估排污的具体危害，特别是对于周围的居民而言。然而，同一跨国公司在欧美国家会有完全不同的信息公开标准。

以壳牌为例，在欧盟的污染物释放与转移申报（E-PRTR）数据库系统里，[①] 壳牌公司排污信息指标有数 10 种之多。其中一则 2012 年发生在英国的巴克敦天然气终端有限公司（Shell UK Limited，Shell Bacton Gas Terminal）排污信息，详细记录着 10 种化学品排放的记录，比如有害物苯 2.45 吨，镍和镍化合物 271 千克、锌和锌化合物 127 千克等，并标出排放形式。相对于在中国排放指标，壳牌在英国不仅公开的指标种类远大于中国，而且与周围公众息息相关的一些指标也都标示出来，比如重金属、有毒气体等重要有毒有害化学品名称；而在美国境内，壳牌所属公司在美国环保署的 TRI 网站（有害物释放清单网）公布的各类指标多达 49 种，包括一些敏感的有害化学物品，如重金属及其化合物等。

---

① 参见网络 http：//prtr. ec. europa. eu/FacilityLevels. aspx.

这一现象在我国境内的跨国公司很具有普遍性。比如，三星电子在中国公布的排污信息仅有化学需氧量（COD）、动植物油、氨氮等6种指标；在韩国政府的TRI网站却公布有13种有害化学物品，包括二苯醇和过氧化氢等有害化学物质。在欧洲，三星电子在欧盟甚至没有违法排放的记录；另一跨国公司乐金自2003年以来在中国一直都有超标排放记录，而在欧盟却没有。换句话说，如果有工厂，这些跨国公司在欧盟会严格遵循各种规定，不超标排放污染物。我国境内的跨国公司的企业信息公开呈现出与欧美乃至亚洲邻国不同的标准。这种现象相当具有普遍性。

（三）地方政府监管失灵导致跨国企业信息公开功能性缺失

在我国的一些区域，特别是相对偏远的地区，此种现象十分突出。现以法国的拉法基（Lafarge）水泥在重庆的环境污染为例，来探讨跨国公司在政府相关部门多次监督证实环境污染的情况下，其环境信息公开的迟缓或者不作为。拉法基是世界上最大的水泥公司，于1999年在我国西南地区成都建立都江堰拉法基，于2002年通过与重庆水泥厂合资组建重庆拉法基，于2005年在云南组建拉法基瑞安水泥，然后经过一系列的并购并以2008年"5.12"灾后重建为契机，大面积扩张业务与并购成为"西南霸主"。[1] 然而，因为西南地区开放度相对有限，针对拉法基麾下的企业污染被监管部门通知以后，依然存在信息公开滞后问题。

首先，跨国公司利用厂房所处位置偏远、所属地公众参与度低的现状，拒绝企业环境信息公开。贵州遵义南部山区是一个相对封闭的区域，拉法基三岔工厂就建在三岔镇边缘地带。作为重点污染源自动监控单位，拉法基三岔工厂在2012年就有超标排气的污染数据；在2013年、2014年、2015年又都有超标排放的环境污染记录。[2] 贵州省环境监控中心协同遵义市环境监察支队和播州区环境监察大队，于2014年10月22日对三岔拉法基瑞安水泥公司安装的窑尾自动监控设备运行管理情况当场进行检查，各类排放均超标，且NOx（氮氧化物）转换器未正常使用，进出气管

---

① "外资水泥集团在华沉浮录"，水泥地理网（www. gcement. cn），2015年11月20日。
② 《2013年贵州省重点污染源监督性监测及比对监测年报》，来自ipe环境地图，http：// www. ipe. org. cn/IndustryRecord/regulatory-record. aspx?companyId＝111006&data Type＝0&isyh＝0。访问日期：2018年9月27日。

处于脱落状态。正常情况下，这些数据全部都处于封闭状态，外人无从知晓。

偷换企业测量是偏远地区跨国公司逃避监督的另一种形式。遵义市污染源监控中心联合播州区环境监察大队，在 2015 年 5 月 29 日依法对三岔拉法基公司进行现场检查，发现该公司在 5 月 23 日 9 点—25 日 3 点正常生产，但窑尾废气脱硝系统的氨罐液位保持在最低值不变，在这期间窑尾废气自动监控和中控 DCS 曲线，以及脱硝设施运行中控记录台的账表 NOx 记录值，都是在 400 mg/m³ 以下，企业所在窑操值班人员以此为依据，实际上停止窑尾废气脱硝喷氨操作，此过程中脱硝台账中没有脱硝系统停运。① 以这种很低级的手段来逃避政府监管与舆论监督，在西南地区或者其他偏远区域有一定的代表性。

其次，跨国公司环境污染违法成本低，政府部门监督后依然不公开信息。早在 2009 年 11 月 17 日，重庆拉法基水泥有限公司就被重庆环保局通报过环境污染问题，以渝环监察听通字〔2009〕91 号告知。在 2010 年 1 月 19 日，重庆环保局通过渝环监罚〔2010〕56 号告知该公司"立即改正违法排污行为"，同时对"三次违法行为分别处壹万元罚款"，总共"罚款叁万元整"。② 这些处罚并没有促使重庆拉法基环境信息公开。几年后的 2015 年 7 月 3 日，重庆市南岸区的环保执法人员在现场进行现场检查时发现，该公司施工时未采取有效防尘措施，大风扬尘污染严重，确定为违反大气污染防治相关制度。③

企业并未公开环境信息，直到政府监管部门上门测试。在 2016 年 10 月 7 日，《重庆市环境监测中心自动监测报告》显示重庆拉法基公司排放二氧化硫超过了其排污许可证规定许可的排放浓度限值，在此期间最高浓度达到 359.18 mg/m³，已经超过许可限值 1.39 倍。重庆拉法基水泥有限公司属于重点污染源自动监控单位，本应该在多次处罚后引以为戒，加强污

---

① 《遵义市环境保护局行政处罚决定书》，遵市环罚字〔2015〕16 号，来自 ipe 环境地图，http：//www. ipe. org. cn/IndustryRecord/regulatory-record. aspx? companyId = 111006&data Type=0&isyh=0。访问日期：2018 年 9 月 23 日。

② "来自 ipe 环境地图，http：//www. ipe. org. cn/IndustryRecord/regulatory-record. aspx? companyId=59515&dataType=0&isyh=0。访问日期：2018 年 9 月 20 日。

③ "2015 年 7—12 月行政处罚公示"，来自 ipe 环境地图，http：//www. ipe. org. cn/IndustryRecord/regulatory-record. aspx? companyId = 59515&dataType = 0&isyh = 0。访问日期：2018 年 9 月 22 日。

染防治设施的日常监管，实行企业环境信息的全面公开，然而却没有采取这些措施，只是认为违法成本低，以交罚款了事，未在信息公开方面做实质性改进。

（四）环境危机事件中的信息不对称

先有环境污染的危机事件，后有企业的环境信息公开，危机倒逼企业环境信息公开在我国境内的跨国公司是一种常见态势，这在《办法（试行）》实施早期很明显。从本研究涉及的 9 家跨国公司的材料来看，基本没有例外。其中，威立雅水务公司在华表现较为典型。青岛威立雅水务运营有限公司（即海泊河污水处理厂）在 2007 年 10 月青岛市政府环保专项行动中检查出企业排水污染物超标，随即被《大众日报》（12 月 27 日）报道，形成企业公关危机事件。这家公司随后虽对排污做了信息公开，但指标体系基本避重就轻，如 2012 年该公司公布了自来水取水量、燃料煤消费量和电力消耗 3 个指标，而没有切实的排污指标的信息。这一信息公开形式数年后也没有多大变化。兰州威立雅水务有限公司在 2014 年发生"4·11"苯超标危机事件，该企业在公司网以"水质公示"的形式公开信息，排污信息并不在该公司环境信息公开范围之内。因此，危机事件下的企业环境信息公开更像是企业危机公关。

重大突发环境灾难中，更能体现出在华跨国公司环境信息公开的问题。康菲石油中国有限公司（COPC）2011 年渤海湾漏油事件是跨国公司在华北地区造成的有史以来最大的石油泄漏事故，污染我国渤海海洋面积达 6 200 平方公里。[①] 其过程中环境信息公开情况非常有典型性。康菲石油中国有限公司为康菲石油公司属下的全资子公司，与中方合作从事天然气、石油的勘探与开采业务。康菲石油在蓬莱 19 - 3 油田溢油事故的联合调查组责任认定为重大海洋溢油污染的责任事故。[②] 7 月 6 日美国康菲石油公司被迫在北京召开新闻发布会，说明渤海湾油田漏油事件情况。此次渤海湾漏油灾难共发生过两起：一起为 6 月 4 日漏油系海底天然气层断层，立即采取行动止漏，并向监管部门沟通报告；另一起 6 月 17 日海底漏油并

---

① 《定性依据七方面　专家详解蓬莱油田溢油调查结论》，中国新闻网，2011 年 11 月 11 日。
② 罗沙、李芊丽：《渤海溢油 840 平方公里受污染》，新华社，2011 年 7 月 6 日。

在两天内止住渗漏。但具体的数字均没有向公众披露。

在全国媒体舆论的压力下，康菲石油的环境信息开始被媒体揭开。一是违反环评要求。康菲石油违反了先前经核准的环境影响报告书的要求，钻井平台作业表层套管下深过浅，井台钻井过程出现井涌时很容易丧失应急处置能力。[①] 二是一些行政命令强行呈报的事故环境信息也并未对公众公开。康菲石油公司 8 月 8 日提交了《关于落实"关于加快蓬莱 19-3 油田 C 平台海底油污清理回收的通知"的汇报》，然后国家海洋局北海分局强行要求该公司如期提交蓬莱油田海底油污清理效果的自评报告。国家海洋局 7 月 13 日强行要求康菲石油公司将有关渤海漏油事故环境信息及时向国家海洋局报告，而且要及时向社会各方公布。[②] 这些环境灾难期间有关该公司提交的环境信息，也都没有可以查找或对公众公开的详细记录。

渤海湾漏油事件中，我国公民组织参与了环境信息公开的舆论监督，推进问题的解决。自然之友等 11 家民间环保组织联合发声致信香港联交所和纽约证券交易所，倡议调查两家上市公司不及时披露环境信息的违规行为，并予以惩戒，涉嫌公司要向公众道歉；[③] 后来达尔文自然求知社等多家环保组织参与发起对中海油和康菲的公益诉讼，并提出要求环保组织代表公众到灾难现场考察真实的清污情况，以收集证据，向公众开放信息。遗憾的是，整个过程未得到中海油的回复。

时至今日，离渤海湾漏油事件还不到四年，然而当我们重新查找民间推动的 PRTR 数据库——"蔚蓝地图"时，经历那样一场全国瞩目、民间参与监督的环境灾难以后，我国目前较为完整的企业环境信息数据库里，仅找到一条当时新华社的一篇报道，事发时记者对于事故的简单采访，大约 1 000 余字的新闻报道。[④] 可见，即使遇到震惊全国的环境灾难，跨国公司的环境信息公开也相当有限。[⑤]

即使已经纳入法律规范，危机事件后的信息公开依然属于非正常状

---

① 《蓬莱油田溢油调查认定康菲中国违反开发方案》，财经网，2011 年 11 月 12 日。

② 《海洋局责令康菲公司停止 B、C 平台油气生产作业》，中央政府门户网站（www. gov. cn），2011 年 7 月 13 日。

③ 焦立坤：《11 家环保组织致函港交所　建议惩戒中海油》，《北京晨报》，2011 年 7 月 8 日。

④ 罗沙、李芊丽：《渤海溢油 840 平方公里受污染　国家海洋局称事故应由康菲公司负责》，新华社，2011 年 7 月 6 日。

⑤ 参见 IPE 网，http：//www. ipe. org. cn//IndustryRecord/regulatory-record. aspx? companyId=81316&dataType=0&isyh=0. 访问日期：2018 年 11 月 14 日。

态。按照《办法》的要求，污染物排放超标或总量超标的企业，需要在主管部门公布名单后 30 日内向社会公开污染物排放情况；按照新的《办法》更要持续公开。三星电子旗下的两家工厂信息公开也很难查询，在网络上仅能够查到两家各自仅有的一次信息公开（仅存于 IPE 数据库里），即被环保部门公开的那两次事件，要求其公开污染物排放超标的各项指标，天津分公司公布 6 项指标、苏州分公司公布 5 项。按照《办法（试行）》属于违规行为，但这些公司在以后的几年里也没有环境信息公开的记录。可以说，通过危机事件倒逼企业信息公开解决不了问题，因为企业可以通过各种方式进行危机公关与形象修复。

二、跨国公司企业污染传播失灵的成因

我国境内跨国公司环境信息传播失灵有其深层次的原因。环境污染具有负外部性，环境信息具有公众产品属性，环境传播属于科学传播范畴，它最重要的特质就是一种科学话语体系。从欧洲国家的实践来看，在大众话语之间，还需要处理好真实、伦理、政策等多种关系。[①] 我国全面工业化发展只有几十年，与欧美发达国家数百年的工业化发展相比，我们还缺少后工业化的理念与实践。

（一）企业环境信息公开指标体系的长期缺失

我国长期以来缺少企业环境信息公开的指标体系。传播失灵缘于环境问题的负外部性，指标体系可以阻止这种负外部性的发生与发展。我国没有制定 PRTR 专项法规，长期没有明晰的化学品管制与监督的流程、名单与技术支撑。即使近些年情况有些变化，法律规则逐渐完善，如《危险化学品安全管理条例》（自 2011 年 12 月 1 日起施行）、《危险化学品环境管理登记办法（试行）》（自 2013 年 3 月 1 日起施行，2016 年 7 月 13 日废止），其内容还是一些原则性规定，不具有明确的清单与技术路线，只是对企业的"重点环境管理危险化学品"填报、提交"重点环境管理危险化学品释

---

① David Bennett, Richard Jennings, *Successful Science Communication Telling It Like It Is*, Cambridge: Cambridge University Press, 2011, p.121.

放与转移数据"提出要求。

我国有过拟定危险化学品清单目录的偿试。不过,企业环境信息公开不仅仅是一个体系建设,还需要引入公众参与。与《危险化学品环境管理登记办法(试行)》配套的《重点环境管理危险化学品目录》(以下简称《重点目录》,2014年4月4日印发,2016年7月13日废止)① 是危险化学品的"黑名单",即属于我国第一个有害化学品清单。环保部列出包括三氯代苯、重铬酸铵在内的84种有毒、危险化学品清单,由此开启中国有毒化学品环境管理登记工作。然而,有害物清单并不能解决企业信息公开问题。以石油巨头壳牌为例,北京大兴环保局于2014年8月18日发现北京壳牌石油有限公司部分汽油未经处理直接进入大气,属于违规排放有毒化学物的行为,应当公开排放清单。半年以后无论是在该企业网站、当地环保部门网站,还是IPE网,都查不到这家企业有害化学品排放的清单,而该跨国公司在欧洲的信息公开指标可达数10种。一个重要原因在于,我国主要采用政府一元监督的模式。应该转变成政府、企业、公众等多元主体参与舆论监督的形式。②

(二)跨国公司企业环境信息在华缺少统一的数据库系统

传播失灵的一个重要原因是因为环境信息具有公共产品属性,而我国现有企业环境信息公布平台缺少统一的数据库系统。从新《环保法》《办法》等新环保法律框架来看,政府机构至少可以通过6种以上方式公布企业环境信息,即政府网站、公报、新闻发布会、报刊、广播、电视"等便于公众知晓的方式"。可以看出,法律规范界定的至少6种信息公开方式,企业可以选择其中任意1种即可。从本研究所收集案例的信息结果来看,9家非法排放的跨国公司中,除三星电子以外,其他企业不能确定是否公开、以什么方式公开。由于渠道的多样、信息的分散,难以形成统一的数据库,也很难发现企业之前的污染痕迹。我国环保组织IPE建立的"污染地图"是在收集这类信息的基础上建立起来的数据库,但它不是一个完整

① 环境保护部办公厅:《关于发布〈重点环境管理危险化学品目录〉的通知》,2014年4月3日。参见网络:www. zhb. gov. cn/gkml/hbb/bgt/201404/t20140409 _ 270296. htm.
② 于相毅、毛岩、孙锦业:《美日欧PRTR制度比较研究及对我国的启示》,《环境科学与技术》,2015年第2期,第195—199页。

的数据库，很多重大突发环境事件后的企业环境信息也都缺少，比如："4·11"自来水污染事件后的兰州威立雅水务有限公司的企业信息公开就没有记录；其他企业环境信息不完整、缺少的情况也很常见。对于 IPE 来说，收集这些不同渠道、不同平台的企业公开信息难度很大。

从欧美的实践来看，他们都在努力打造统一、完整的企业环境信息公开的数据库。美国环保署的 TRI 网站是美国唯一完整的企业排放转移污染物的数据库，在时间上始于 1988 年，企业有害物、废物等排放超过阈值的必须向环保部门申报，由美国各地主管的环保部门接收这些信息，并由 EPA 做成统一的 TRI 数据库平台向社会公开，涉及企业生产、储存、使用、排放、加工、再利用与转移等一系列有害物的流程数据。任何企业在这期间的有关排放的不良记录都可以经过查询而一目了然。欧盟 E-PRTR① 的数据库也是力求整合为统一的数据库，即把 E-PRTR 数据库（2006 年形成的欧洲污染物登记制度）与 EPER（2000 年形成的欧洲污染物排放登记制）数据库合二为一。两者有诸多不同标准，如：E-PRTR数据库包括 65 种工业活动、91 种有害物清单；EPER 则为 50 种有害物清单、56 种工业活动；前者囊括欧盟 32 国，后者仅有 25 国。但数据库合并以后就可以把 E-PRTR 的记录由 2007 年延伸到 2001 年。完整的数据库是企业信息公开的基础，也是公众参与的基础。通过这些数据库，任何跨国公司在这些国家特定时段内的跨国污染痕迹都可以经过查询而一目了然。这一点给我国的 PRTR 数据库建设提供了一个有益的思路。

（三）缺少常态化的公众交流机制

本研究考察的 9 家跨国公司中，没有一家公司有向公众解释的平台或者机制，主管部门也没有进行解释的机制。企业环境信息公开属于科学传播的一部分，但科学传播属于科学话语的范畴，与大众语言或者大众懂得的语言之间存在很大的差异。甚至环境记者也不能简单地胜任这项工作，因为科学语言强调细节、数据、方法、团队的作用，遵循理性、客观、抽象的思维；而新闻记者强调运用、诉诸形象，逻辑起点是与公众的关系，遵循人情味、戏剧性等价值，这些处理不好就与环境传播的

---

① 欧盟有害物清单数据库网址：http://prtr.ec.europa.eu/pgAbout.aspx.

科学性相违背。① 因此，需要有一些专门的机构或者团队来从事这两种不同话语的转换，即由科学语言到大众或新闻语言的转换，以进一步推动公众参与。

公众在突发环境灾难面前的恐慌与非理性就是这样一个印证。环境科学领域的知识沟很容易造成不安全感。人民网舆情监测室主任、舆情分析师朱明刚对兰州"4·11"事件研究发现，造成全城抢水、人心惶惶的原因是公众对于科学话题的无知（自来水苯超标），没有媒体人、科学家或者行政领导第一时间对科学问题进行澄清，② 其核心还是公众对科学无知所造成的恐惧感。公众参与需要公众素质的提高，我国屡屡出现的公众非理性地反 PX 的"避邻"事件，表明公众科学素质高低对舆论正确走向的重要性。

三、在华跨国公司传播失灵的外部规制原因

环境污染的负外部性需要我国有日渐完善的有害化学品清单体系，需要政府主管部门出面建设统一的 PRTR 数据库体系，并提供应有的新媒体技术支撑；公众参与需要引入多方环保主体，更需要二级传播机制对公众进行环境科学信息的再传播与引导，通过提升公众的环境科学素养来进一步提升公众参与的质量。

（一）缺少有效的我国有害化学物品清单体系

解决环境问题的负外部性需要有指标性的有害化学品清单。我国目前发布的具有化学品"黑名单"性质的《重点目录》这一偿试只是一个开始，需要进一步开放与完善。在《重点目录》中只有 84 种化学品名录，相比之前媒体披露的 142 种③相去甚远。虽然这 84 种化学品有 90％以上具有急性毒性，但与我国化学品误用、滥用、处置不当、化学事故等控制的需

---

① Julian Cribb, Tjempaka Sari Hartomo, *Sharing Knowledge A Guide to Effective Science Communication*, Collingwood：CSIRO Publishing, 2002, p.38.

② 朱明刚：《甘肃兰州自来水苯含量超标事件舆情分析》，人民网，http：//yuqing. people. com. cn/n/2014/0424/c210114 - 24939231. html. 访问日期：2014 年 4 月 24 日。

③ 中国环境与发展国际合作委员会：《中国化学品环境管理问题与战略对策》，2008 年 2 月 19 日，www. china. com. cn/tech/zhuanti/wyh/2008 - 02/19/content _ 10169330 _ 6. htm.

要还有距离。我国目前已经生产、上市销售化学品种类大概有 45 000 种，每年申报新化学品约 100 种。① 目前的"黑名单"目录只是冰山一角，且这一目录为 2014 年 4 月 4 日印发，且在 2016 年 7 月 13 日废止。也就是说目前尚没有一个普遍有效的有害物清单指标体系。即使这样，我们依然可以在这份清单上看出差距。

《重点目录》是由环境保护部组织专家根据我国危险化学品环境管理的需要而制订的，考虑到生产使用量大、用途广且有较高环境危害性这些标准。然而，像邻苯二甲酸二乙酯、双酚 A 等在我国广泛使用且对环境和健康都存在危害的化学品并未列入其中。邻苯二甲酸酯俗称"塑化剂"，广泛应用于食品（如白酒）、玩具与日用品领域。而这些化学品在环保部颁布的《化学品环境风险防控"十二五"规划》中被列有害化学品，且属于"累积风险类重点防控化学品"。未列入"黑名单"意味着此类化学品不在企业信息公开指标范围，企业不需要向环保部门报告这些化学品的释放与转移情况，也不需要对其进行评估环境风险，也无须承担责任。这表明《重点目录》需要进一步开放与完善。

有害化学品清单是信息公开与舆论监督的框架。然而，这个清单需要开放性与有效性。开放性，就是不断扩展新的化学品进来；有效性，是指在实际执行中企业愿意也有能力去执行。比如，一个企业需要公开 10 种和需要公开 20 种有害化学品清单的成本是不一样的；标准太高，使成本增加，企业要么达不到标准，要么只得停产。从欧美的实践来看，需要采取逐步扩大清单过程的做法，给企业产业升级的机会。欧盟 2000 年的 EPER 中有害物清单数目为 50 种，目前有 PRTR 数据库 91 种；美国 TRI 数据库有害物清单数目当前至少有 623 种化学品，从 1988 年创立数据库以来，也是由美国环保局不断添加化学品种的过程，如：1990 年增加了 9 种、1991 年 7 种、1994 年 32 种，2010 年又新添加 16 种。② 有害化学品清单的建设是个渐进过程，既给予企业合理的时间、成本，促使其产业升级，也使信息公开具有有效性。

---

① 周毅：《人口与环境可持续发展》，《武汉科技大学学报（社会科学版）》，2003 年第 1 期，第 6 页。
② 《美国有毒物质排放清单再添 16 种化学物质》，全球塑胶网，www.51pla.com. 访问日期：2010 年 4 月 2 日。

（二）缺少由政府主管部门牵头建立的 PRTR 统一的数据库

解决传播失灵需要把环境信息作为公共产品，而不是作为商品。我国政府应由主管部门牵头建立统一的 PRTR 数据库的必要性。新法律框架首先体现这一必要性。《办法》第六条规定环保部应当建立、健全环境信息公开制度；第 15 条还进一步规定环保部门应当编制政府信息公开指南、目录等一系列标准。《办法》第二条规定国家环保部监督全国企业事业单位环境信息公开；第 4 条规定有条件的环保主管部门建设企业环境信息公开平台。在新《环保法》第二章第二十条规定，国家建立跨行政区域的各类联防协调机制，实行统一的标准、检测、规划措施。这些都表明全国统一的 PRTR 数据库建设应当由国家环保部的某一个部门牵头。

从国际实践来看，政府环境主管部门牵头建立统一的 PRTR 数据库是通行原则，以保证信息的权威性。目前欧盟、美国、日本、加拿大、澳大利亚等 30 多个国家、国际组织和地区建立了 PRTR 制度及相应的数据库系统。欧洲 E-PRTR 是一个跨国污染物转移与申报数据库，囊括欧盟 27 国，外加冰岛、列支敦士登、挪威、塞尔维亚和瑞士 5 国的数据。该数据库最基础的工作是由企业申报，再由各国环保机构审核通过，由欧洲环保局牵头汇编而成的数据库；美国的 TRI 数据库由环保局牵头，规范指导企业数据的准备与提交；日本由环境省负责，与经济产业省联合协作完成建立更新 PRTR 数据库。包括 PRTR 数据库技术、开发与更新以及制度体系在内的支撑，都是由政府主管部门牵头在做，主管部门有能力在摸清一个区域/国家环境底数前提下统筹安排。PRTR 数据库的核心任务有化学污染物清单的申报门槛（种类的多少）、估算方法（数据库的各项指标体系）、环境信息公开三方面，内容与程序都与政府主管部门主要工作密切相关。

我国政府环境主管部门牵头建立统一的 PRTR 数据库的可能性在于：首先，是在新法律框架里体现环境主管部门进行数据库建设的物质保障。《办法》第四条规定，环保主管部门应该健全企业环境信息公开制度，并把信息公开所需经费列入本部门行政经费预算。其次，由政府主管部门牵头进行信息收集与整理，以提高效率。因为政府主管部门与企业本来就有监督与被监督关系，政府主管部门上下级关系也很容易沟通。从我国实践来看，非政府主管部门收集企业环境信息和政府环境信息会有很多困难，如：IPE"水污染地图"作为全国范围内统一的数据库，除了物质保障外，在信息收集过程中也会遇到企业、政府相关部门不配合的困难，造成"水污染地图"数据库信息完整性的严重不足。从国际经验来看，应该由政府主管部门牵头建立统一的 PRTR 数据库，由公众参与和舆论监督来进一步完善这一机制。

（三）公众参与机制不健全：未能实现从科学数据到公共决策

环境科学数据到政府决策之间需要很多公众参与的环节。加拿大环境社会学家约翰·汉尼根（John Hannigan）认为环境问题是经过法律和科学观察以后才出现的，从认知到解释性的科学环境主张转变，就像一个"大家闺秀"的现身；要达成环境决策，需要一个"知识共同体"（epistemic communities），即"以知识为基础"的公众群体，这个共同体不仅影响对一个环境问题大小的认知，也可能影响解决方案、政策走向等。① 新《环保法》第五章"信息公开和公众参与"强调公众参与对企业信息公开、对政府环境信息公开、对于环境正义的作用。然而，作为舆论监督方的公众需要向"以知识为基础"的"知识共同体"转化，才能够更具有公众参与的科学性，进一步增强公共决策的科学性。

知识共同体构建需要把抽象的环境科学知识转化成大众看得懂的信息。从美国 TRI 数据库的公众参与②形式来看，这些数据至少机制化地运用于媒体监督、学校教育、社区服务、公共卫生、政府参考、工商业责任、学术研究等公众参与形式，以尽可能多地带动公众认知企业排放、转移有害物与环境的关系。比如，环保 NGO 的美国环保协会每年会发起"打分表"（scorecard）系统，定期对 TRI 中的数据进行分析汇总，帮助公众更便捷地了解与自身息息相关的环境信息，而公众根据 TRI 数据库也会直接参与公众政策意见的表达，如遇到污染物排放表现差的企业，理性抗议不买其股票、不购买其商品等；③ "避邻运动"（not in my back yard）也

---

① John Hannigan, *Environmental Sociology*（Second Edition）, London: Routledge, 2006, pp.97 – 102.

② *The Toxics Release Inventory in Action: Media, Government, Business, Community and Academic Uses pf TRI Data*, United States Environmental Protection Agency, July 2013.

③ ［日］黑川哲志，肖军译：《环境行政的法理与方法》，中国法制出版社，2008 年，第122 页。

是公众对周边排污超标企业的一种理性反应，因为其基于翔实信息公开基础上的科学数据，推动政府政策向更科学的方向发展。

目前来看，我国 PRTR 制度建设中，这一理性的公众参与形式并不多见，重要的是我们缺少像 TRI 这样一个统一的数据库系统作为公众参与的基础。IPE 作为民间团体曾经开启过各类公众参与形式，如连续多年考察我国百余个城市政府污染源监管环境信息公开指数的城市评价活动；发起对中国城市空气质量信息公开指数（AQTI）的公众参与；连续多期带动公众践行"绿色选择倡议"；发布揭露企业排污损害公众健康的"重金属污染报告"等。在企业、政府环境信息公开领域，对公众环境科学与污染领域的重要知识起到普及作用。然而，这些公众参与缺少企业、政府与公众的多方主体的联合参与，缺少翔实、统一的数据库系统，缺少科学的政策法律框架，一定程度上限制了其影响的范围。因此，对我国 PRTR 制度建设来说，完善化学污染物清单的申报门槛是前提，统一数据库各项申报指标估算方法与收集是核心，环境信息公开与公众参与是这一制度科学性的保障。有了这些机制性建设，跨国企业的环境信息传播失灵就会得以很好的应对。国际经验也证明了这一点。

第二节　个案剖析：苹果公司在华污染传播失灵的危害

企业污染的传播失灵，其直接的后果就是造成企业所在地的大规模环境污染。对于跨国企业来说，由于企业所有国与企业污染国属于不同的主体，因而形成生态成本转移。生态成本转移是指发达国家的跨国企业通过经济全球化的资本流动，把产业链中对生态环境有害的部分转移到科技水平欠发达国家或地区，利用当地政府监管的滞后，跨国公司无须追加任何环境损害成本就可以实现其资本利润在该地的最大化。[①] 简言之，就是发达国家形式上通过资本输出来掠夺或无偿占有发展中国家的生态成本。与

---

① Robert H. Nelson，"Environmental Colonialism 'Saving' Africa from Africans"，*The Independent Review*，Vol.08，Summer 2003，pp.65 – 86.

早期老殖民主义者的资源掠夺、武装占领、奴隶买卖相比，生态成本转移更具有隐蔽性、伪善性等特质。更有甚者，生态成本转移之结果往往使得发展中国家背上污名，诸如有些西方媒体污名化中国，称"中国污染了世界"。[①] 这是内容扭曲性的环境污染传播失灵。在苹果公司总裁乔布斯去世期间的报道中，再次激活这一话题，国内多家媒体与环保组织以"苹果的另一面"为新闻标题，[②] 揭露这种国际分工的不合理。本节以苹果公司在华的污染为对象，深入探讨西方跨国公司生态成本转移形成的原因及其相应的成因等。

一、苹果公司在华传播失灵的危害性后果

苹果公司是总部位于美国加州库珀蒂诺（Cupertino）市的一家移动新媒体公司，却没有一间属于自己的工厂，它的核心业务为软件开发并做产品设计，把产品硬件的生产全部外包给国外的代工工厂，这些工厂属地多为发展中国家，成品却在世界各地销售，通过这样的方式使苹果公司完成资本的利润回收，把苹果商品在产生过程造成的生态成本毫无代价地留给生产地，故而完成了生态成本转移。按照这种资本流通方式，苹果公司抽走了高额的利润，留下了环境损害。在大中华区（包括港澳台地区），2017 年第一财季营收 162.3 亿美元，按照恒定汇率估算，仅在中国大陆的销售额就比上一年上升了 6%。苹果公司在华市场成功以当地环境破坏为代价，其环境污染危害表现主要在以下三个方面。

（一）把环境成本转嫁给所在地生态物

苹果公司，从在我国境内众多第二方合作生产商抽走大多数利润，把废物处理成本留给当地。以苹果 iPhone 手机销售为例，其毛利率为这个行业平均利润的 2 倍以上。如果 iPhone 成本是 200 美元，估计利润中 20%～30% 该为合作伙伴与制造商，而苹果公司所赚利润占到全部利润 60%～70%。在中国 iPhone 与 iPad 有百家硬件代工企业商，他们的利

① Joshua Muldavin, 'China's Not Alone in Environmental Crisis', *Boston Globe*, December 9, 2007.
② CCTV13-新闻调查（《苹果的另一面》），2011 年 10 月 15 日。

润率与苹果无法相比。在华的富士康算是大的代工企业，而其所提供的
iPad 外壳仅占其成本的 9%，富士康所有组装费占 iPhone 成本 3.5%，富
士康毛利率却为 2.8%，与苹果 40% 的毛利率相差甚远。① 至 2011 年 8 月，
苹果公司市值为 3 556 亿美元，在超过微软以后再超越石油巨头埃克森美
孚，为世界市值最高的公司，主要依靠从海外外包公司抽走的绝大部分利
润；同时以资本为链条，把生产环节的污染留给了中国这样的发展中国家。

　　首先，通过生产地商家把生态损害留给当地。由于苹果对在华供应链
环境监管环节的高度机密，并不直接回应公众的任何质疑，如环保非政府
组织的监管，所有数据暂时只能依靠媒体或非营利组织的调查与报道。据
《南方周末》报道，2011 年调查数据显示，苹果在华的第二方合作公司包
括常熟金像电子有限公司、健鼎（无锡）深圳富泰宏精密工业有限公司、
华通电脑（惠州）有限公司、鸿富锦精密工业（深圳）有限公司、电子有
限公司等 27 家供应商有环境污染问题。② 这些环境污染多排放至生产厂区
周围，导致当地生态环境恶化。除了废水、废气、噪声之外，还有数量巨
大的危险工业废物排放物。仅在东莞生益电子一家公司，2009 年共搁置的
危险废物为 7 831.98 吨，对周围产生严重环境公害。

　　其次，与第三方合作的方式，苹果在追求利润的过程中进一步扩大其
在中国境内的生产规模，导致污染利益集团结构更加盘根错节。苹果公司
开拓了一种独特的商业模式，即通过与第三方公司合作，把内容生产、软
件开发、硬件制造与销售融为一体，从而获得最大化的利润。如与日本揖
斐电电子、美国 AT & T 公司、内存商三星、韩国的显示面板商 LG 等一
并拉入对华污染行列。根据北京所在的环保组织公共环境研究中心长期对
我国范围内苹果公司供应链与合作方的调研发现，大量含氰化物、重金属
的废水，废碱、废酸、废电镀液、废蚀刻液以及含有重金属的污泥等的危
险废物排入当地生态系统，形成全国范围难以估计的高价环境损害。③

　　在华跨国企业的第三方利益集团的联合让侵害与被害双方力量对比严

　　① 孙进：《苹果产业链利润低　合作伙伴分享不到三成利润》，《第一财经日报》，2011 年
1 月 21 日。
　　② 鲍小东：《苹果中国污染地图：27 家供应商被环保组织点名》，《南方周末》，2011 年 9 月
1 日。
　　③ ENGO 调查报告：《IT 行业重金属污染调查报告（五）》，公共环境研究中心，2011 年
8 月 31 日。

重失衡，这又保证了生态成本转移的生产关系的再生产。以武汉名幸电子为例，这家在华的日本电子公司属于制造高密度印刷电路板的企业，对湖北的南太子湖造成了严重的重金属铜污染。这家工厂却为三星、西门子、苹果、佳能、索尼等许多知名品牌的电子产品提供元器件，而这些品牌内部均有第三方合作，导致了极为严重的重金属污染。有研究机构对南太子湖水与底泥的抽样调查显示，每千克样品含铜约有 2.35 克，相对长江中游水质超标 33—155 倍。① 跨国企业之间在华的第三方合作使得污染问题更为严重与复杂，环境受害者要想起诉施害方利益集团将面临巨大的压力；受害者往往是草根或者是不会说话的生态物（如南太子湖水、水生物及其沿岸渔民），没有能力挑战这样强大的对手联合，这样污染物会被不断地制造出来，并持续转嫁到周围的生态物中。这些生产利益关系都在不断地加重着我国环境受损害的程度。

（二）把环境损害转移至劳动力

人类本身是生态物的一部分，因其社会特性又有别于一般生物。自然劳动力——人直接受到电子产品生产中的伤害，具有生态性（自然劳动力）又具有社会性（非商品性）。在跨国公司的生态成本转移主义的伤害成本研究中，它是环境成本计算的重要组成部分。

首先，资方降低资本在防护环境伤害设施上的投入。据苹果公布的《2010 社会责任进展报告》数据显示，在其抽查的 122 家外包公司里，有 70 家环境控制不符合苹果公司的内部规定，其中：有 49 家工人没有佩戴防护装备，如口罩、防护镜与耳塞等；有 24 家无环境风险的人体评估设施；有 44 家工厂没有完整的环境影响评估设施；11 家公司没有空气污染物排放证，另外 4 家工厂无许可条件；55 家工厂无安全设施专门负责人；41 家无劳动与人权内容的培训；30 家无必要的健康与安全措施培训。② 从中可以看出，苹果公司的供应商降低各类环境成本是一种普遍现象，结果把这种伤害转嫁给了自然劳动力的人。

其次，把环境伤害转嫁给了劳动力。像其他生态物一样，作为生态物

---

① 《苹果的另一面？》，CCTV13—新闻调查，2011 年 10 月 15 日。
② 'Apple Supplier Responsibility 2010 Progress Report'，Apple Inc.，2010，pp.19－21，from the website of www. apple. com.

的人，内部功能如果受到损害，其修复过程就需要成本。马克思认为这种成本是由生产这类特殊商品的必要劳动时间所决定，包含生产（劳动者本身）和再生产（繁衍后代）劳动力的各种物质资料在内。例如，在苹果供应商之一的联建公司，自 2008 年起要求员工用正乙烷取代酒精擦拭显示屏，其目的在于降低次品率、加速生产速度，因为正乙烷擦拭效果与挥发速度明显快于酒精。不过这一行为的代价就是牺牲劳动力的健康成本，因为正己烷是一种毒性很大的物质，导致多发性周围神经疾病，会让劳动力出现感觉失灵、四肢麻木及运动障碍等病症。半年时间内，在苏州第五人民医院就陆续接受治疗了 49 名联建公司的患病员工。[①] 对外包商来说，这样就完成对劳动力环境伤害的转移。

再次，低价或无偿地占有劳动力修复成本。在东莞万士达，2009 年对 234 名工人进行职业病体检，有 30 名工人因表现异常需要复查，其中 8 人听力下降、8 人贫血。[②] 据苹果的《2011 社会责任进展报告》称，反苹果的供应商胜华科技（苏州）这一家工厂，就有 137 名劳动者因暴露于正己烷环境而使劳动力健康受损。[③] 修复这些劳动力需要成本，中毒工人被迫选择离职，且与供应商签署协议，仅以 8 万—9 万元低价买断了工人劳动力的价值。从理论上说，劳动力的价值还应大于他的价格（工资），应该折算在其所从事的劳动过程之中，即现实物化的劳动产品与劳动力能力的未来价值之创造上。因此，一旦劳动力健康受到损害，即使按照劳动力价格标准赔偿也难以恢复到劳动力价值上。生态成本转移的劳动力掠夺与早期的殖民的奴隶买卖相比，共同点在于以小成本买来大价值；不同点在于前者一次就抽走个体的劳动力，后者则是长期占有的模式。

最后，作为社会的人，劳动力之损害有多重的内涵。从马克思的政治经济学来看，劳动力能够创造出来比劳动力自身成本更大的价值（剩余价值＋劳动者工资），这是剩余价值的力量源泉，劳动力成本计算还要考量道德与历史等因素。作为新道德的环境正义者认为，环境规定、立足环境

---

① 《无尘车间的怪病》，CCTV13-焦点访谈，2010 年 2 月 21 日。
② 郑俊彦：《要小心杀手"哥罗芳"》，《东莞日报》，2009 年 8 月 20 日。
③ 'Apple Supplier Responsibility 2011 Progress Report', Apple Inc., 2011, p.20, from the website of www. apple. com.

法与环境政策的发展，所有不同种族与文化、不同经济地位的人都享有平等的权利，它是人权内涵的一部分。最早这类不平等在美国以环境种族主义形式出现，后又随着资本移植到发展中国家。① 由于工作环境恶劣，众多苹果供应商的工人肩负巨大压力，影响到劳动者的身心健康，出现像富士康工人那样连续的跳楼事件。国内环保组织对苹果外包厂商在我国境内劳动力损害进行过全面的调查，发现此类工厂均有工人受到各类损害的情况，有些还相当严重，甚至到了不能再恢复的地步。② 马克思认为劳动力不是资本家的商品，因此资本家无法占有劳动者，只有在一定时间内利用个体劳动力的权利。③ 当劳动力因为生产过程的环境伤害致不能恢复地步时，资本家实际上已经实现对劳动力的完全占有。

（三）把环境损害转嫁至未来

苹果在华环境污染还创造了环境风险，把各种不确定性伤害指向了未来。

首先，把环境风险指向非经济要素上。从目前情况来看，无论苹果在华供应商对人体健康伤害还是对大气、水、河流等生态物的污染，大体诉诸经济价值。不过，从经济角度来考量或解决生态成本转移是非常危险的。比如，2009 年联建公司因排泄危险废物而被苏州环保局罚款 8 万元；东莞富港电子的 15 条电镀生产线因为环境污染被东莞市环保局罚款 10 万元；等等。美国生态伦理学家利奥波德（Aldo Leopold）主张："大地共同体中的大部分成员都不具有经济价值"；"在威斯康星，当地所有 2.2 万种较高级的植物和动物中，是否有 5％可以被出售、食用或者可做其他的经济用途，都是令人怀疑的。"④ 在利奥波德看来，生态圈中 95％以上的物种基本都不具有经济价值，无法以经济价值来结算。生态灾难的成本评估只考虑到 5％具有经济价值的要素，而没有考虑到 95％以上生物的生态价值，

---

① Filomina C. Steady, *Environmental Justice in the New Millennium*, New York: Palgrave Mamillan, 2009, pp.2 - 18.
② ENGO 调查报告：《IT 行业重金属污染调查报告（四）》，公共环境研究中心，2011 年 1 月 20 日。
③ 马克思：《资本论》（第 2 卷），人民出版社，1964 年，第 13 页。
④ Aldo Leopold, *A Sand County Almanac With the Essays on Conservation*, New York: Oxford University Press, 2001, p.177.

而这 95％ 的生物却对生态整体的运行与稳定发挥着至关重要的作用。当生态灾难发生时，被损害的 95％ 生态物的功能是不容易被发现的，这些功能却对生态系统产生着至关重要的作用。

其次，环境污染损害所制造出的风险把现在、过去与未来联系起来。美国生态学者巴里·康芒纳（Barry Commoner）主张一个生态系统应包括多重内部相联系的部分，它们之间相互影响着，整个生态系统的稳定性系于各个子系统的合力。一个生态系统在它被迫趋向于崩溃前所承受压力的量，就是它的各种内在要素联系和它们反应速度的结果。生态系统越是复杂，它对其所承受的各种压力之抵抗就越有效。[①] 无论是名幸电子对南太子湖的重金属污染，还是东莞生益电子堆砌的大量剧毒废物，都为未来不确定性的生态灾难埋下祸根，虽然目前尚未发生。其原因在于生态系统具有在一定范围内的自我修复能力，在系统崩溃之前，它一直都在抵御与修正着外在的损害，直至外加损害积聚至不能承受与不能修复时为止。这意味着过度的损害可能会把环境风险推向不确定的未来。

德国社会学家乌尔里希·贝克就认为在某些时候风险完全逃脱了人类的感知能力，然而它们所导致的是不可逆转的伤害，从而造成风险把过去、现在与未来联系起来的可能；[②] 这种联系因而颠覆了传统的因果关系，它"可能"在未来某一段时刻发生，更恐怖的是，这一可怕的阴影就在今日如影随形地在不远处若隐若现，而这一恐怖的挤压是由今日的风险所致，它不仅适用于生态危机的话语，甚至包括全球化整个过程。[③] 从本质上来说，生态成本转移是经济全球化众多负面影响之一，是笼罩在关心发展中国家发展的人们心头上的阴影。不消除生态成本转移，这一阴影就不会消失。

最后，环境风险的去除需要后代付出巨大的修复成本。国际经验也证明这一点。以日本熊本县为例，20 世纪 60 年代日本熊本水俣病制造者智索公司，因排放水银掺和的淤泥到水俣湾内外，造成当地环境污染。为了消除环境风险，熊本县自 1977 年起历经了 13 年、耗资 485 亿日元，采用

---

① Barry Commoner, 'The Ecosphere', *The Closing Circle: Nature, Man and Technology*, Publisher: Alfred A. Knopf New York 1971, pp.14-48.

② Ulrich Beck, *Risikogesellschaft: Auf dem Weg in eine andere Moderne*. Frankfurt am Main: Suhrkamp Verlag. 1986, p.XII.

③ Barbara Adam, *The Risk Society and Beyond Critical Issues for Social Theory*, London: SAGE, 2000, p.214.

疏浚与填埋的方法去掉湾内 151 亿立方米的淤泥（水银浓度超过 25 ppm），还制造出一个将水银淤泥与污染鱼封埋起来的 58 万公顷的"死地"。这些花费中，智索公司作为肇事者承担 60% 的费用（已无力偿还），日本政府与地方政府也难幸免，承担剩下的修复成本。[①]

二、苹果公司在华污染传播失灵的内外成因

苹果公司的传播失灵主要是因为其市场垄断地位的存在，导致信息垄断，致使公众与苹果公司在环境污染的认知度上处于严重的信息不对称位置，使得生态成本转移的生产关系体系不断地被再生产出来。

（一）内部机制与内容扭曲的传播失灵

1. 苹果公司采用"金蝉脱壳"的模式

苹果在华环境污染的脱责得益于其独特的商业模式，即所有的供应商都不隶属于苹果公司，不过终端产品——即苹果品牌的一切荣誉都属于苹果公司，而一切供应商的环境污染与该公司做明确而清晰的切割，因为苹果公司没有一家生产车间，污染行为属于外包商的法人非法行为。这一商业模式的高明在于，无论是南太子湖污染还是东莞的垃圾堆，其造成的损害都是在生产 iPad 或者 iPhone 等产品过程中受到损害；作为一家世界知名企业，苹果公司仅在道义上负有责任，并没有就此承担法律上的责任，因为它不属于这些供应商的法人。

苹果公司还利用了我国现有法律规范的滞后，实现着"金蝉脱壳"的商业模式。我国现有法律并没有明确规定品牌商与供应商之间的法律责任，即使各类污染证据准确无误，问责只涉及供应商与行政监管部门这两个主体。中国人民大学法学院竺效副教授认为，目前我国并没有可参照的法律能够支持现有环境受害者对苹果提起侵权诉讼；能够努力的方向就是推动新的立法。然而，在一些西方发达国家，苹果公司的供应商很难在商业上做到"金蝉脱壳"。如美国 1980 年的"超级基金法"，其对品牌与供应

---

① 李成思：《从日本经验看公众健康损害制度的建立与完善》，《中国环境报》，2010 年 11 月 19 日。

商污染侵权责任有明确规定，即"其行为对这个违法行为的发生或其损害后果的扩大都做出了贡献"的主体上。在欧洲，法律明确规定"对品牌商的延伸生产者（即供应商）有着严格的规定，如要求供应商不能使用有害物质等，品牌商还负有回收废弃产品的职责"。① 与欧美不同，我国现有法律并没有针对"金蝉脱壳"模式污染的惩罚性法律条文，从而导致苹果在最严重的污染事件中都毫发无损。

2. 苹果公司长期的自我"漂绿"宣传

"漂绿"（green washing）是个舶来词，最早由美国学者韦斯特维尔德（Jay Westerveld）于 1986 年提出，是指公司或其他利益集团以环保为卖点，推销自身的商品或服务以牟利，实际上正好是反其道而行之。"漂绿"的目标是要获取利润，本质上属于虚假宣传，难点是广告诉求属性的确认。苹果公司正是利用这些难点，加强宣传以获得社会的声誉。苹果公司官网每天都会有产品环保问题的问答；每周都会有其产品环境表现的报告；每月都能查阅该公司不断推出新的"苹果再利用项目"；每年都会发布一份新的《社会责任进展报告》，罗列其监督供应商所做的各类环保手段以及改善外工条件等内容。苹果公司还在其官网上设置了"环境"宣传栏，公布其环保措施和废物排放，如认为其公司 2010 年仅排了 148 万吨温室气体，其中生产环节排放占 46%、运输环节占 6%、产品使用环节占 45%、回收占 1%、装置占 2%；报告认为其产品可循环率从 2005 年的 6.1% 增加到 2010 年的 70%，得出的结论为：苹果笔记本电脑目前是"全球最环保的笔记本电脑"。② 这些层出不穷的环保宣传很容易使公众失去警惕性，放松对该公司的环保监督。

"漂绿"广告治理最难在认定环节，因而泛滥成灾。国外立法经验可以提供有益借鉴。首先，从因果关系上重罚以震慑。如在澳大利亚有《贸易惯例法》，规定只要确认为"漂绿广告"，公司将被罚款 110 万美元以上，且需要承担产品对环境伤害所用的修复费用。③ 其次，严格的科技审查。如加拿大竞争局（CB）与标准协会（CSA）明确禁止在产品环境影响上的

---

① 高晨：《27 家中国供应商涉嫌违规排放》，《京华时报》，2011 年 9 月 5 日。

② 'The Story behind Apple's Environmental Footprint', Apple Inc., ww. apple. com/environment/.

③ Naish, J., 'Lies Damned Lies and Green Lies', *Ecologist*，2008，38（5），36-39.

"含糊"诉求，任何这类诉求均须"翔实可靠的材料"作为支撑。再次，不可能环保的产业明令禁止"漂绿"广告的出现。如挪威禁止在汽车制造业里出现任何形式的"绿色""环境友好""清洁""自然"等广告用语，因为这个行业里的产品暂时不可能对"环境有利"。[①] 对于苹果这样的公司生态成本转移的遏制，国外立法逻辑值得借鉴。因为它把"绿"的因果关系证明的责任转换给企业，划定特定区域，要求企业提供，从而获得监管上的主动权，一定程度上限制了"漂绿"广告的泛滥。

（二）外部规制与多种样态的传播失灵

遏制苹果这样的跨国公司在我国的传播失灵，核心是缺少强制此类公司进行环境信息公开的外部规制，然后围绕此目标建立一套公众参与、监督体系与公害赔偿机制，形成信息对称的局面。在此一领域，我国有很多工作要做，国外的经验也为我们提供很好的思路。

1. 我国环境立法体系与监管体制的滞后

首先，我国对企业信息公开的监管相对滞后，这是功能性失灵。没有企业环境信息的公开就没有公众的参与和舆论监督，就没有职能部门对环境污染的防护与治理，这是治理污染最核心的环节。针对企业的环境信息公开，我国政府近年来出台一系列环境法律规范，从 2003 年的《清洁生产促进法》到 2008 年环保部的《办法（试行）》，都较为详细地规定了企业公开环境信息的细则，使一些大污染企业承受着舆论压力，这些公司开始收敛其污染行为。与欧美发达国家相比，目前我国还没有建立起较为完整的强制性企业信息定期披露制度。

其次，我国政府对企业信息公开的法律规范在操作上有很多难度，使得对企业污染难以做到违法必究。例如，上文所说《办法（试行）》中的"自愿公开与强制性公开相结合"这一原则；"政府环境信息和企业环境信息"这两类公开信息的界定。2008 年公共环境研究中心与美国自然资源保护委员会联合对中国各地的 113 个城市的政府与企业环境信息公开进行普遍调查，在规定污染源监管信息公开指数（PITI）满分为 100 的情况下，

---

① Doyle, Alistair, 'Norway Cracks Down on Car Ads', *The Globe and Mail*, April 3, 2009.

得分在 60 分（符合法律规范要求设定）以上的城市中仅有 4 个；不足 20 分的城市则达到 32 个；113 个城市的平均分值只是 31 分。① 这当中，一些城市环保行政单位对污染企业信访、投诉与案件处理结果的信息公开率很小，仅有 27 个城市给出了部分或全部名单，86 个城市最终未能提供任何信息。时值《办法（试行）》执行周年之际，被列入"污染物排放超过国家或地方排放标准"的重污染企业 28 家，跨国公司如摩托罗拉、苹果、拉法基、嘉士伯等超标企业，都用"商业机密"作托词，拒绝信息公开与公众监督。②

2. 三元结构的舆论监督尚未形成

三元监督结构不完整这是结构性功能失灵。从西方的经验来看，提供私人商品的公司与提供公共产品的政府会经常出现二元结构失灵的状况，如"反公地悲剧"与"公地悲剧"等现象，表明市场唯利是图方面的弊端与政府刚性功能的有限，这就出现了第三方机构——非政府组织（NGO）。在我国称其为"第三部门"，分担政府责任以促进社会公平。NGO 功能处于政府与企业之间的缓冲区，避免政府功能对于企业的刚性冲撞，以社会公益、民间身份、非宗教、非营利、非政治、自愿与自主为切入口，履行公民自主权，填补国家、企业功能无法达到的领域，以实现功能互补与社会进步。我国的环保非政府组织经历了 1993 年梁从诫先生成立的自然之友，再到 2006 年马军先生成立的公共环境研究中心，通过两代人的努力初步建立了对污染企业环境监督的三元架构格局，一大批污染企业曝光于公众视野之内。

首先，我国环保组织对大企业（包括跨国企业）的环境污染全方位的公众监督还在形成过程中。以公共环境研究中心（IPE）的功能为例，一是对污染源之危机预测。其"污染地图"对全国重点污染源的监管纪录分布、企业分布、污染源分布、地区污染、环境质量实时监控等进行及时更新，指标涉及废水、污水、废气、废水处理厂等多个领域；并以"环境新闻"的形式，及时检测到企业排污行为及污染事件，在尚未形成大污染灾难之时告知公众，跨国大企业如沃达丰、苹果、西门子等多家公司供应商

---

① ENGO 调查报告：《环境信息公开　艰难破冰》，公共环境研究中心 & 美国自然资源保护委员会，2008 年。

② 王晶晶：《企业环境信息公开亟待加强》，《中国经济时报》，2009 年 4 月 30 日。

经常出现在新闻监督之中，从而形成舆论，达到危机预测的功能。① 不过，目前只有 IPE 一家环保组织在我国做这一数据监督，实属不易。二是环保非政府组织正尝试代表公众以监督大污染企业行为。IPE 的"绿色选择倡议"联合地球村、自然之友等 12 家环保组织，初步形成公众组织联盟，对大企业的供应商进行检索（包括供应商环境表现、监督反馈、排放数据、是否通过审核等查询）、客户企业表现（包括客户企业良好实践、客户企业检索与企业黑名单）查询，开始全面监督在华企业环境表现，并在"消费者行动"（包括绿色消费指南、绿色消费问卷、绿色选择、给企业写信）中代表公众发表倡议，通过消费者的市场行为来制约企业污染行为。三是主动出击，联合媒体揭露大企业的污染事实，最典型的是 IPE 报告。以乔布斯时代的落幕契机，中国媒体掀起了对苹果污染的大规模媒体报道，而最初来源于公众环境研究中心 2011 年 1 月、8 月的《IT 行业重金属污染调研报告》两项专题的"苹果的另一面"，其材料翔实、逻辑充分，使得苹果公司年末首度承认在中国 15 家零件供应商有环境污染的事实，让其生态成本转移行为暴露于公共舆论之下，有力地推动了各级政府的工作。这是环保非政府组织代表公众以监督大污染企业的初步尝试，但在中国目前并不普遍。

其次，我国环保组织的发展尚需更大的生存空间。我国环保组织有其法律上的地位，如政府颁布的《民办非企业单位登记管理暂行条例》（1998 年）、《社会团体登记管理条例》（1998 年修订）、《公益事业捐赠法》（1999 年）、《基金会管理条例》（2004 年修订）等均保证了环保组织在法律上的主体属性。然而，中华环保联合会曾对 2 768 家环保组织身份进行调查发现，现有 2 768 家环保 NGO 组织中，在各级民政部门注册率仅为 23.3%；清华大学中国 NGO 研究者邓国胜教授认为，52% 的环保组织最大愿望是希望降低登记注册门槛。② 从生态成本转移角度来考虑，像苹果这样大的跨国公司，因其从软件到硬件的生产与销售流程中联合起一大批跨国企业，形成强大的帝国联盟，故也需要我国环保组织阵营的不断扩大，从而形成强大的舆论监督联盟。另外，我国环保组织还因为法律规制

① 公共环境研究中心网页：www. ipe. org. cn.
② 《我国多数环保 NGO 注册无门沦为"非法组织"》，大洋网，2011 年 5 月 10 日。

的不健全、资金和人才匮乏，导致了独立性与自主活动能力受到限制。这些都是今后环保组织要努力的方向。

3. 公害诉讼程序复杂与赔偿额度小

首先，我国公害赔偿程序非常复杂，且存在因果关系确认中的受害方举证能力不足的现实，导致了公害诉讼的流产。中国政法大学环境法胡静教授认为，我国各级法院 2009 年接收公害诉讼 1 700 多起，其中环境污染纠纷有 1/3；这些诉讼在法院裁判中绝大多数不予立案，属于无效诉讼，主要在于受害者举证能力差，因果关系很难确定。就记者而言，他们不具有专业知识，很难做到取证的科学性、普遍性。从另一个角度来看，大公司造成的公害污染难以在法律框架下得以解决，从而抑制了其改善设施、净化环境的动力。

为此，我国的公害诉讼需要放宽对象、简化程序，让更多具有举证能力的环保主体参与诉讼。印度就有很好的经验可以借鉴。与英法等欧洲国家不同，印度法律允许非政府组织、绿色公益律师（Active Green Lawyers）、环境受害人与媒体人员等组成强大的民间力量，有权进行公益诉讼，它规定"任何公民或社会团体都可以向高等法院或最高法院提出申请，寻求对这一阶层的人遭受的法律错误或损害给予司法救济"①。这一诉讼通过公众力量可以帮助那些没有能力提起诉讼或举证的受害者，提起诉讼的一方可以是公益机构、公民或非政府组织，法律对公益诉讼主体（原告）资格没有多少限制，这样拓展了公诉人的范围，强化了诉讼主体的举证能力，使得公害赔偿得以通过法律实现。

其次，我国环境公害赔偿法相对落后，结果是"违法成本低、依法成本高"，亟待提高环境公害赔偿额度。康菲石油公司 2011 年渤海漏油事件中，现有法律罚款上限仅为 20 万元，海水被严重污染超过上千平方公里、仅河北乐亭县海岸养殖业损失估计就超过 3 亿元，加上生态成本就会有几十亿元损失。然而在同一时期的美国墨西哥湾原油泄漏事故中，奥巴马政府就责成 BP 公司创建一笔 200 亿美元的环境受害者赔偿基金。就我国的现有法律框架而言，无论是渤海湾康菲石油公司的原油泄漏事件，还是无

---

① Rajamani, Lavanya, 'Public Interest Environmental Litigation in India: Exploring Issues of Access, Participation, Equity, Effectiveness and Sustainability', *Journal of Environmental Law*, 2007, Aug.

处不在的苹果供应链污染，都很难达到一个合理的公害数额赔偿。非法污染的成本很低，而合法营运的成本太高，唯利是图的企业自然会选择成本低的污染路径。

4. 市场化传媒监管体系相对乏力

这是偏内容扭曲性传播失灵。简单来说就是市场化媒体因为市场压力不敢对广告主进行监督。我国亟待建立非营利媒体监管体系。

首先，优化与丰富我国现有环保组织单薄的传媒生态。从我国的非政府组织实践来看，很多这类组织有自己的网站，自然之友甚至拥有自己的杂志，但从内容来看多以约稿或来稿为主，独家新闻生产能力较弱。梁从诚先生去世以后，《自然之友》杂志逐渐从双月刊减至一年3期。除了 IPE 网一枝独秀以外，其他环保组织很难在舆论生产上给予有力配合。在印度，以环保组织科学与环境中心（CSE）为主轴，创办有非营利的公益杂志《民众的选择》（*Grassroots options*）、《脚踏实地》（*Down to Earth Mag*）等，还有民间社团支持的各类媒体等，初具非营利媒体的生态，这些媒体要么依附于环保组织，要么是由其孵化而产生，能够统一形成舆论。印度环保组织媒体优势还表现于其内容生产能力与引导舆论的能力。以 2010 年的培训为例，CSE 该年度参加培训的记者、大学生等达到 522 人，其当年培训手册就被这些人翻译成英语、泰卢固语、印地语等多种文字。① 在 CSE 进行社会调查期间，有多种语言能力的上千名志愿者参加，破除语言障碍，是方言媒体报道的主要内容。其规模之巨、任务之繁杂，印度的其他市场化媒体很难做到。

其次，通过公益基金建立营利的媒体，从而摆脱市场化利益的干扰。在发生墨西哥湾原油泄漏事故的媒体报道中，媒体"公众健康新闻网"（Environmental Health News）崭露头角，在 BP 石油公司 2010 年墨西哥湾原油泄漏事件中，其表现了不屈不挠的抗争精神，把这家英国石油公司从自我标榜为"世界上最负责任的公司"打回原形，为公众揭露了污染真相。该非营利媒体就是在这一理念基础上建立的网络平台，获得了包括 NY Community Trust、Jenifer Altman、Kendeda 等在内的 15 家公益基金的资助。无独有偶，获得 2011 年、2010 年两届普利策新闻奖的

---

① *CSE Annual Report 2009 - 2010*，New Delhi：Centre for Science and Environment，2010.

Propublica 网络媒体也是一个环境保护的非营利网站，同样获得了 Sandler 等基金的资助，作为以公共利益为目标的非营利媒体，《华盛顿邮报》乐观地认为"找到新闻报道的新模式"。这一所谓新模式也可以谨慎地在我国解决舆论监督问题中推广，它需要全社会的大力支持，通过政策扶持、慈善基金、补贴和等多种形式获得可靠的经济保障和多样的新闻源，以彻底摆脱市场诱惑。从国外的实践来看，它们对于促进公众与企业之间的信息对称具有明显的效果。

第二章

传播失灵：从跨国公司
供应链到本土企业

要纠正在华跨国公司企业污染的传播失灵，需要对跨国公司的整体功能体系进行清楚地再认识，这就必然突破跨国公司本身的界限，对作为其功能为一体的制造业供应链体系进行考察，这是实现舆论监督的对象所在。作为"世界工厂"的中国目前集中了大量跨国公司的制造业，而造成全球环境排放物污染的有 70% 以上来自制造业，其是环境污染的主要来源。[①] 当前跨国公司在华制造业是由一系列本土公司参与的复杂供应链系统构成的。跨国公司的供应链（supply chain，或称全球供应链）是指在经济全球化的过程中，以跨国公司追逐利润为动力、以客户端需求的拉动为表现形式，形成从产品设计、原材料供应、生产、制造，到分销、零售乃至废旧产品回收等一系列的市场过程。[②] 在华跨国公司供应链体系形成后，跨国公司一方面垄断自己最核心的业务，可以更专注于科技含量高、具有统治力和竞争力的核心事务，而把非核心、具有依附性的业务分离出来，外包给其他公司（比如数量巨大的中国本土公司），从而提高整体的制造与销售绩效，实现资本的最大化。因此，要对在华跨国公司进行舆论监督，纠正传播失灵，必须把供应链纳入跨国公司的舆论监督范围，这是纠正企业传播失灵的基础。

① Daniel S, Diakoulaki C, 'Operations Research and Environmental Planning', *European Journal of Operational Research*, 1997, 102 (2), pp.248 - 263

② Eberhard Abele, Tobias Meyer, *Global Production: A Handbook for Strategy and Implementation*, Berlin: Springer, 2008, pp.3 - 21.

第一节　传播失灵的主体：从跨国公司到难以分割的供应链

传播失灵的跨国公司应该是它的功能性客体，而供应链系统却彻底地颠覆跨国公司在传统企业领域中明晰边界的认识。罗恩·阿什克纳斯（Ron Ashkenas）认为企业的边界分为内部边界（包括垂直边界、水平边界）和外部边界（如外部环境、地理边界等）两大块。[①] 而当前在华供应链却以外包型为主、合作供应链为辅的模式，基本上是以顾客易变的需求来不断地变换或延长自己的外包公司或者合作企业。这种供应链被称为拉动式为主的供应链（pull supply chain），以终端消费群体需求为中心，强调对市场需求的及时响应，以缩短产品的订货期为前提，按照市场的当期需求来拉动供应链，[②] 并以此决定供应链的选择对象与流程长短。

顾客需求为当前跨国公司选择与管理供应链的逻辑起点，供应链构成很不稳定。这正是客户驱动的原因。传统的企业边界受到严峻的挑战，因为客户需求的个性化与不确定性使得企业的内部边界也具有流动性、易变性的特征。企业组织内部之所以具有边界性是分工原理的产物，根据工业生产的需要把员工和业务流程进行区分，具有相对的专业性与稳定性。正是企业的内部边界遇到新的问题，专业分工的相对稳定性受到流动性的挑战，也给企业的外部边界带来不确定性，使得它更具有流动性和灵活性。其衡量的主要标准是供应链整体的有效性，也就是以市场绩效为基准。从苹果公司最近两年全球最大的 200 家供应商变化来看，一年之内苹果全球范围内共有 28 家供应商被淘汰，分别为美国 7 家、日本 6 家、中国台湾地区 5 家、韩国 4 家、新加坡 2 家、中国香港地区 1 家、德国 1 家、荷兰 1 家、爱尔兰 1 家。空缺部分由新的商家填补，其中中国大陆供应商从 20 家增加到 27 家，中国台湾地区也有 7 家新增，日本 7 家、美国 3 家、中国香港地区、韩国、德国与芬兰各有 1 家。[③] 供应商很不稳定，今天是跨国

---

① Ron Ashkenas, 'Creating the Boundaryless Organization', *Business Horizons*, September-October, 1999, pp.5-10.

② 谢家平：《供应链管理》，上海财经大学出版社，2008 年。

③ *Apple Social Responsibility* 2018 *Progress Report*, Apple Inc., 2018. https://www.apple.com/cn/supplier-responsibility/pdf/Apple_SR_2018_Progress_Report.pdf.

公司供应商，明天就可能不是；本土企业中今天不是跨国公司的供应商，明天就可能是，属于潜在的供应商。

　　跨国公司正是采用业务外包为主的形式形成了供应链体系，导致众多本土企业在功能上参与跨国公司的生产与经营活动，成为舆论监督不可分割的对象。业务外包就是把企业一些内部活动与决策的责任转移出来给外部供应商的行为，是从外部（源）为组织采购产品、生产或者服务。因为供应链只是跨国公司内部功能的转让，在经营管理与控制上后者就支配着前者。[①] 当前以人工智能为代表的互联网技术的兴起，使得跨国公司对外包企业的选择与控制力上得到很大提高，形成了多源外包（multisource outsourcing），就是把业务外包给多个供应商，以形成供应商之间的更精细分工与竞争，从而形成更长的供应链体系。如果要对跨国公司进行舆论监督，这些在功能上与之一体的复杂绵长的供应链体系就须纳入考虑范围。为此，笔者借鉴已有的供应链运作参考（SCOR）模型，[②] 整合供应链系统中各种复杂的环境和内部机制，制作了跨国公司供应链的结构示意图，它是我们纠正监督跨国公司传播失灵的研究对象，参见图 2。

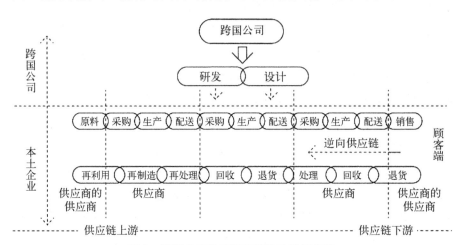

图 2　跨国公司供应链系统的功能结构图

---

　　① William M Lankford, Faramarz Parsa, 'Outsourcing: A Primer', *Management Decision*, 1999, 37 (4), pp.310-316.

　　② Samuel H. Huan, Sunil K. Sheoran, Ge Wang, 'A Review and Analysis of Supply Chain Operations Reference (SCOR) Model', *Supply Chain Management: An International Journal*, 2004, 9 (1), pp.23-29.

　　绵长精细的供应链体系使得众多本土企业深度卷入跨国公司的功能运作之中。供应链是经济全球化到一定阶段的产物，除了资本利益最大化，它挑选的是供应商的核心优势，如人才、技术、知识或劳动力成本等，可以容纳大量有核心优势的企业加入其中。从苹果公司 2018 年列出全球所有的 200 家供应商名单来看，大陆企业 27 家，以重金属制造加工为主，从事显示面板、各类半导体器件、摄像头模组的生产，这些本土企业包括伯恩光学、瑞声科技、京东方、宏明双新和超声印刷板等公司，共有 21 家生产制造工厂全部在中国大陆；在香港地区有 7 家公司，主要是印刷与金属件制造，如华彩印刷、易力声、国泰达鸣和金桥铝型材等；台湾地区的供应商有 51 家，在大陆设立的生产厂在 100 家以上，诸如：瑞仪光电是苹果手机背光模组的供应商，它的 3 个主力工厂设在广州、南京和吴江；鸿海公司为苹果制造面板、连接器等产品，它的 23 家主力工厂有 20 家在大陆；等等。① 由此可见，我国本土企业深度卷入跨国公司的生产与经营当中，通过供应链组合成为其功能的一部分。

　　在一系列供应链中，我国内地本土企业因为某一核心优势而成为供应链的一部分。在本土企业中，京东方在显示面板上制造技术上有所突破，北京思比科微电子和北京豪威在半导体器件制造领域有优势，欧菲光科技和伯恩光学对摄像头模组技术的创新、瑞声科技在声学器件方面的特长，都是这些中国企业成为苹果绵长精细的供应链之一部分的原因。与跨国公司的地位相比，我国本土企业的优势是非核心的，像半导体器件领域，美国的英特尔、博通、微芯、安森美半导体、德州仪器和凌云半导体等均为苹果供应商，处于技术上的支配地位。从图 2 中可以看出，处于支配地位的是跨国公司的研发和设计等高科技领域形成的供应链，统治着从原料到销售的整个过程；另一条从顾客端到再利用的逆向物流的"逆向供应链"（reverse supply chain），用来回收、维修、处理和再利用上游供应链中的产品，在整个供应链中往往处于被支配地位。② 例如，苹果公司最新计划中就有执行"废弃物零填埋理念"，中国开始有"回馈计划"（Apple

　　① Apple Supplier List，Apple Inc.，February 2018，https：//www. apple. com/supplier-responsibility/pdf/Apple-Supplier-List. pdf.

　　② James R Stock，Jay P Mulki，'Product Returns Processing：an Examination of Practices of Manufactures，Wholesalers/Distributors，and Retailers'，*Journal of Business Logics*，2009，30（1），pp.33 - 62.

give back）建立逆向供应链。2017 年纬创公司在印度开展培训，寻找该公司废旧物品再回收，甚至与政府合作创建"清洁的班加罗尔"为号召。这些逆向供应链也是跨国公司整体功能的一部分。

因此，跨国公司供应链的存在打破了传统意义上企业相对稳定的内外边界，使得大量中国本土企业在功能上成为跨国公司的一部分。据最新的资料显示，在统计 59 个在华品牌中，其供应商数就达到了 4 270 家，包括 IT 行业、纺织、皮革、汽车、食品饮料、综合等 9 个行业。① 而且每一年供应商的数量都在变化与重组当中，几乎每一个企业都有可能成为跨国公司的供应商或者潜在供应商。随着以人工智能为代表的互联网技术的兴起，消费者对产品个性化需求在增多，在华供应链愈加变得精细化，使得供应链更加绵长与具有流动性。在纠正跨国公司传播失灵之时必须把其供应链作为一个整体来对待，这是建立一个机制性舆论监督方案的前提条件。

第二节　在华供应链对传播失灵纠错的尝试

在各方努力推动下，我国境内的跨国公司开始尝试各种形式的对供应商环境污染的监管，以纠正其环境污染信息的传播失灵。国家出台了一系列政策私法规范为舆论监督提供方向和保障。《国民经济和社会发展第十三个五年规划纲要》规定"加快构建绿色供应链产业体系"，以此改善生态环境；环保部联合三部委发布《关于推进绿色"一带一路"建设的指导意见》，明确指出"加强绿色供应链管理""加强绿色供应链国际合作与示范"，要求"以市场手段降低生态环境影响"；国务院《"十三五"生态环境保护规划》推动供给侧结构性改革以打造绿色供应链；国家质监局等发布的《绿色制造制造企业绿色供应链管理导则》，要求推进供应链环境管理的标准化进程；新《环保法》第五十三至五十八条对公民、法人和社会组织针对企业污染行为、针对政府监管的环境信息公开等一系列舆论监督赋予了权利；环保部《企业事业单位环境信息公开办法》要求企业适应舆

---

① 《绿色供应链 CITI 指数 2017 年度评价报告》，公众环境研究中心，2018 年，第 19 页。

论监督的信息公开办法。作为公众与社会力量的代表，我国一些环保组织也开始了对跨国公司在华供应链信息不对称进行纠错的实践，取得了一定的成就。

第一，社会力量监督在华供应链传播失灵的实践及有关问题。我国一些环保组织已经悄然对在华供应链实施舆论监督。以公众环境研究中心为代表的中国 34 家环保组织群体于 2007 年发起组织一个舆论监督的平台"绿色选择倡议"，利用该组织的"污染地图"（目前称为"蔚蓝地图"），在整合我国各级政府公布的企业环境污染的监管记录、信访记录与社区、媒体投诉记录信息的基础上，向公众公开这些信息，并定期做一些专项调查，引导公众参与，形成舆论监督。2011 年公布的连续两期调查报告《IT 行业重金属污染调研报告——苹果的另一面》形成了席卷全国的舆论效应，促使苹果公司开始注意履行监督管理其在华供应链环境污染的职责，通过舆论促其整改。基于"蔚蓝地图"数据库里各供应链的不良环境记录，以公众环境研究中心为代表的环保组织引入 GCA（Green Choice Alliance，即"绿色选择"第三方联合的专业机构）审核，确认污染企业改进后再消除企业不良环境记录，从而通过舆论监督来推进数以千计的跨国公司供应商解决其存在的污染问题。截至 2017 年 9 月 30 日，在华供应链的 37 家品牌供应链环境不良记录中，通过环保组织的舆论监督，共有 1 297 家供应商治理污染后通过 GCA 审核。

第二，发起 CITI 排名，形成持续的针对供应链的舆论监督，产生舆论监督的品牌效应。环境新闻属于科学传播范畴，形成舆论监督需要一个较为明确的指标体系和长久的品牌效应。为此，中国的一批环保组织联合美国自然资源保护协会（NRDC）于 2014 年开发了"企业环境信息公开指数"（CITI）。以公众环境研究中心为代表的中国环保组织，从 2010 年起就开始了艰苦卓绝的在华供应链污染的舆论监督的指标建设与实践，先后推动数十家跨国品牌通过使用环保组织的"污染地图"来识别其供应链的环境污染。由于我国暂时还没有严格的标准化的有害化学品清单体系，致使环境监督的指标体系严重缺失。早期环保组织对于 IT 和纺织领域为主的 70 余家在华品牌的舆论监督基本为定型的舆论监督（即好与不好），不够客观准确。为此，公众环境研究中心与 NRDC 合作推出全球第一个基于在华品牌供应链环境表现的量化评估体系 CITI，该体系以沟通 20 多家国际品牌与重要行业协会意见为借鉴、以采纳一些重要供应商的意见为基础而形成。[①]

这个指标体系最大的特点在于通过舆论监督可以引导在华品牌由难到易地来完善供应链的管理，最终促进产业升级，其实质是为供应链提供产业升级的"路线图"。CITI 体系最先为由低到高的 5 部分和 10 个指标构成：沟通与跟进、合规性与整改行动（建立供应商检索机制、推动其整改与说明、敦促其公布自行监测数据）、延伸绿色供应链（识别污染与检索上游供应商）、数据披露和责任回收（即逆向供应链）。于 2014 年开始发布"企业环境信息公开指数"并接受媒体监督，当年供应链的评价范围扩展为 8 个行业共 147 个品牌商；次年成功敦促在华 86 个品牌商、1 607 家供应商与我国社会监督的环保组织取得联系并建立沟通机制，涉及"污染地图"数据库中 2 982 条环境污染记录，共有 391 家供应商通过 GCA 审核撤销 518 条环境污染记录，有 780 家企业对 1 189 条环境污染记录进行整改并接受舆论监督。[②] CITI 指数监管包含了多方环保主体的公众参与，包括汇总政府监管信息、环保组织在线监测、企业自行披露、确认公众举报、第三方独立环境审核等环节，把政府—企业—公众的相互监督与良性互动联合起来。这一指标具有由易到难、由量变到质变的可行性，具有激励机制，在数次在华绿色供应链排行榜上，让曾经为污染大户的苹果公司成为重金属领域监管好其供应链的榜样和排头兵。

然而，我国环保组织对于跨国公司供应链传播失灵的监督过程也暴露出众多问题，进一步形成社会化监督的传播失灵。

其一，环保组织的舆论监督是非强制性的，数据库信息的完整性严重不足。在众多的环保组织当中，公众环境研究中心的舆论监督是相当卓绝与具有代表性的。自 2006 年成立起就逐步形成了以科学数据库为舆论监督的基础，即"一个数据库、两个平台"，前者为"蔚蓝地图数据库"，后者为"蔚蓝地图网站"和"蔚蓝地图 App"。到 2016 年其数据库信息已经覆盖全国 286 个城市的 2 402 个空气监测站、4 743 个大气污染源点、17 641

① 《绿色采购　激发污染减排》，公众环境研究中心，2014 年，第 11—24 页。
② 《绿色供应链 CITI 指数 2015 年度评价报告》，公众环境研究中心，2015 年，第 5—6 页。

家废气排放口、8 022 家水质监测点，检测到 13 007 家污染源企业。^① 然而，分析这家环保组织的研究报告，发现他们收集到的信息有着巨大的缺损。一是在城市污染源监管信息公开指数（简称 PITI）报告里显示，在涉及的 2 410 家重点排污企业需要对公众公开其环境信息，能够监测到的只有 284 家，仅占应该公布信息数的 11.8%。二是在其舆论监督范围内的 120 个城市中，仅 7 个城市环境信息公开量指标达到或超过 PITI 要求，仅占 5.8%；105 个城市信息公开量不足 50%，占样本城市总数的 87.5%；有 42 个城市信息公开量不足 10%，超过总样本的 1/3。^② 由于数据库信息完整性严重不足，舆论问责没有完整的证据，环保组织的舆论监督效果相当有限。

环保组织监督政府环境信息公开、监督企业排污之所以出现传播失灵，原因在于监督为非强制性约束。环保组织的舆论监督是软性的，不具有强制力。现有法规没有强制要求，只能凭借环保组织对其倡导的社会责任以自愿方式公布信息，这种舆论监督效果有限。在《办法（试行）》中，作为公众代表的环保组织，在向政府环保部门依法申请公开企业环境信息时，公众环境研究中心在全国 113 个城市进行 PITI 指数监督时，有 86 个城市的政府环保部门以"不宜公开""保发展"理由拒绝公开，占总数的 23.9%；只有 27 个城市提供部分了名单，而且信息残缺；有些城市政府环保部门听到是民间团体的舆论监督时，"多次直接挂断电话"。^③ 企业的回应也大抵如此。有专家认为这是与信息公开相配套的约束机制欠缺，公众监督要求司法体系不能够有效进入监管环节。^④

其二，跨国公司自行管控监督供应链的传播失灵。有学者认为跨国公司可以根据对自己业务重要性的不同而把供应商归为各种类别，如优选供应商、独家供应商，甚至到最后把一些不能达到环保要求的企业在供应链

① 《寻找蔚蓝 公众环境研究中心 2016 年度报告》，公众环境研究中心，2016 年，第 7—8 页。
② 《2016—2017 年度 120 城市污染源监管信息公开指数》，公众环境研究中心，2017 年，第 10—12 页。
③ 《环境信息公开艰难破冰》，公众环境研究中心，2008 年，第 27—30 页。
④ 陈媛媛：《环境信息公开道阻且长》，汪永晨、王爱军、主编：《寻找 中国环境记者调查报告（2011 年卷）》，中国环境出版社，2013 年，第 149—155 页。

中淘汰，以此来管理供应链。① 有观点认为成功战略的供应链管理是要利用供应商的内部动力和跨国公司的主导地位，实现对供应链的风险管控。② 以"污染地图"为信息库作为公众参与的基础，始于 2007 年 21 家环保组织提出的"绿色倡议"，在华企业供应链的管理由公众环境研究中心等环保组织呼吁消费者通过手中的购买权利影响企业的环境行为，要求跨国公司绿化在华供应链。到 2011 年底，有 542 家企业就其环境违规记录与环保组织保持沟通，并有近 80 家企业通过第三方审核向公众证明其已经做到环境守法，从而在"污染地图"中消除其不良环境记录；到 2015 年，已有 780 家企业对 1 189 条环境违规记录进行回馈。③ 一些著名的跨国公司如美国的苹果、沃尔玛、通用、耐克与可口可乐，欧洲的西门子、联合利华、沃达丰、H&M 等，日本的索尼等一大批跨国公司通过"污染地图"查询到其企业供应链的污染记录，并承诺对其在华供应链环境行为实行监管。

跨国公司对其在华供应链管理的指标性实践是 CITI 指数排名，为此跨国公司需要向公众公开其在华供应商名单并反馈公众对其供应链环境问题的舆论问责（即前文说的 5 部分和 10 个指标）。从 2016 年 CITI 指数排名来看，已经囊括了 9 个行业、198 家国际国内品牌商，通过他们对供应链的监督与环境治理来进行 CITI 指数的排名。这其中跨国公司因为其影响力大、能力强而被 CITI 指数作为舆论监督的优先对象，榜样就是苹果公司。2012 年，苹果公布其 200 家重点供应商名单以接受公众监督，然后与公众环境研究中心建立合作伙伴关系，以"污染地图"为舆论监督的基础，通过系统的信息收集评估其供应链中的环境违法行为，并敦促供应链整改、采取预防措施以降低风险，最终撤销其污染环境记录。从 2014 年起苹果开始敦促高风险供应商填报 PRTR 数据，一年后就有 100 多家供应商工厂公开了 200 余份此类数据，并于 2015 年开始向其供应链上下游、反向供应链延伸管理。苹果公司从 2014 年 CITI 指数的 65.5 分一直提高到 2017

---

① Tang, C. S. 'Supplier Relationship Map', *International Journal of Logistics: Research and Applications*, 1999, 2 (1), pp.39-56.

② Chin-Kin Chan, *Successful Strategies in Supply Chain Management*, Hershey: Idea Group Publishing, 2005, pp.74-193.

③ 《环境信息公开 三年盘点》，公众环境研究中心，2011 年，第 30—31 页。

年的 82.5 分，始终处于 IT 行业供应商管理的领头羊地位。苹果公司甚至主动与各国际品牌商分享供应商检索机制、PRTR 的供应链填报、GCA 审核经验等。① 也正是在大型跨国公司的示范作用下，才有了以跨国公司为榜首的 CITI 指数排行榜，包括纺织业的阿迪达斯、食品业的可口可乐、综合类的日立等。跨国公司对其在华供应链的管理与监督已经初见成效。

在华供应链传播失灵有其客观原因。供应链太长和供应链的易变性是跨国公司监管的难题。供应链条随着分工和专业化的加深越来越长，形成庞大复杂的供应商、供应商的供应商与潜在的供应商等企业链条。比如，在 2018 年苹果公司全球前 200 家供应商中工厂数量估计就有 778 家，② 在华供应商为 75 家，各类供应商生产厂家估计在 100 多家，供应商的供应商生产厂家估计总共有将近 400 家。一些跨国公司纷纷公布在华供应商名录，展示其监督与管理的积极态度，如：英国玛莎百货（M&S）公布其全球 690 家供应商名单，包括中国服装与食品生产厂 234 家；西班牙飒拉（ZARA）集团公布全球 404 家湿法工厂名单，其中有 84 家中国供应链的染整与水洗工厂；美国盖璞（GAP）在中国有 239 家供应商的制衣洗衣工厂；等等，星罗棋布，若隐若现而又无处不在。③ 在整个复杂的供应商链条当中，高风险、高污染的供应商往往处于供应链的上游，如原料与加工，多属于供应商的供应商，远离跨国公司的管理核心，这对跨国公司管理能力与投入资源提出非常高的要求。即使在 CITI 指数排名处于领头羊地位的跨国品牌商也只能做到半年周期地"建立定期检索机制"，在 167 个品牌中有 100 个品牌在此关键领域没有得分、或总得分不超过 10 分。

其三，跨行业联合监督供应链的传播失灵。通过一个或几个处于支配行业的购买行动来引导公众监督、敦促上游高风险行业供应链走向绿色化，这就是我国 2016 年以来的"房地产行业绿色供应链行动"的实践。该实践由阿拉善 SEE 生态协会、全联房地产商会与万科等共同发起，中国境内品牌商首次以行业联合形式推动供应商环境监管的实践。这些房地产商

① 《绿色供应链 CITI 指数 2016 年度评价报告》，公众环境研究中心，2016 年，第 17—21 页。

② 《苹果公布 200 大供应商名单，中国势力在崛起》，虎嗅 App，http：//baijiahao. baidu. com/s? id=1605070332138405691&wfr=spider&for=pc. 访问时间：2018 年 7 月 4 日。

③ 《绿色供应链 CITI 指数 2016 年度评价报告》，公众环境研究中心，2016 年，第 23—27 页。

家把上游的数百家水泥和钢铁的供应商名单列出，通过"蔚蓝地图"数据库收录变化向公众公布这些企业的环保行为。[①] 房地产业联合监督供应链的实践意义不容小觑，仅在其第一期行动所牵涉的钢铁和水泥行业的碳排放量就占我国当年碳总排放量的21.3%。据欧洲委员会与荷兰环境评估署研究数据显示，中国对全球碳排放煤量贡献2014年占全球总量的30%，为107亿吨，[②] 其中：钢铁的排放量为12.84亿吨，占我国碳排放总量的12%；水泥行业为10亿吨，占我国总排放量的10%，显示出这种行业联合监督所具有的巨大减排潜力[③]。预计到2020年，这一实践将会有600家企业加入绿色供应链行动，将占全国房地产企业民用房地产总销售额的40%，影响到的行业囊括汽车、路桥、化工、生活等各个方面。因此，联合国环境规划署（UNEP）的官员赞誉这个实践为"全球首例"。

跨行业联合监督供应链的多年实践也显示出传播失灵现象。这种行业联合监督的形式较集中于数个工业领域如钢铁、水泥行业，对诸如空气污染等问题的推动解决有帮助，但也有疏漏其他污染供应链的管理。中国目前承担世界制造业产值份额的25%，其中有80%的空调制造、70%的手机、60%的鞋业，基本都不是以空气污染为主。[④] 再比如IT产业、纺织业等属于水污染大户，水污染一直被供应链管理商所忽视，这是所有在华供应链共同的短板。在多达191个在华品牌中，还没有商家监督其供应链废水集中处理的问题，是所有CITI指标中得分最低的一个。这种以房地产行业为龙头联合敦促上游供应链走向绿色化的实践主要针对水泥和钢铁行业，针对这两个行业长期以来的落后产能、不合理的能源结构、陈旧的设备设施改造等产业升级问题，它实质指向当前绿色科学技术创新不足的矛盾。显然，它需要多方主体的参与，庞大的生产规模与产量、难以预计的新科技发明与现有的设备报废期，远非浮于表面的信息推进可以解决。另外，缺少体系性、机制性的解决方案是这些供应链舆论监督实践的共同缺

---

① 顾磊：《房地产行业绿色供应链发布白名单》，《人民政协报》，2017年6月13日。

② J. Olivier, G. Janssens-Maenhout, M. Muntean, J. Peters, *Trends in Global CO2 Emissions: 2015 Report*, Bilthoven: PBL Netherlands Environmental Assessment Agency & European Commission Joint Research Center, 2015, pp.10 - 17. from: www. pbl. nl/en or edgar. jrc. ec. europa. eu.

③ 《绿色供应链CITI指数2016年度报告》，公众环境研究中心，2016年，第7—8页。

④ Global Manufacturing Made in China?, *The Economist*, Mar 12th, 2015.

陷。在国际商业准则中，包括全球报告指数（GRI）、道琼斯可持续发展指数（DJSI）、碳披露项目（CDP）等，要求国际品牌商对其供应链管理控制方面的分值比例都很小，只占对该公司评价的 5% 或甚至更少。在跨国经营与生产中，跨国公司只停留于办公室与零售点这样最容易、环境影响最小的部分开展工作。因此，通过跨国公司、跨行业联合对在华供应链管控的路径并非是当前最行之有效的国际经验。在我国，需要探索新的舆论监督路径。

第三节　从跨国公司供应链到无差别的企业信息有效传播

供应链与跨国公司的功能是一体的，而供应链与本土企业难以区隔。在华跨国公司污染的舆论监督应该是面对所有可能产生环境污染的企业，把它们作为传播失灵的整体来对待。从这个角度上来说，跨国公司与本土企业并无不同。国际经验证明跨国公司的环境污染引起变革的舆论监督机制，也同样无差别适用于其他企业。在建立美国有毒物质排放清单制度的过程中，美国环保署认为印度博帕尔事件是美国有害物登记与转移制度的缘起之一。[①] 也正是 1984 年跨国公司美国联合碳化物公司在印度博帕尔的杀虫剂泄露导致当地数千人死亡的事件，遭受到国际舆论的谴责，迫使美国两年后颁布《紧急规划和社区知情权法》（EPCRA），根据此法律建立起TRI 制度即美国的 PRTR 体系。这一制度由跨国公司环境污染事件引起而制定，且适用于一切美国境内企业的环境污染及其信息公开。随着这一制度的不断完善，目前全世界已经有 50 多个国家或地区在采用这种制度，在欧、美、澳、日、韩等国家和地区都得到很好的实践与证明。

首先，PRTR 体系强制性地囊括了供应链在内的几乎所有行业的各种形式和设施（工厂）的污染物排放信息，而完整信息是形成科学舆论以纠正传播失灵的基础。按照联合国欧洲经济委员会（UNECE）的阐述，

---

① 'Why was the TRI Program Created?', EPA, https://www. epa. gov/toxics-release-inventory-tri-program/learn-about-toxics-Release-inventory.

PRTR 体系是指释放到空气、水或土壤里，并转移至其他地方安排与处理的潜在有害化学品或污染物质清单的环境数据库。它包括释放到环境里或转移到其他地方的化学品及其组群或污染物的名录；污染物排放与转移到大气、水和陆地里的综合多媒体报告；所涉行业的自主填报；最好一年一次的企业定期报告以及向公众敞开所有数据库信息；等等。[①] 在这一体系里明确规定"释放"或"转移"到"空气、水和陆地"的"化学品及其组群"都需要企业定期申报并收录在 PRTR 数据库里，还要让公众能够获取到这些信息。美国的 TRI 体系也同样有着这样的规定，涉及工厂 2 万多家，[②] 目的是最大限度地限制各类企业的排污行为。从现有的数据来看，欧洲的 PRTR 体系囊括了 3 万家工业设施/工厂，9 种工业部门与 65 项经济活动；[③] 像韩国这样的小国，其 PRTR 体系也囊括 41 个行业共 3 634 家企业的气体、水和陆地污染物排放的记录。[④] 美国建立 PRTR 后 1 年时间里，美国环保署的 TRI 数据库就统计出有 27 亿磅污染物进入大气、5.5 磅废物释放到水体里，也有 72 亿吨固体填埋或者转移，共有 18 500 家各类企业提交了排放报告。[⑤] 这种囊括了各种排放形式与各类排污企业的信息公开体系也彻底地解决了供应商与本土企业信息公开中难以区隔的问题。

其次，PRTR 制度强制性地对供应链在内的污染物种类与阈值的信息公开做了明确地规定，从而在指标体系上达到信息对称。印度博帕尔事件对公众的惨痛记忆之一就是异氰酸甲酯（MIC）等一系列化学品的危害性，从 EPCR 法案颁布起美国就开始逐步建立有毒物质排放清单，即有毒有害化学品清单。有害化学品清单经历了 30 多年的演进日趋完善，欧洲已经包括了 7 大族类 91 种有害化学品，在美国则高达 650 多种。之所以会有差异，是因为欧盟主要国家经历了数百年的工业发展，随着制造业的迁出，有些有害学化学品就不存在，比如电子产品制造可能会有 1 000 多种重金属、聚合物、稀土金属、溶剂与阻燃剂等，很多对人体和其他生物有害，

　　① 'About PRTR'，UNECE，https：//prtr. unece. org/about-prtr.
　　② 'TRI overlap for air，water，and waste programs at EPA'，EPA，https：//www. epa. gov/toxics-release-inventory-tri-program/learn-about-toxics-release-inventory.
　　③ 'What does the E-PRTR cover?'，European Environment Agency，http：//prtr. eea. europa. eu/♯/static? cont＝about.
　　④ 来自韩国国家环境研究所，http：//ncis. nier. go. kr/triopen.
　　⑤ Robert V. Percival，Cristopher H. Schroeder，Allan S. Miller，*Environmental Regulation Law，Science and Policy*，NY：Wolters Kluwer，2013，pp.336－337.

而这些电子制造厂家在欧洲 PRTR 体系里的国家分布极少，当公众认为某些化学品符合增加或者删除条件时，就可以向主管的政府部门提交申请。在 PRTR 体系里，只要达到一定排放量和一定规模的经济体就需要强制性提交 PRTR 数据，这就是设定的阈值。根据有害化学品的毒物类型、数量以及公司的规模、产量差异，各国在 PRTR 体系里所设定的阈值也不一样。这些阈值是公民、社团与媒体对企业污染进行舆论监督的指标体系，如在日本工厂雇工超过 21 名、有害化学品清单里年度排放达到 0.5 吨就要强制申报 PRTR 数据，以便公众知情与监督。

最后，PRTR 体系完整的信息库是公众参与的基础，在此基础上可以形成科学的认知达到信息对称。美国 TRI 数据库有着 30 多年公众参与和舆论形成的实践，很多经验都值得借鉴。目前有资料详细记录美国 PRTR 数据库即美国 TRI 数据库对于公众参与和舆论的清单，在这份由美国环保署于 2013 年发布的《有毒物排放清单在行动》[①] 里，详细记录了最近十来年以 TRI 数据库为基础的美国公众参与舆论监督的情况，包括媒体、公民社团、学术机构、商业组织、政府部门使用情况。在媒体监督的清单里，该报告记录了美国《华盛顿邮报》《华尔街日报》《芝加哥太阳报》及英国《卫报》在内的 50 多家次媒体使用 TRI 数据来进行舆论监督的案例。有些在舆论上的影响力还很大。比如，《今日美国》以"烟囱效应"为题的特别报道，记者以 TRI 数据库为依据追踪工业污染，估算美国 128 000 学校距离高毒性化学品排放区域的位置。[②] 在社会组织舆论监督领域有 22 次记录，包括全美社会组织 18 次和地方组织 4 次，较有影响的有五大湖联盟（GLU）使用 TRI 数据库来估算五大湖区周边的工厂向水体里排放有毒物质所达到的危害程度，并号召公众参与此项环境保护活动。[③] 利用 TRI 数据库进行学术层面的研究也相当丰富，共有 29 项纪录，包括麻省理工学院的多个研究机构、美国科学基金会的研究机构，很多学术新发现都建立

---

① *The Toxics Release Inventory in Action: Media, Government, Business, Community and Academic Uses of TRI Data*, Washington, D. C.: United States Environmental Protection Agency, 2013.

② Benjamin Penn, 'The Smokestack Effect: Toxic Air and America's School', *USA Today*, April 1st, 2009.

③ De Leon, Fe, Jennifer Foulds, 'Great Lakers Still Under Siege from Toxic Pollution', Pollutionwatch. org, April 20th, 2010. www. pollutionwatch. org/pressroom/releases/20100421. jsp.

在使用这个数据库的基础之上，诸如：环境种族主义一定程度上是在不断使用 TRI 数据库基础上强化出来的理论；戴维·凯勒（David Keller）等通过 TRI 数据库研究发现路易斯安那州一些高污染地区的癌症患者在地理分布上其比例明显高于全国平均水平。① 政府也在积极推动公众参与以便形成科学认知，环保署通过两个网站给公众提供随时更新的 TRI 数据库和每年更新的总结性的材料；② 各州政府也有州层面的年度分析，甚至大学、研究机构与宗教团体都有自己的总结性材料与观点。这种各个层面的公众参与所形成的认知与评价有利于科学舆论的形成。

跨国公司及其供应链在我国环境污染中传播失灵只是众多企业污染传播失灵的冰山之一角，在此方面本土企业与跨国公司并无本质区别也难以区别，彻底解决这一问题需要引入中国的 PRTR 体系。长期从事我国境内跨国公司及其供应链的舆论监督并卓有成效的公众环境研究中心创立者马军及其团队，一直倡导建立中国的 PRTR 体系。他们认为，解决跨国公司及其供应链污染，解决我国境内的企业污染的最终方案是建设中国的 PRTR 体系；跨国公司及其供应链的传播失灵问题只是推动我国 PRTR 体系建设的一个步骤，公民主动关注与使用 PRTR 的信息是纠正传播失灵的解决方案。③

---

① David R. Keller, 'Not in My Back Yard: Environmental Injustice and Cancer Ally', Peggy Connolly, Beck Cox-White, *Ethics in Action: A Case Based Approach*, MA: John Wiley & Sons, 2007, pp.148 - 160.

② TRI 数据库搜索网站 www. epa. gov/trieplorer，政府提供的环境材料网站 www. epa. gov/emviro。政府面向公众的年度总结性出版物有 *Toxics Release Inventory: Public Data Release and Toxics Release Inventory: Public Data Release*；*State Fact Sheets*。

③ 马军等:《建立中国的污染物排放与转移制度》，公众环境研究中心，2018 年，第 31—48 页。

中　篇

分析问题：市场、地方政府与社会组织的传播失灵

中篇由三章（第三章到第五章）共 8 节组成，各部分并列存在且相互递进。第三章研究市场失灵框架下的我国市场化报纸对环境污染问题的传播失灵，以及我国环境新闻记者群体科学知识素养与职业角色认知短板所造成的新闻生产领域的传播失灵，这些失灵都是内容扭曲性的传播失灵。第四章研究我国地方政府与社会组织在环境污染信息公开之监督领域的传播失灵，主要建立在北京公众环境研究中心 2006 年以来的实践基础上的考察。第五章是对公众参与从理论到实践的考察，以探讨公众参与在环境传播有效传播中的保障作用，以及我国这些年的实践及问题，其主要研究视角为公众的科学素养，以此进一步剖析我国公众参与中因科学素养问题所造成的传播失灵。

从理论上来说，造成市场失灵的原因有很多种，包括市场的不充分竞争、负外部性（negative externalities）、环境的公共产品属性、市场不完善、竞争不充分、分配不公平等。① 这些属性又进一步派生出环境信息的属性。其中，最重要的是产品的负外部性、公共产品属性与市场竞争不充分等，这是研究市场传播失灵的参考坐标。在第三章里，企业污染的环境信息属于公共产品，而环境污染是具有负外部性的市场行为，所以出现了内容扭曲性的传播失灵。为了研究传播内容上的传播失灵，本章对我国大众传媒关于环境污染的新闻报道内容进行分析，研究传播失灵中内容偏移与扭曲、本地监督的缺位、市场化漂绿与深度调查新闻的缺失等。市场化传播失灵问题出在媒体对于市场的依赖，尤其是跨国公司这样的大企业，是市场化媒体主要的经济来源，故对其环境信息传播存在市场短板。这进一步表明环境污染信息的公共产品属性。

地方政府环境污染监督传播失灵的理论同样来自查尔斯·沃尔夫的非市场（nonmarket）失灵理论。根据公共选择理论，政府不再是公共产品的生产者与美德的拥护者，它只是提供一些不那么容易提供的产品和服务的平淡无奇的设备而已，并且不会凌驾于市场之上。② 沃尔夫认为政府失灵的原因在于成本和收益的分离、内在性（internalities）和组织

---

① Wolf, C., *Market or Governments: Choosing Between Imperfect Alternatives*, Santampnica, CA: 1986, pp.14 - 24.

② Simmons, R., *Beyond Piolitics: The Roots of Government Failure*, Oakland: Independent Institute, 2011, pp. xiii - xv.

目标、派生（derived）外在性与分配不公等。①从我国的实践来看，地方政府对环境污染监督的传播失灵主要体现在成本和收益的分离、内在性和组织目标，以及派生外在性等方面。由于地方政府追求短期的地方经济增长这样一个内在性和组织目标，与企业追求利润相一致，从而把环境污染的成本留给下一代，形成成本和收益的分离，导致政府环境污染的传播失灵。

社会组织环境污染监督的传播失灵在沃尔夫理论体系里属于非营利组织的理论范畴。该理论认为非营利组织是处于政府和企业之间的一种组织，因此被称为第三方，像环保组织这样的机构属于其中的公民组织。社会组织失灵主要是受到非市场失灵的影响，因为它基本上不太受到市场供求关系的直接影响。②因此，成本和收益的分离、内在性和组织目标、派生外在性与分配不公是社会组织监督传播失灵的主要原因。在新《环保法》里，社会组织对企业的监督是环境信息公开的重要途径。第四章考察了社会化组织对于政府和企业环境信息公开的监督与传播失灵，发现社会组织缺少政府政策系统支持，使得其对于企业环境污染的监督处于非强制性状态。这一传播失灵依然来自政府失灵，即成本和收益的分离，导致地方政府缺少内在性和组织目标来给社会组织提供规制性保障。解决的途径依然是公共政策的革新。

公众参与是非营利组织理论框架的内容，是公共选择理论的重要组成部分，它是纠正地方政府传播失灵与市场传播失灵重要的保障。按照公共选择理论，公众参与和社会组织一样属于非市场失灵，属于结构性功能失灵。非营利组织的失灵主要因为政府的失灵，纠正的途径依然靠公共政策，使得社会化监督具备完整的传播结构和功能。作为科学议题的环境污染，公众参与需要公众具备一定的环境科学素养。公民科学（civic science）就是一个研究科学与社会支持系统的新视角，也进一步影响公众的态度与行为。③第五章科学素养与公众参与的问题，在于发现公众参与

---

① Wolf, C., *Market or Governments: Choosing Between Imperfect Alternatives*, Santampnica, CA: 1986, pp.49-71.

② Wolf, C., *Market or Governments: Choosing Between Imperfect Alternatives*, Santampnica, CA: 1986, pp.73-76.

③ Miller, D., 'PublicUnderstandingof, and Attitudes toward, Scientific Research: What We Know and What We Nee to Know', *Public Undestanding of Science*, 2004, 13, pp.273-294.

的科学素养短板，总结我国公众参与的实践经验、问题，以及理论层面的发展方向。中篇各部分之关系与逻辑如图3所示。

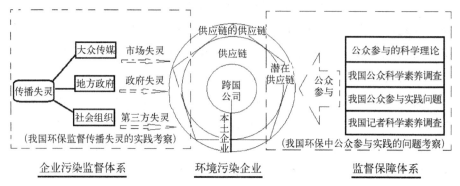

图3　中篇各章节主要论点与逻辑关系图

中篇在整个研究中与其他部分的逻辑关系及其作用。在论证关系上，中篇对上篇提出的问题即我国境内企业污染的传播失灵进行分析，通过对我国目前主要监督形式即大众传媒舆论监督、地方政府职能部门的监督、民间环保非政府组织的舆论监督的传播失灵现象进行考察，发现现有的舆论监督形式无法有效地对我国境内的企业污染进行舆论监督，由于大众媒体的市场化传播失灵、地方政府监督的传播失灵、环保非政府监督的传播失灵，致使企业污染的大量存在。因此，要解决问题，必须寻求新的路径与方法，那就是下篇结论部分提出的建立中国的 PRTR 体系。如果没有中篇的问题分析，就不能排除在现有传播框架下建立针对我国境内企业环境污染传播失灵的纠错机制，也就很难在下篇提出建立我国污染物登记转移制度，从而克服传播失灵的结论。

第三章

市场传播失灵：我国市场化
媒体环境新闻考察

环境污染信息因为环境问题的属性而具有负外部性、公共产品等属性，在市场化媒体的新闻活动中很容易导致内容扭曲性传播失灵，即：具有完整的传播结构和功能，并有持续的传播过程，但因为市场难以对公共产品的环境信息传播起到有效的配置作用，从而形成信息不对称，导致传播失灵。与地方政府的功能性传播失灵的完整传播结构相比，内容扭曲的传播失灵主要存在于市场环境下。环境问题的负外部性是个人或者法人行为的"连带的"（spillover）或者"外部的"成本，即当他（们）行为造成第二个人的成本时并未征得此人同意，甚至此人并不知情。[①] 环境污染成本的社会化无法通过传媒市场得到矫正，导致环境传播的失灵。内容扭曲的传播失灵形式有多种，包括舆论监督对象的偏移、环境新闻与广告诉求间的相互矛盾、"漂绿"广告的泛滥、调查报道的稀缺、环境新闻形式大于内容等。这些都将形成大众化传媒对传播内容的扭曲，由此形成传播失灵。

为了考察我国市场化大众传媒在企业环境污染领域的内容扭曲性传播失灵现象，笔者选取有代表性的大众传媒，即：选取报纸类的《南方周末》（《绿色》环保专版）为面向全国性的纸媒；选取《解放日报》《北京青年报》《新民周刊》《贵州晚报》作为地方性报刊；选取我国的门户网站

[①] Simmons，T.，*Beyond Politics: The Roots of Government Failure*，Oakland：Independent Institute，2011，pp.7 - 9.

新浪和搜狐的专业绿色版面作为研究对象，选取了"新浪绿色"和"搜狐绿色"作为新媒体市场化媒体的研究样本。最后，还对我国大众传媒的记者群体进行实证研究，考察他们对于环境科学素养与职业角色认知的关系，目的在于从新闻生产领域探究环境记者从业群体的科学素养、职业信念对传播失灵的影响。

第一节 我国市场化媒体环境
新闻的传播失灵考察

一、市场化报纸"绿版"的传播失灵

中国报纸领域第一家专业绿色新闻版是 2009 年 10 月 8 日创始的《南方周末·绿色》（以下简称"绿版"），其把"绿色新闻"理想作为追求目标，把可持续发展的环境议题作为关注对象。因为它"打破了传统的政治、社会、经济和文化的新闻分类模式，集结了环保、能源、低碳经济和可持续发展领域的采编精锐，吸纳古今中外的绿色智慧，打造出一个超级绿色新闻平台"；崭新的目标是"致力促进中国人、社会及自然的和谐。通过每周的深度报道覆盖环保、低碳、能源和城市四个领域，以赢得中国政府官员、工商界人士、NGO 人士以及其他社会精英的关注，从而推动中国的绿色进程"，[①] 因此"绿版"上的环境污染的议题也具有公共产品、负外部等属性。"绿版"推出以来，因《南方周末》的品牌影响力与"绿版"本身的专业化导向，社会认知度也在逐步扩大。

（一）"绿版"的研究设计

"绿版"是以具有负外部性、公共产品属性的环境议题作为传播的目标，传播失灵问题也就具有了考察的多种维度。首先，公共产品属性如新闻生产领域的数量、内容、篇幅、本地与外地新闻、天灾人祸等都体现出其追求的"绿色新闻"理想。在此过程中，笔者将以国内的纸本新闻为参

---

① 绿色工作室：《开版词·为绿而生》，《南方周末·绿版》，2009 年 10 月 8 日第 1 版。

照。因为《南方周末》的特殊地位，在我国很难找到与"绿版"定位相同甚至相近的报纸。从研究的目标来看，笔者主要研究"绿版"相对于一般新闻出版物所具有的特征，故此笔者选取北方的《北京青年报》、东部的《解放日报》与《新民周刊》、西南部的《贵阳晚报》等作为参照，通过比较来分析"绿版"的"绿色新闻"之特色。其次，对"绿版"广告的诉求、产业分类、广告主分布等内容分析，来考察广告诉求与新闻精神的关系。其目的在于探索"绿版"在绿色新闻价值定位与广告市场诉求领域的一致性及其不同，从理论上关照"绿版"的绿色新闻理想与市场生存之间的关系。

按照市场失灵的信息不对称的特性，以及环境问题的负外部性与公共产品属性来设置内容分析的维度。根据环境新闻理论与绿色广告的相关标准，笔者设计了内容分析量表，包括"绿版"新闻的题材、具体内容、正负面比例、篇幅范围与新闻区域分布等一系列指标，目标是在理论框架下提出假设，考察"绿版"新闻生产理想与现实生存问题。为此，笔者对"绿版"进行了随机抽样，抽样时间段为 2009 年 10 月第 1 期到 2012 年 10 月，时间跨度为 3 年。考虑到时间上的分布及其覆盖率，笔者采取每月抽取 1 期，定距为 1 月加 1 周，即第 1 月为第 1 周、第 2 月为第 2 周，从而形成时间上的错位分布。共获得样本 36 份，各类体裁的新闻报道 201 篇。另外，还采用文本分析法，比如新闻的时间分布、作者各要素分析等，努力从多个角度研究"绿版"的特征。

笔者对"绿版"广告进行了抽样，抽样时间段为 2009 年 10 月第 1 期到 2012 年 10 月，时间跨度为 3 年。考虑到时间上的分布及其覆盖率，笔者每月抽取 1 期，定距为 1 月加 1 周，即第 1 月为第 1 周、第 2 月为第 2 周，从而形成时间上的错位分布。2009 年 10 月 9 日"绿版"初刊为第一个样本集群。2009 年 10 月 9 日是 10 月的第 2 周，11 月则抽取第 3 周的"绿版"作为样本，12 月则抽取第 4 周的"绿版"作为样本；2010 年 1 月则抽取第 1 周的"绿版"作为样本，以此类推，尽量保证样本覆盖每个月不同的周数。共抽取 36 刊上所有的"绿版"广告作为分析样本，共得有效样本 70 个。

（二）"绿版"新闻的传播失灵

"绿版"在新闻舆论监督方面取得相当成就，表现在："绿版"新闻数量与深度报道的周期性分布非常稳定，"绿版"的舆论归责倾向于具体的人，"绿版"新闻的议程设置契合社会问题，"绿版"初步形成一批稳定的环境新闻记者队伍，等等。但"绿版"也存在诸多问题，主要是市场化生存中面临的传播失灵问题。

首先，内容扭曲性传播失灵表现为环境污染信息偏移的"阿富汗斯坦主义"。之所以说是失灵，是由环境问题的负外部性要求地方问题地方解决所决定的。西方环境新闻的指导思想是环境问题的地方化，特别强调环境新闻记者应该报道与他们周围生活有关的地方性的环境问题，而把离记者或者读者生活较远的环境问题的报道现象叫作"阿富汗斯坦主义"。学者指出这个理论的最基本的特点是："在报道国外环境问题时深谋远虑，但在处理国内相似环境问题时目光短浅""在报道全球环境问题上新闻思想大胆，在报道国内环境问题上没有声音"[1]。这种倾向主要原因有两个：一是怕得罪本地广告主；二是怕得罪与本地污染有关的权力阶层。既然媒体所在地的物理空间无法改变，不管媒体定位是全国还是地方的，少得罪地方势力是媒体优先考量的因素。这一点与环境保护的实际效果相冲突，因此西方媒体特别强调环境保护应该"从本地想，由本地做"，[2] 以此再来考虑媒体传播的有效性。

为什么"阿富汗斯坦主义"是内容扭曲性传播失灵？为什么环境污染问题"从本地想，由本地做"才是有效传播？这主要来自科斯定律。罗纳德·科斯（R. Coase）认为，环境的外在性成本可以通过市场手段得以交易或达成某种契约，即当污染发生时会造成对其周边或接近周边人的伤害，这种外部性损害是可以通过市场解决的，即要么污染者购买、要么由其他人购买被污染的外部环境，从而形成污染的交易权。这样，成本的增加就可以迫使污染者减轻污染。因此，市场的效率会被重新保持，公平性依然可以被维持。[3] 但批评者认为，这种契约交易很难达成，因为这种交易成本巨大，且需要有较为完备的信息对称体系。就媒体而言，能够公开

---

[1] David Rubin, David Sachs, *Mass Media and the Environment: Water Resources, Land Use, and Atomic Energy in California*, New York: Praeger Publishers, 1973: 52.

[2] William Coughlin, 'Think Locally, Act Locally', in eds Craig LaMay, Everette Dennis, *Media and the Environment*, Washington D. C: Island Press, 1991: 115 - 124.

[3] Coase, R., 'The problem of Social Cost', *Jouirnal of Law and Economics*, October 1960, Vol.3, pp.1 - 44.

报道本地的污染问题，显然是对这一市场机制解决环境问题的巨大贡献。从始至终，本地问题本地解决是问题核心所在。

从"绿版"的样本来看，针对广东本地环境问题的舆论监督报道仅有 4 篇，占总样本 201 篇新闻的 1.99%。这 4 篇中，正面报道 1 篇、平衡性报道 1 篇、负面报道 2 篇，是 5 类内容分析中比例最少的。与此形成对照，全球性问题为 8 篇，占总样本 3.98%，排名第 4 位；无关中国的国外环境问题有 29 篇，占总样本 14.43%，排名第 3 位；除广东以外的国内环境问题报道有 66 篇，占样本的 32.84%，居第 2 位；全国性的问题有 94 篇，占 46.77%，居第 1 位。可以看出，其针对本地的舆论监督非常少，而"阿富汗斯坦主义"强调的是物理空间上的接近性，这个物理空间指的就是"本地"。这种传播内容偏移是环境问题负外部性的表现，即被污染者承担了污染者的污染成本又不被告知，形成传播失灵。

其次，内容扭曲性传播失灵的另一个表现是"绿诉求"的广告。从目前我国媒体的生存状况来看，广告主是传媒生存最主要的经济依赖。笔者对抽取"绿版"样本中的广告进行收集分类，共获得 70 条广告，其中：广东省本地的企业有广告 15 条，占据样本总数的 21.43%；其他国内企业或者合资企业的广告有 35 条，占总样本的 50%；外企广告有 20 条，占总样本比例 28.57%。考虑到国内分公司、合资、外企本土化的落地经营等因素，如内蒙古的伊利牛奶在广东有伊利牛奶广州有限公司、日本本田汽车在广东有广州本田、荷兰壳牌在广东有广州壳牌石油化工有限公司等本地化经营的公司等因素，"绿版"可能会有比 21.43% 比例高得多的广告主为本地企业。这些本地化企业通过广告供血、输血方式造成"绿版"对本地环境问题的监督比例减少。

"漂绿榜"[①] 是"绿版"自 2010 年以来重点打造的一个品牌性绿色新闻系列，主要利用二次文献与专家评审，至 2013 年已经多次推出年度"十大漂绿企业"，曾经的环境污染知名企业紫金矿业、苹果公司、康菲石油公司等悉数在榜。"绿版"在教育公众提高警惕方面功不可没，但问题在于，"绿版"难以割裂自身与这些企业的联系，因为"绿版"本身也参与

---

① 漂绿（greenwash）意指一家企业宣称环保，但实际上反其道而行，本质上是一种虚假的环保宣传。

了一些企业的"漂绿"行动,甚至包括其自己"漂绿榜"上的企业。例如,壳牌曾经上过"漂绿榜",而在笔者抽取的样本中发现,壳牌却又多次以头版、彩色醒目、1/2以上版面等形式被"绿版"隆重介绍。这样相互"拆台"的例子有很多。这些广告公开与"绿版"绿色新闻精神相违背,是明显的"精神分裂"。

(三)"漂绿"广告与传播失灵

内容扭曲性传播失灵的表现为"漂绿"广告的泛滥,即传媒的市场化生存诉求与科学环境信息传播不对称的矛盾。市场选择是建立在受众充分获取信息这样一个假设和前提之上的,没有充分的信息获取,就不存在真正的市场公正行为。[①] 然而,由于大企业的广告主对市场化传媒经济生存的支配地位,也取得了对市场化传媒新闻生产与广告信息传播内容的垄断地位。正如"阿富汗斯坦主义"现象在新闻生产上的体现。

1. "绿版"广告主以能源(消耗)公司为主、以"漂绿"为主要特征

"绿版"广告数量稳定且以能源消耗的龙头行业工业为主。在工业中独占鳌头的是汽车业。本次抽样共获得16则广告,为排名第2的家电制造行业数量的2倍,汽车行业的广告数量占到广告总数的22.86%。汽车类广告通常以自己品牌的汽车经济省油、尾气排放少为卖点,以绿色环保为宣传点,吸引消费者。样本中,除了江铃汽车算得上国产以外,广告主多是跨国公司的大企业主,其中德国大众6则、日本丰田3则、本田2则、韩国现代2则。这类广告不仅数量多,且位置显著、尺寸也大,实际上,绿色特征并不明显。

家电制造行业以8则居于次要地位,一般以自身企业拥有领先科技为卖点,偶尔会突出家电节能的绿色属性。家电制造业的广告数量占本次研究样本的11.43%。与汽车相似,除了康佳是国产以外,这类广告主多是跨国企业,如德国西门子3则、日本日立2则、德国博世1则。因此,如果发生购买行为,这是信息不对称造成的结果。这些广告最大的问题就是看不出产品属性与绿色环保有何关系。如"绿版"西门子电子产品广告,其卖点是家庭幸福、儿女满堂,看不出产品哪些属性与环保相关。这类广

---

① Simmons, T., *Beyond Politics: The Roots of Government Failure*, Oakland: Independent Institute, 2011, pp.8-9.

告放在"绿版"可以导致受众的认知偏差。

在"绿版"广告企业的行业分布中，石油化工是直接依赖自然资源的产业，其对于资源本身的消耗以及对于自然的危害性，一直被社会舆论所诟病。"绿版"石油化工产业总共有 7 则广告，占样本总数的 10％。跨国公司依然是"绿版"主要的广告主，壳牌因出现频率高（3 次）与位置显要而成为其中代表，德国巴斯夫股份公司（BASF）出现 2 次，瑞士的ABB 集团广告出现 2 次。由于该行业以消耗自然资源并放出废气、固废为特征，就此而言，石油化工产业天然地很难做到真正意义上的环境友好。如果冠之以"环保"，充其量也只是减少废物对环境的负面影响。也正因为不可能"环境友好"，许多跨国公司极力发布绿色广告，突出企业对于环境的友好、责任与保护。有些欧洲国家因此明令禁止石油化、汽车等工业产品行业制作绿色广告发布于媒体之上。事实上，《南方周末》每年发布的年度"漂绿榜"上，相当一部分都是石油化工企业。

从数量和行业上来看，"绿版"广告以跨国公司的汽车、家电与石油化工为主要客户，其广告数量大、出现频率较多，这 3 个行业广告占据"绿版"广告总数额的 44.3％，接近剩余 11 个行业广告数量的总和，如果考虑到版面、版序，这三类广告的受重视程度远超过剩余 11 类之和。

"绿版"广告主要以能源公司与环保无关的科技为卖点。为此，笔者分析了"绿版"广告诉求及卖点的具体内容与聚类。广告的诉求往往就是这个商品（服务）的卖点，因为广告需要高度概括，往往只有一两句话，只突出一两个卖点来吸引消费者。故笔者对"绿版"广告的诉求进行分类并同类集中，把广告中最重要的诉求抽取一个出来，这些卖点主要来自广告词和画面所表达的意思。

首先，笔者先展示各类产业广告的主要诉求，然后再对相同与相近的诉求进行抽象、同类集聚与合并，可以获得以下的几大类具有相同特征的诉求，科技领先与节能减排分别列于第 1、第 2 位。剩下的类别几乎与环境友好没有直接关系。具体来看，在汽车行业如避震好、动力足、弯道性能好，这些可归结为某项技术领先，可与科技领先、技术先进等诉求归并，占总诉求比重的 29％。省油则可归入节能减排的诉求中，排在整个诉求比重中的第 2 位，占 19％。汽车售后服务好，和通信产业提供个性化服务都可归并为服务好。食品如牛奶来自自然牧草喂养，无添加剂成分则为

"选材天然"。信息发布更多是指《南方周末》本身发布的讲座、公益、活动等信息，占据了 11% 的比例。而诸如用户数量、经济优惠，这些是商家常用的广告诉求和卖点，但是与环境的关联度不高，均占 11%。总体来看，"绿版"广告与环境相关的诉求偏低，占 20% 左右的比例。

研究发现，把绿色作为唯一产品诉求的比例占多数，且这类广告多与产品属性无关。广告样本中绿色诉求可以分为广告的唯一诉求与广告的多个诉求之一的两大类。当环境诉求是多个诉求之一时，分为主要诉求和次要诉求。当环境诉求是广告的唯一诉求时，该广告与环境之间的关联度就高；当环境诉求是广告多个次要诉求之一时，该广告与环境中间的关联度就低。数据显示，环境诉求作为广告唯一诉求的占 57%、重要诉求占 14%，有 29% 的"绿广告"只是旁及环境诉求。把环境诉求作为唯一诉求的"绿广告"数量是把环境作为重要诉求之一的"绿广告"数量的 4 倍。"绿版"的"绿广告"与环境诉求的关联度很高，大多数广告都是以环境诉求为唯一卖点的。

把环境作为唯一诉求的广告多传递企业整体形象，与产品属性无直接关系。把环境作为唯一诉求的"绿广告"主要以宣传企业的绿色形象为主，并不强调产品本身的绿色属性。在此需要考虑"绿版"这个版面存在的特殊性，在"绿版"上强调企业的绿色形象，广告主如此投放广告的心态无疑也是希望能够通过版面本身的绿色属性，加强广告投放的效果。把环境作为重要诉求之一的广告比把环境作为次要诉求的广告低了 15 个百分点，这类广告以汽车、电器为代表，在强调高科技的同时，强调节能的重要性，反倒与产品属性直接相连。这也一定程度上说明，"绿版"广告在产品与环境关联度上还有待提高。

"绿版"广告的版面以能源公司为卖点的头版大幅广告为主。报纸广告的售卖在读者定位、发行量确定的情况下，其价格跟板面尺寸、版序成一定的比例关系。一般来说，头版与底版（末版）都相对昂贵一些，其他版的版序相对变化较小。笔者的统计也基于这样一个认识进行分类分析。统计数据显示，"绿版"的广告主要以 1/2 版面大小为主，占到总数的 66%，占据样本广告面积的 80.1%；1/4 版以 26% 的比例紧随其后，面积上占 15.7%；1/3 版和 1/8 版大小的广告则少有广告主问津，面积上合计仅占 4.2%。版面的大小一定程度上直接决定了广告主的广告投入，版面越大，则投入越多。广告主的投入除了有版面大小作为衡量标准外，还有版序，即广告的位置决定，头版和底版的广告价格更高一些。依照这样的资金投入关系，可以粗略计算出"绿版"的广告主都是大投入的商家。

除了南方报系本身，"绿版"最大的广告主应当是大众、伊利和西门子，这三家企业在3年内都在"绿版"上发布了5次1/2版面大小的广告，其中：大众3次头版，2次底版；伊利有4次头版，1次底版；西门子2次头版，2次底版，1次其他版。当然，这些都是在样本基础上得出来的结论，且仅仅是版面和版序的技术性计算，实际操作中汽车业的广告费用可能比其他广告高得多。这表明为了市场生存，传媒不得不把版面卖给具有经济上垄断地位的大企业广告主，进一步产生信息不对称的绿色诉求的广告传播，导致传播失灵进一步广告市场失灵。

2."绿版"广告主要以能源公司的"浅绿"和"漂绿"广告为主

首先，大多数（即70%比例）的"绿版"广告与环境友好没有关系，属于"非绿"。在总的70则广告样本中，与环境友好相关联的诉求有21则，占总体样本的30%，其他70%的广告诉求并无环境诉求。这类广告有银行系统（中国银行针对香港消费者广告、中国工商银行针对贵金属投资人员的广告、交通银行针对外汇活动的优惠广告）、机场航运（北京首都机场股份有限公司的T3航运楼招商）、电信业（中国电信的天翼3G宽带广告）、酒业（雪花啤酒2011中国魅力榜信息公开）与报业（《南方周末》的相关广告）等。这类广告范围较广，版面比较小，如神威药业是底版1/8的版面、银行基本是1/4版面。在量上很大，种类很多，但面积上相对较小，版次以底版和其他版面居多，基本不占有头版，这是"非绿"广告的特征。

其次，广告具有防污染与减能耗的"浅绿"特征。有关"绿广告"的定义中外学者研究的成果有很多，但都不能紧扣产品的属性，[①] 在实际操

---

① 有关"绿广告"的研究国内外学者均有阐释，问题出在怎样与推销的产品属性相连。在国内，傅汉章教授在总结20世纪90年代中国广告业的发展特点时，首先提出了"绿广告"这一概念。这里的"绿广告"主要是指"绿色产品广告"和以"绿色"为诉求点的广告形式。此后，学者们赋予绿广告不同的定义，进一步丰富了绿广告的具体内涵。对于如何定义绿广告，国内外学者都在文献中有所提及，但呈现出来的结果却有着比较大的差别。这样的定义和标准无法准确客观地分析绿广告的属性。班纳吉（Banerjee）和伊耶（Iyer）的界定有三个：① 明确或隐晦地阐述企业产品或服务与自然环境之间的关系；② 鼓励绿色的生活方式，无论是否突出产品或服务的特点；③ 塑造对环境负责的公司形象（Shades of green: A multidimensional analysis of environmental advertising, *Journal of Advertising*, 1995）。但这些界定如果与产品属性相游离，则实际意义就不大，并不能作为研究绿广告的标准。

作中很容易为"漂绿"留下空间，所以不予采用。关于广告绿色层次的认定，"深绿"和"浅绿"不仅可以在实际中操作，而且对广告的卖点有理论上的指导作用。挪威哲学家阿恩·奈斯（Arne Naess）、美国哲学家乔治·塞逊斯（George Sessions）为解决生态环境问题提出"深生态学"（deep ecology），即理性的、全景的观点，抛弃人类中心主义的"人处于环境中间的形象"，采取生态整体论的非人类中心主义观点，即生态法则解决环境问题。另一个相区别的理论就是浅生态理论（shallow ecology），在此基础上提出相应的概念"浅绿"（light green）。[①] 奈斯的观点认为这类浅绿运动主要是人类中心主义的，考虑着"污染和能源消耗"问题，它仅仅关注环境危机的短期效应，并不从根本上提出解决环境问题的出路。[②] 它注重经济效益，是资源保护主义的、是人类中心主义特质的。

从这个角度来看，"绿版"上的一部分以避免污染和能源消耗为卖点的广告就是"浅绿"广告，它最起码可以在短期内对环境保护起到某种积极作用。因此，笔者统计显示，在21则与绿相关的广告里，把减少能源消耗与避免污染作为卖点的广告有伊利牛奶、西门子电器、德国巴斯夫与瑞士的 ABB 等13则广告。其中，伊利以零污染、零添加与绿色有机奶为卖点，巴斯夫以材料隔热性能好、节能环保为卖点，日立以产品减少排放、使能源利用率达到80％为卖点。这些都属于奈斯所说的"浅绿"的范畴，归类为"浅绿"广告。

最后，"漂绿"广告本质上属于虚假广告，但难以鉴别。西方研究辨别的方法有7种，[③] 笔者依次用来辨别"绿版"上的广告是否为"漂绿"，共找出16条广告具有"漂绿"嫌疑（与前文所述的"浅绿"有重复交叉），

---

①　Arne Naess，'The Shallow and Deep，Long-Range Ecology Moment'，*Inquiry*，Vol. 16，1973：95 - 100.

②　戴斯·贾丁斯著，林官明、杨爱民译：《环境伦理学》北京大学出版社，2002 年，第 240 页。

③　分别是没有绿色的证据（缺少第三方论证的证据），与商品属性不相关联，诉求含糊其词（大而空，或者抽象），编织谎言（即产品并无环保属性），没有权衡（the hidden trade-off，如只告知一方面，如造纸的节能，事实上要砍伐森林、放出二氧化碳，都对环境产生伤害却并未在广告中出现，即传播学上的洗牌作弊法），两害取其轻（lesser of two evils，即给人看到的是伤害小的，隐瞒了伤害大的要素），假标签（fake labels，以第三方支持为证词，但这个第三方支持并不存在）。参见：Seven Signs of Greenwash，The Signs of Greenwashing Home and Family Edition 2010，Underwriters Laboratories，http：//sinsofgreenwashing. org/index35c6. pdf.

如汽车类的"浅绿"广告，虽然说可以"节能"，但其本身属于二氧化碳排放的产品，整个过程都要对环境产生伤害，其广告就属于"两害取其轻"。就像"有机香烟"广告，这个烟依然对人体产生伤害，它依然是"烟"，具有原罪的特征，不可能"环境友好"，故而是"漂绿"。

作为一个完整的版面，"绿版"的新闻理想理应与其广告消费观、卖点具有相同或相似的特性，共同体现一份报纸的"报格"。因此，防止绿新闻媒体上非绿色、或者虚假绿广告的泛滥是媒体社会责任的重要标准之一。"绿版"在创刊词中描述"绿版"将引导公众绿色消费，但其广告的绿色相关程度与其创刊时所描述的美好愿景尚有一定的提升空间。

3. "绿广告"内容扭曲因绿色产业创新不足

我国"深绿"技术创新是拯救"绿广告"之科学性诉求的希望所在。从广告的真实性来说，这是唯一的出路。从经济角度来看，"浅绿"诉求是一种缺乏竞争的媒介短期市场营销行为。我国媒体曾经大力推广我国的光伏产业并以此为傲，结果是2008—2012年，这类"绿色"产业在5年间里产量就增加10倍，却没有绿色技术研发方面的突破，导致我国该产业的产能过剩。实践中我国光伏产业90%以上依赖海外市场，我们只有劳动力的低成本优势，与欧洲相比我们毫无科技优势。结果是，在欧债危机中电池板下跌66%，导致我国出口毛利不到1%，后果是2013年3月市值曾高达160亿美元的绿色龙头企业无锡尚德公司宣布破产。绿色技术落后与产品缺乏竞争力导致了严重的产能过剩，我国整个光伏产业2013年累计负载高达1 100亿元。

我国的绿色重商主义有利于西方发达国家的科研创新，却伤害了本国绿色产业的研发。同样以光伏产业为例，绿色重商主义是指政府把钱用来补贴我国光伏企业的商品出口，结果是这些来自政府补贴的钱一部分进入出口企业的口袋，一部分进入国外征收的高额反倾销税。这些企业挣取的政府补贴钱进一步生产出更多具有污染特性的光伏产品，因为我国生产1千瓦太阳能电池需要消耗10千克多晶硅，而生产10千克多晶硅将会附带产生80千克四氯化硅。这些四氯化硅很可能是倾倒或掩埋，结果是所掩埋土地乃至周边的环境将会长时间成为不毛之地。"生产太阳能产品把污染留在中国"！中国科学院院士费维扬更是直言不讳地指出其弊端。① 西方国家对中国光伏产品征收而来的反倾销税却用于投资更清洁能源技术的研发，这与我国各大媒体"绿广告"推销的光伏产业绿色诉求不同，他们更多地具有"深绿"的特性，如在美国、日本等国家，光伏企业基本上都掌握了四氯化硅的回收技术，不会造成环境污染，从而具有更长远的竞争力与市场生命力。这些教训表明，我国媒体需要把带有"深绿"特色的科学与技术创新作为"绿广告"的诉求，这样才能促进我国绿色广告与绿色新闻实践的健康发展。

二、地方综合报刊内容扭曲性传播失灵的考察

笔者对具有典型性的地方综合新闻报刊的环境报道进行挑选，将符合环境问题的报道选取出来并作为研究对象，根据每一类报刊自身的特征确定抽样方法，以接近研究母体特征为准则。笔者选择三个不同的区位，抽取了北方的《北京青年报》、东部上海的《解放日报》和《新民周刊》、西部的《贵阳晚报》为样本，并与《南方周末》的"绿版"对照，对其进行抽样与内容分析，在此基础上研究我国地方综合类报刊在内容扭曲性传播失灵方面出现的问题。

（一）缺少深度调查性报道来进行舆论监督

对企业的环境污染进行舆论监督，需要有严格的调查与取证，深度报道不可或缺。环境新闻应该以深度调查为主，证据确凿、资料翔实，而不是仅仅停留在"五要素"的短平快上，这样无助于形成舆论。按照美国学者的定义，在"在知情参与环境问题决策的过程中""以提供给公众完整、准确数据为基础"上的"（新闻）作品"。② 环境新闻应该具有"完整、准确的数据"，这一特质决定了环境新闻本质上是调查性报道，是深度新闻。

然而，我们对地方报刊环境新闻的统计中发现，深度报道的稀缺是这

<hr>

① 童克难：《污染压力巨大 光伏产业的"亮"与"黑"》，中国新闻网，www.chinanews. com. 访问日期：2013 年 2 月 20 日。

② Michael Frome, *Green Ink: An Introduction to Environmental Journalism*，Salt Lake City：University of Utah Press，1998，p. Ⅸ.

类报刊的共同特征。即使《新民周刊》^① 这样以深度报道见长的刊物，深度报道依然是个稀缺品。在笔者的取样里深度报道比例为 21％，其中 2008 年汶川大地震时期，环境新闻的深度报道数量为零。《解放日报》《北京青年报》《贵阳晚报》的深度报道很少，在 10％的前后比例范围。其中，《贵阳晚报》较有代表性，笔者以它为个案进行阐释。

《贵阳晚报》环境新闻以短新闻为主。在《贵阳晚报》261 个样本中，100 字以内的超短环境新闻有 39 篇，占总样本的 14.94％；100—500 字短环境新闻有 170 篇，占总样本比例的 65.13％；500 字以上的较长一点的环境新闻为 16.09％。跨度 10 年的样本其深度报道仅有 10 篇，占总样本的 3.83％，其中：10 年里仅有 2006 年与 2010 年各有 3 篇；2011 年 2 篇；2007 年与 2008 年各有 1 篇；有 5 年一篇都没有。这些数据表明，笔者抽取《贵阳晚报》的 261 篇样本中，绝大部分都不能称之为"环境新闻"，因为它们多不具有深度调查的特质。

《贵阳晚报》与国内同类综合地方大报相比，其劣势也相当明显。笔者抽取的《北京青年报》2000—2011 年的报纸，抽样得到 496 篇环境新闻，其中深度调查报道为 51 篇，占总样本的 10.28％。与非营利媒体相比差距更大，2011 年北京 IPE 的深度报道占据总样本的 48.2％；美国的环境健康新闻网 2009—2011 年深度报道分别占总样本的 50％、43.7％与 46.7％，几乎有一半的新闻属于调查性新闻。"绿版"在该领域是楷模，该版 201 篇样本的深度报道有 158 篇，占据总样本的 78.61％，在国内外都是佼佼者。

究其原因，这些报纸都没有触及环境问题的负外部性，属于环境污染方面的无效传播。一是因为报刊的定位。作为一个地方性的综合媒体，《贵阳晚报》主要服务地方公众以综合新闻信息为主，环境问题只是其中的一个方面。但随着环境问题的日益突出，贵阳地区的受众会对环境问题

① 《新民周刊》的样本的范围界定为 2000—2011 年，采用按季度抽样方法进行取样，共计抽取 101 个样本，与其他报刊抽样方法相似。但是，《新民周刊》的抽样凸显了应急报道的特征，即 2007 年抽样出的环境新闻报道为 10 篇，2008 年抽样出环境新闻报道仅有 6 篇。但事实上 2007 年《新民周刊》刊登环境新闻的数量仅为 15 篇，2008 年的数量则为 35 篇，明显超过 2007 年。由此可以看出，环境新闻不是随机问题，更多是突发事件的报道。因此，环境新闻的报道不遵循常态时间规律。为了更好地探究《新民周刊》中体现的环境报道思想及特点，笔者截取部分时间段进行放大，即整理出 2007—2011 年 7 月《新民周刊》中的所有环境新闻报道，并加以分析。

越来越关注，环境新闻的质量亟待改善。二是市场压力。《贵阳晚报》属都市类报纸，很多新闻是快餐型的，这类新闻生产周期较短，而真正的环境新闻属于调查性新闻，生产周期长、生产成本高，因此只能蜻蜓点水，点到即止。如"公众参与环保将被立法保护，民间组织有望发力"① 这篇稿件，本来可以做一篇具有贵阳特色的环保新闻，考察贵阳的民间环保组织的生存状况与对此的态度，但需要较长的新闻生产周期，结果仅以 200 字左右的介绍性新闻呈现给读者。

另外，《贵阳晚报》没有培养出真正的环境记者队伍。环境新闻属于科学传播，它需要相对专业化的记者，而不能由社会新闻记者长期兼任。笔者收集到《贵阳晚报》10 篇调查性环境新闻样本，其作者都不一样，说明《贵阳晚报》没有这方面的记者队伍。而在此领域做得较好的"绿版"的 201 篇样本中，有作者 36 位，其中：超过 10 篇新闻的有 8 人，最高的篇幅达到 28 篇。从这个角度来说，"绿版"已经建立起了一个相对稳定的记者队伍。随着环境问题的日益突出，综合类的报刊可能会有专业的绿色版面，应当如《南方周末》那样培养自己的环境新闻记者。这是《贵阳晚报》努力的方向。

（二）地方报刊的舆论偏移问题不容忽视

前文已有介绍，从国际媒体的环保实践来看，环境问题的有效传播应该从本地做起，从本地想，由本地落实，这样才能较为有效地纠正传播失灵，因为这是对环境问题负外部性较为有效的防范、符合科斯定律，即在某些条件下，经济如环境的外部性可以通过当事人之间谈判的方式而得到纠正，以达到社会效益的最大化。② 污染的直接威胁往往来自工业企业，而企业主又是媒体的大广告主。市场实践中，媒体的舆论会因为广告主的原因而偏离。③ 在我国，工业化越集中、越发达，这一特征越明显。在广东，从"绿版"的统计来看，针对广东本地环境问题的舆论监督报道仅有 4 篇，占总样本 201 篇新闻的 1.99％。上海媒体也很典型，《新民周刊》

①　《公众参与环保将被立法保护》，《贵阳晚报》，2006 年 5 月 17 日。
②　约瑟夫·费尔德、李政军：《科斯定理 1－2－3》，《经济社会体制比较》，2002 年第 5 期。
③　William Coughlin, Think Locally, Act Locally, in eds. Craig LaMay, *Media and the Environment*, Washington, D. C.: Island Press, 1991, pp.115－124.

与《解放日报》都有着这一特征，其中《新民周刊》作为深度报道的媒体特征尤为明显。

《新民周刊》作为上海的综合性新闻周刊，但却很少报道上海本地的环境问题。从2007—2011年的统计数据中，可以发现，《新民周刊》有关上海环境新闻的报道最多的一年为2010年，仅为4篇。此外，2011年、2009年有关上海环境的报道都是空缺。《新闻周刊》不乏对鄱阳湖、日本核泄漏、西南旱灾、大连石油、淮河、太湖蓝藻等事件的环境报道，但始终没有把关注点放在上海。5年来，对上海市内的环境新闻报道仅占7％，并且多为正面报道，例如《崇明岛：现代低碳社会样本》《新奥：184天世博绿色之旅》等。负面消息也是一些人尽皆知的大灾难，如汶川地震、舟曲泥石流与西南干旱等外地新闻。

从《解放日报》环境新闻区域分布来看，有关"上海市内"和"上海市外"的报道较为平均。值得注意的是，2011年抽样的环境新闻报道中深度报道的题材皆取自非上海地区，包括城市生物质能、烟花爆竹污染、日本核危机等。由此看来，《解放日报》似乎更喜欢深度研究非上海地区的环境问题，对本地的环境问题有所回避，不愿进行较为深入的报道。此外，《解放日报》在报道非上海地区环境新闻的比重在不断加大，这可能与世界范围内环境问题的日益凸显有关。

在报道涉及区域上，作为上海市的主流媒体《解放日报》和《新民周刊》都更偏向于报道市外的环境新闻，尤其是在批判性的报道上，对市外环境问题的挖掘显得尤为深入，而对市内的报道则以正面宣传为主，即使有负面新闻，也只是一笔带过。以《新民周刊》为例，2010年，《新民周刊》以封面报道的形式大篇幅报道了大连石油泄漏、西南旱灾、云南干旱等事件，并进行了深度剖析；而对于上海市内的报道，仅有《发展与环境不可兼得？》《2050，低碳上海？》《陈硕：零碳，也要时尚》《新奥：84天世博绿色之旅》4篇，其中2篇采用提问式的题目，并没有观点和立场的表达；另外两篇则是对上海环保的正面经验报道。在报道内容上，《解放日报》对气候变化、环境灾害等报道较多，而与读者最具接近性、最息息相关的"生活类"环境新闻，所占比例一直偏低。在《新民周刊》中，有关全球气候变暖等全球性的环境报道居多。事实上，把所有问题归结为全球变暖问题会造成误解，并没有任何实际效用，这是新闻界里的典型的擦边球现象，表现出媒体怕得罪人的心理。

事实上，上海的纸媒不是不会进行舆论监督，在《新民周刊》创刊之初，曾连续两期大规模报道了"苏州河污染事件"，这是时任上海市领导亲自批示之后才做的深度报道。但媒体对上海本地的报道并不能持续，随着时间的推移，对上海环境问题的批判性报道渐渐销声匿迹。这反映上海媒体在绿色舆论监督方面较为被动保守。正是这些原因使得上海媒体面对本地环境问题处于接近"失语"的境地。这些问题反映出我国地方报刊面临的一些困境。

（三）地方报纸环境新闻议程设置远离企业污染

对于有效传播来说，像企业污染这样的报道有问题意识才有可能引起公众的关注，不然就不会有什么读者愿意去阅读，更不会产生舆论效力。这就要对新闻进行很好的议程设置。然而，我们对地方综合新闻类的数据统计来看，因为解决当地企业环境污染的需要，我国的环境报道应该有问题导向。议程设置可以考察这些报道的问题导向是什么，议程设置解决的是说什么问题。笔者的研究发现，在《贵阳晚报》《北京青年报》、"绿版"、《解放日报》《新民周刊》的议程设置分类上，很难通过一个统一的标准把这些新闻内容放在规定的框架里面。主要是因为每个报刊的议程设置内容都不一样，其中虽然有部分重合，但大多数内容都有很大的差异。笔者只能根据报刊本身的议程设置来给这些环境新闻分类，这也侧面表明报刊的环境报道指向各不相同。

首先对《解放日报》的议程设置进行分析发现，有关气候变化、地面下沉、荒漠化与沙尘暴、生物保护和物种入侵等生态物问题占据议程的40%，相对于上海的大气污染、水污染、固体垃圾污染等议题仅仅占据议程的13%，排在第4位。这类报道往往以责任难以追究的方式来设置议程，如《问诊"城市病"》，[①]认为各种问题"自城市出现之初，各种'城市病'也相伴而生"，把问题指向一个错综复杂的体系里面，从而难以形成媒体的舆论归责，也不会给记者产生压力感。

与《解放日报》形成鲜明对照的是，《贵阳晚报》的很多议程设置不

---

① 梁建刚、林环：《问诊城市病》，《解放日报》，2009 年 11 月 4 日。

同于前者。如"泥石流与滑坡""洪水与交通""矿难""火山地震"等
《贵阳晚报》环境新闻的议程设置注意到了地方性。贵州是山区，属于典
型的卡斯特地形，灾难随着降雨而多发。另外，贵州是中国南方煤炭资源
最丰富的省区，素以"西南煤海"著称，煤矿灾难也是一个很重要的环境
问题，这些议程在《解放日报》上都没有，是一些地域特色的环境问题。
污染类的新闻有 47 篇，占据总样本量的 18.01%，虽然位居第一，但与
"气象""生活与环保"等比例差距不大。笔者对《北京青年报》进行内容
分类，污染类只占了 13%，排在七大类的第 4 位。地方报刊具有一些相似
的特点，就是它们对于当地的环境污染关注太少。《贵阳晚报》主要关注
贵州地区的灾害特别是自然灾害；《北京青年报》的主体是会议报道与政
策解释；《解放日报》主要关注气候变化、物种等生态问题。

环境方面的会议新闻/政策类新闻过多是我国新闻报道的一大现象。
这类新闻带有明显的行政属性，文风僵硬、读者少，特别对于市场化报刊
来说。会议与政策本身并没有问题，应该把这些思想、精神放在环境问题
的报道与解决问题的分析中来，新闻最重要的是要在讲故事中呈现事实。
因此，单纯地以会议为内容的环境新闻并不是一个好的议程设置，它最起
码对众多的老百姓没有多大的吸引力。这一点《北京青年报》的特点较为
明显，496 个样本中有 201 个样本属于会议政策性新闻，占据总量的
40.5%，体现出北京报纸的政策性导向。

三、网络媒体对企业污染的舆论监督问题考察

我国主要门户网站已经先后出版专业的绿色新闻栏目，如腾讯开设
"腾讯绿色"，搜狐开设"搜狐绿色"，新浪在"新浪公益"栏目下开设子
栏目"绿色生活"，网易在"公益"栏目里有环境新闻的报道，等等。笔者
选取形式上较为完整的"新浪绿色"和"搜狐绿色"作为客体进行研究。
截至 2018 年 3 月 30 日，这些绿色新闻网站依然在正常运行。笔者内容分
析的新闻截取 2013 年 7 月 25 日，"搜狐绿色"栏目共有 15 194 篇新闻报
道；"腾讯绿色"共有 14 796 篇。"腾讯绿色"有 14 个栏目，"搜狐绿色"
有 12 个栏目，其中绿新闻原创性高于 20% 的栏目有 6 个，腾讯和搜狐每
个门户绿版符合要求的栏目各 3 个。"搜狐绿色"包括"专栏""搜狐视角"

与"社会责任"3个栏目；"腾讯绿色"则有"活动""绿色对话""推荐"3个栏目。"搜狐绿色"3个栏目共有环境新闻1 116篇，"腾讯绿色"3个栏目共有环境新闻590篇。按照等比原则，每一个门户网站抽取60篇报道作为样本，共获取样本120个，在此基础上考察我国门户网绿新闻出版业在发展中出现的一些问题，特别是传播失灵。

(一)网络绿新闻多为企业"漂绿"服务

笔者发现门户网的绿色新闻广告有两种形式：一是直接为企业做绿色广告，推销其"绿"产品或服务，是显性的广告；二是没有直接的企业广告，通过访谈企业大佬等新闻形式来传播企业"绿"理念，是隐性广告。前者以"搜狐绿色"为代表，后者以"腾讯绿色"为特色。两者的共同点是为企业宣传"绿"理念，但其以利润为导向的弊端与绿新闻理想相悖。

推广的诸多"绿"产品具有"漂绿"嫌疑。"漂绿"是指企业吹嘘和夸大其环保功能以骗取更大市场利润的商业炒作与营销行为，证据是企业花在绿色公关、绿色营销上的时间与金钱比花在绿色实践上更多，主要向公众宣传其"绿"产品、企业目标与政策等。[①] 它有可能使得环保事业趋于一种虚假的形式，并有可能进一步深化生态危机。笔者考察"搜狐绿色"的"绿色企业"子栏目，该栏目由12家企业构成"绿色竞争力企业联盟"，包括佳能、松下、索尼等跨国企业。对企业产品类型的统计显示，电子产品排第一位，移动通信、汽车业紧随其后。因为这种"环境友好"很容易对那些真正需要攻克环保难题的投资与研发造成打击，使得环保流于形式而失去创新能力。

以新闻的形式为企业做"绿"宣传，有悖新闻理想。环境问题具有公益特征，造成目前生态危机最为直接的原因在于追逐利润的工业，这是传统二元社会中政府与企业作用失灵的佐证之一。绿色新闻的理想首要任务就是应对工业化污染，在网络时代里，有西方学者进而提出媒体的公益化、非营利性等主张以使新媒体后工业化，[②] 目标是坚持新闻报道的独立、

---

① Greenpeace USA, 'Greenpeace Greenwash Criteria', 7/8/2013, from http://www.stopgreenwash.org.

② Leonard Downie, Michael Schudson, 'Finding a new model for news reporting', *Washington Post*, October 19, 2009.

原创与可信。在"搜狐绿色"里的那些"绿色企业"里，有很多企业因为污染问题而遭受媒体曝光，如：百事上过中国水污染企业黑名单，[①]佳能、戴尔和 HTC 等供应链存在重金属污染，[②]惠普被国际组织揭发电脑中存在致癌物质等，[③]这些被中外媒体广泛传播的污染事件与绿色新闻网上的这些"绿色企业"在形象上有出入，一定程度上也会损害该网站的绿色新闻理想。

隐性广告严重脱离产品属性，是商业"绿"诉求的畸形儿。笔者对"腾讯绿色"的统计发现，在"绿色对话"子栏目里，主要是一些企业的领导管理人员介绍企业的"绿"理念与产品：有房地产龙头企业万科的王石的访谈 10 篇；皇明太阳能集团董事长黄鸣的 8 篇；远大集团 CEO 张跃 4 篇；万通地产董事长 3 篇等。除了太阳能产品，这些访谈里多是一些理念而无实质产品与计划。诸如《王石：为环保作秀有啥不好？》《王石对话冯仑：地王的绿"贞操"》等。而光伏业中尚德集团的破产、太阳能的产能过剩以及出口欧美的受阻等，表明我国绿色重商主义的害处是偏废了环保产业里最重要的部分——绿色科研创新。在"搜狐绿色"里，有70.8％的产品"绿"诉求是公益，如《佳能携手成龙援助地震灾区》等，这些"绿"色诉求跟产品没有任何关系。这些所谓的"绿"新闻，实质上是对绿色新闻的一种误导与伤害，它是商业诉求的畸形儿，是一种传播失灵。

（二）网络绿新闻缺少原创性

对于媒体来说，独家报道或具有原创性的新闻是媒体立身之本。然而，笔者发现直接转载其他媒体的环境新闻是目前我国门户网绿色新闻的主要形式。从两个门户网站绿新闻 120 篇总样本来看，直接来自其他媒体的新闻篇数 53，占据整个样本的 44.2％。"腾讯绿色"抽样的 60 篇中有 24 篇直接来自其他媒体，比例为 40％；同时，"腾讯绿色"有原创的 36 篇报道中，其中有 13 篇来自环保组织或公民个人，比例为 36.1％；剩余原创性

---

① 《百事可乐　请不要污染中国！》，国际在线网，2009 年 9 月 4 日。

② 《佳能、戴尔、HTC 等多家名企被指供应链存重金属污染》，中国经营网，2003 年 2 月 5 日。

③ 胡志斌：绿色和平组织揭发惠普电脑中存在致癌物质，《竞报》，2005 年 5 月 24 日。

仅 23 篇，占总样本的 38.3%。在这 23 篇里，有 20 篇报道没有作者署名，只有 13 篇报道与环保组织有关，如《"自然大学"的"乐水行"》等，缺少独家新闻。署名的 3 篇里，有 1 篇是"绿版"何海宁主编对中国社会科学院法学研究所贺海仁助理研究员的采访。① 剩下算得上是"腾讯绿色"具有原创性的稿件，其中主要是访谈，如对世界自然基金会（中国）副首席代表李琳博士有关"地球 1 小时"的访谈②、世博期间腾讯对世界水理事会主席洛克·福勋博士有关水危机问题的访谈③等；还有试图代表"腾讯绿色"观点的评论，该篇以"陈思"之署名评论自来水危机，④ 只是像这篇能体现独家特征的新闻作品在"腾讯绿色"里凤毛麟角。

研究样本数据显示，"搜狐绿色"也严重缺少独家新闻。"搜狐绿色"60 篇样本中有 29 篇稿件直接来自其他媒体，比例为 48.3%；另外，"搜狐绿色"样本剩余 31 篇稿件里有 6 篇来自环保组织或公民个人、23 篇只有"责编"而没有作者。"责编"在样本中改写一些其他媒体的稿件。剩余有署名作者分别为"尚力"与"蔡关明"的 2 篇报道，注明"来源搜狐绿色"，但 1 篇报道内容主要来自国外报道，⑤ 另 1 篇是由企业对外宣传的通稿改写而来的。⑥ 从现实来看，虽然门户网站各类新闻不断更新，但按照《互联网站从事登载新闻业务管理暂行规定》，它们并没有新闻采访权。从这个角度上而言，互联网的环境信息传播失灵属于结构性功能的传播失灵，因为法规导致其传播的关键结构不全，缺失核心采访权，难免传播失灵。从长远发展来看，目前的网络绿新闻的形式意义大于内容。

总体来看，市场化媒体因为市场生存的需要，必须把自己的版面当成

---

① 何海宁、贺海仁：《拿掉行政许可保护伞 取缔活熊取胆业》，腾讯绿色. 访问日期：2011 年 3 月 9 日。

② 李琳：《熄灯仅需一小时 环保需全社会通力合作》，腾讯绿色. 访问日期：2011 年 3 月 25 日。

③ 世界水理事会主席：《有偿用水提高全民节水意识》，腾讯绿色. 访问日期：2011 年 6 月 30 日。

④ 陈思：《绿色一周看点：自来水之殇 污染何时休》，腾讯绿色. 访问日期：2012 年 5 月 11 日。

⑤ 尚力，"IBM 联手富士康 促亚洲温室气体减排"，搜狐绿色. 访问日期：2009 年 3 月 6 日。

⑥ 蔡关明：《应用国产装备脱硫减排二氧化硫 4 200 吨》，搜狐绿色. 访问日期：2009 年 2 月 3 日。

商品销售给大企业广告主，广告主凭借市场的垄断地位形成信息不对称与内容扭曲，由此造成的市场购买行为属于信息传播失灵，如绿诉求的广告；又因为环境具有负外部性、公共产品属性，也导致环境信息传播过程中造成内容的扭曲或话题的偏移，导致传播失灵。因此，纠正传播失灵不能仅靠市场化大众传媒，因为它们无法摆脱环境作为公共物品与负外部性的市场失灵之规律。

第二节　传播职业素养及其问题：我国环境新闻记者角色认知的实证研究

一、职业角色认知与传播失灵

环境污染问题的传播失灵，还来自新闻生产环节的记者职业素养，包括科学知识水平与职业身份认知。知识素养即环境科学知识，职业角色认知主要为职业道德规范与职业观，如新闻专业主义、客观性与倾向性等，这与每个新闻生产者都息息相关，"谁也躲不开的问题。"[1] 新闻记者既是环境问题的传播者，有时无可避免地也是环境污染的受害者。这造成环境新闻记者常常陷入究竟是客观报道新闻，还是鼓动环保运动的职业角色认同困境之中。[2] 全球环境新闻记者都普遍面临的职业角色认知矛盾，而中国记者对此的认知冲突似乎尤为剧烈。恰如环境问题纪录片《穹顶之下》在新闻界内所引发的广泛争论，支持者和反对者都态度鲜明，言辞激烈，即集中体现了当下中国环境新闻记者职业角色认同的强烈冲突和巨大张力。而且，环境新闻记者的职业角色认知取向不仅会影响其新闻报道的立场和态度，也会影响社会公众对新闻记者职业角色和社会职责的认知和判断。[3] 从而在新闻生产阶段为传播失灵准备条件。

---

[1]　皮磊：《卢思骋：环境问题谁都无法逃避》，《公益时报》，2016 年 10 月 27 日。

[2]　Edson C Tandoc Jr & Bruno Takahashi，'Playing a crusader role or just playing by the rules? Role conceptions and role inconsistencies among environmental journalists'，*Journalism*，2014，Vol. 15 (7) pp.889 – 907.

[3]　Skovsgaard M，Albek E Bro P，et al.，'A reality check: How journalists' role perceptions impact their implementation of the objectivity norm'，*Journalism*，2013，Vol.14 (1)：22 – 42.

　　为此，本节研究试图通过实证调查来探索中国环境新闻记者职业角色认同的现状，以及影响其职业角色认同的社会因素，以进一步探究新闻生产环节的传播失灵。鉴于目前中国环境新闻记者的研究非常薄弱，对他们的教育背景、知识结构、消息来源使用特征等这些基本问题都所知有限，因此本节研究也有助于认识和把握中国环境新闻记者群体里，新闻生产环节上出现传播失灵的知识、职业素养方面的原因。

　　环境知识素养与环境记者角色认知密不可分。需指出的是，因为环境议题极为广泛，如雾霾等强制性环境议题使人有切肤之痛，易于促使记者变成动员者，而有些抽象性环境议题如光污染等远离现实生活和感观经验，记者对此更倾向于保持公正态度进行客观报道。为避免出现这种极化现象，本节研究选择了一个介于两者之间，颇具争议性的全球气候变暖问题，在此众说纷纭莫衷一是极富张力的论题中，最能检视记者角色认知的两难困境和艰难抉择。

二、文献综述

　　早期研究者将记者职业角色认知主要分为把关人（gatekeeper）和鼓动者（advocate）两类，前者强调采写新闻时恪守客观性原则，将意见和事实分开，而后者主张参与到新闻事件之中积极为国民权益鼓与呼。[①] 所以，亦有研究者将其界定为中立型记者和参与型记者（a neutral or a participant journalist）。[②] 在此基础上，韦弗（Weaver）等研究者受调查性新闻和公民新闻学兴起的启发与时代嬗变的影响，进一步丰富和细化了记者职业角色认知类型，将其分为传播者（disseminator）、解释者（interpretive）、异议者（adversarial）、动员者（mobilizer）。传播者与中立型记者类似；解释者是指记者在新闻报道中承担着分析和解释社会问题的功能；异议者强调对政府和商业新闻来源保持警惕和质疑；动员者主张记者应当重视和表达普通公民

---

　　① Janowitz M，'Professional models in journalism: the gatekeeper and the advocate'，*Journalism Quarterly*，1975，Vol.52: 618-662.

　　② Johnstone J，Slawski E and Bowman W.，*The News People: A Sociological Portrait of American Journalists and their Work*，Chicago: University of Illinois Press.

的意见。① 韦弗等人提出的记者职业角色类型学在全球范围内得到广泛应用和普遍证实。

但是，亦如韦斯伯（Waisbord）所指出的，这种西方式的记者职业角色模型不应该毫无反思地简单套用到世界各地新闻记者职业角色认知的研究之中。② 因为记者职业角色认知是新闻记者与媒体组织以及社会结构互动的产物，具有强烈的在地性与情境性。为此，罗文辉、陈韬文等学者在研究中国新闻记者职业角色认知时，批判性地应用和发展了韦弗等人的职业角色模式，增加了"解释政府政策"和"文化与娱乐"等类型。③ 但是，在本节研究中，鉴于环境新闻议题的严肃性，以及环境新闻记者工作的专业性，本节研究沿用了韦弗等人提出的职业角色模式，同时参考了罗文辉、陈韬文等人的研究，并针对中国国情和环境新闻记者特性做出适当调整。也有研究者指出，不同报道领域和新闻条线记者对其职业角色的认知及权重也有不同。特别是环境新闻记者，常常为努力在传播者与倡导者之间保持某种平衡而陷入争论和困境。即使像在美国这样具有客观报道悠久传统的国家，经历了漫长而激烈的争论之后，依然有不少环境新闻记者将自己定位为"社会活动家型记者"，致力于环保宣传和环境运动之中。④ 而在希腊，环境新闻记者则旗帜鲜明地分成三大阵营：环保责任型记者（environmentally responsible journalists）、环境鼓吹者（environmental crusaders）、客观主义记者（objective-pure journalists）。⑤ 这些研究都表明，环境新闻记者在职业角色认知上展示出与众不同的特性。

为此，本研究首先调查的研究问题是：中国环境新闻记者认知的是何

① Weaver DH，Beam RA，Brownlee BJ，et al.，*The American Journalist in the 21st Century. U. S. News People at the Dawn of a New Millennium*，Mahwah，NJ：Lawrence Erlbaum.

② Waisbord S.，*Watchdog Journalism in South America*，New York：Columbia University Press.

③ 罗文辉、陈韬文等著：《变迁中的大陆、香港、台湾新闻人员》，台湾巨流图书公司，2004 年，第 183 页。Zhang，H.，& Su，L. Chinese media and journalists in transition. In D. H. Weaver & L. Willnat (eds)，*The Global Journalist in 21st Century*. New York：Routledge pp.9 - 21.

④ Sachsman DB，Simon J and Valenti JM，'Wrestling with objectivity and fairness：U. S. enviroment reporters and the business community'，*Applied Environmental Education & Communication*，2005，Vol.4，pp.363 - 373.

⑤ Giannoulis C，Botetzagias I and Skanavis C.，'Newspaper reporters' priorities and beliefs about environmental journalism：An application of Q-methodology'，*Science Communication*，2010，Vol.32，pp.425 - 466.

种职业角色？

从理论层面上讲，为了给社会公众和政府机构提供准确可信的新闻报道，环境新闻记者必须具备广博而坚实的环境科学知识。但遗憾的是，研究者们发现许多环境新闻记者缺乏相关科学知识，他们常常因过度相信非专业消息来源，从而误导受众对科学知识产生误解。① 还值得反思和探讨的是，记者对专业环境知识掌握程度的高低，是否也影响其在采写新闻时的专业自主性和判断独立性。② 如果环境新闻记者专业知识不足，是否能够积极地承担起解释者的角色？ 如果缺乏专业知识，环境新闻记者是否还会踊跃地充当动员者投身到环境保护运动之中？ 换言之，记者对专业环境知识掌握的程度，可能深刻影响着其职业角色的取向和权重。③

第二个研究问题是：中国环境新闻记者的环境科学知识是否以及如何影响其职业角色认知？

有研究者指出，环境新闻报道面临着多重挑战和限制，如果要理解环境新闻报道的根本理念，必须分析记者与消息来源之间的互动关系。④ 不同条线的新闻记者在与不同消息来源的长期交往中所形成的工作模式深刻影响着其对职业角色的认知。⑤ 因为，恰如有学者指出的，记者的职业角色认知是关系性的，即记者在与包括消息来源在内的参考性群体交往协商之中建构其职业角色认同。⑥ 北欧一项研究也显示，软新闻条线（消息来源）和硬新闻条线（消息来源）对记者的角色认同均产生不同程度的显著影响。⑦ 为此，笔者试图探索：中国环境新闻记者的消息来源使用模式如何

---

① Wilson KM, 'Drought, debate, and uncertainty: Measuring reporters' knowledge and ignorance about climate change'. *Public Understanding of Science*, 2000, Vol.9, pp.1 - 13.

② Boykoff, M. T. & Boykoff, J. M, 'Balance as bias: Global warming and the US prestige press'. *Global Environmental Change*, 2004, 14, pp.125 - 136.

③ Stocking, S. H., & Holstein, L. W., 'Manufacturing doubt: Journalists' roles and the construction of ignorance in a scientific controversy', *Public Understanding of Science*, 2009 Vol.18. pp.23 - 42.

④ Giannoulis C, 'Newspaper reporters' priorities and beliefs about environmental journalism: An application of Q-methodology', *Science Communication*, 2010, Vol. 32. pp.425 - 466.

⑤ Tandoc E, Hellmueller L and Vos TP, 'Mind the gap: Between role conceptions and role enactments'. *Journalism Practice*, 2013, Vol. 7 (5), pp.539 - 554.

⑥ Hellmueller, L. & Mellado, C., 'Professional roles and news construction: A media sociology conceptualization of journalists'role conception and performance', *Communication & Society*, 2015, 28 (3), pp.1 - 11.

⑦ Laura Ahva, et al., 'A welfare state of mind? Nordic journalists' conception of their role and autonomy in international context', *Journalism Studies*, 2017, Vol.18 (5), pp.595 - 613.

影响其职业角色认知？

舒梅克和里斯（Shoemaker & Reese）在记者职业活动影响机制等级框架理论中指出，记者个人层面因素影响着记者的职业活动。同时多项实证研究也证明，记者的性别、学历、从业时间、所在媒体规模等人口统计特征也会影响其职业角色认知。[①] 为此，本书也分析：中国环境新闻记者的性别、学历、从事相关报道的时间人口统计特征如何影响其职业角色认知？

三、研究方法

由于我国缺乏权威部门统计的环境新闻记者名录，因此本书研究主要通过 2010 年至 2012 年在上海交通大学举办的"环境保护新闻与传播"学术论坛，以及"2014 中国环境新闻记者年会"邀请而来的全国各地的环境新闻记者建立起基础数据库，并以与会者为核心通过滚雪球的抽样方法拓展名单，最后获得一份涵盖全国各地和各种媒体共计 376 名环境新闻记者的调查名单。鉴于中国环境新闻记者总体规模不大，而且相互之间工作联系又颇为紧密，同时因为本研究依托中国最具影响力的核心环境新闻记者群体联系和拓展调查对象，所以虽然本研究是通过滚雪球的方式进行抽样，但基本涵盖了中国环境新闻记者的主流群体。本书研究采取电子邮件、面访两种方式向 376 名环境新闻记者发放调查问卷，最后获致 104 个有效样本。

（一）测量工具

1. 记者职业角色认知量表

本研究根据环境新闻记者工作的特性，从韦弗等人设计的记者职业角色认知量表中选择了 11 道问题（具体题项见表 1），采取七级里克特式的等级方式[②]（一点都不重要＝1，非常重要＝7）来测量记者对其作为传播

---

① William P. Cassidy, 'Traditional in different degrees: The professional role conceptions of male and female newspaper journalists'. *Atlantic Journal of Communication*，2008，Vol.16（2），pp.105－117，DOI：10. 1080/15456870701840020.

② Wu, Wei; Weaver, David; Johnson, Owen V., 'Professional roles of Russian and U. S. journalists: A comparative study', *Journalism and Mass Communication Quarterly*，1996，Vol.73（6），pp.534－548.

者、解释者、异议者和动员者四种职业角色的认知程度。

表 1 中国环境新闻记者职业角色认知分布

职业角色认知的百分率	均值	标准差	排名	选择此项非常重要的百分率
提供深入的报道与分析	6.24	0.82	1	41.0%
尽量避免报道未经证实的事件	6.14	1.03	2	45.7%
帮助民众培养相关议题的知识与文化	5.92	0.94	3	27.6%
查证官方提供的信息	5.65	1.19	4	21.9%
专注于一般民众关心的议题	5.60	1.27	5	29.5%
为一般民众发声	5.45	1.35	6	21.0%
提供民众即时消息	5.41	1.36	7	28.0%
探讨还未定案的国家政策	5.28	1.14	9	11.4%
对于政府官员的作为抱持保留的态度	5.10	1.28	10	14.3%
对于民间企业的作为抱持保留的态度	4.87	1.24	11	6.7%
提供轻松的、娱乐大众的新闻	3.38	1.48	12	1.0%

2. 气候变化科学知识指标

本研究从美国温室效应题库、耶鲁大学气候变化传播计划中选择了 11 道问题，建立起气候变化科学知识指标。本研究还在统计时将判断题和单选题都编码为二分变量[①]（1＝正确，0＝错误），缺失值视为错误答案。调查结果显示，如果按照每题一分总分为 11 分的标准来统计，环境新闻记者的平均得分 5.18（标准差为 1.69），稍低于总分的 1/2。如果把答对题数转换为学校计分系统（将 90% 正确设为 A 等成绩，80% 为 B，70% 为 C，60% 为 D，60% 以下为不及格），没有记者能够获得 A 与 B 等成绩，有 9.7% 记者达到 C 等成绩，获得及格以上成绩的记者为 26.2%，73.8% 的记者成绩不及格。

---

① 黄康妮、大卫·鲍尔森：《北美地方环境记者的气候变化知识与其成因》，《国际新闻界》，2015 年第 6 期，第 110—127 页。

3. 新闻报道消息来源

本研究使用梅巴克（Maibach）等人[①]提出的新闻消息来源量表，测量受访者在气候变化报道中使用不同消息来源的频率（1＝从不，5＝总是），其均值代表受访记者群体平均使用该消息来源的状况。其中，与科学研究有关的新闻来源包括学术机构、科学期刊、学术研讨会、科学机构研究报告，以及 IPCC（政府间气候变化专门委员会），非科学新闻来源包括非营利性环保组织、商业企业、宗教团体、社群网站，以及其他新闻媒体和记者；与政治单位有关的新闻源包括地方政府、中央政府以及政党。调查结果显示，环境新闻记者使用最频繁的消息来源是非营利性环保组织（M＝3.47，SD＝0.96），其次是科学消息来源（M＝3.21，SD＝0.76），再次是与媒体有关的新闻来源（M＝2.99，SD＝0.75），环境新闻记者使用频率最低的消息来源是与政治有关的新闻源（M＝2.61，SD＝0.82）。本研究进一步将上述消息来源分为科学消息来源（M＝3.21，SD＝0.76）与非科学消息来源两大类（M＝2.71，SD＝0.51），并对其进行配对样本 t 检验发现，记者在两者的使用偏好和频率上存在显著差异（$t = -6.33$，df＝104，$p < 0.001$）。

此外，本研究还结合深度访谈，与资深环境新闻记者在前述会议期间，就本研究涉及的话题进行多次深度访谈。

（二）样本特征

环境新闻记者的人口分布特征为：平均年龄 37.3 岁，标准差为 11.1；平均从业时间为 8.4 年，标准差为 7.9；女性比例占 34.3%，男性占 63.8%；专科学历人数 3 人（2.9%）、大学学历 64 人（61.0%）、硕士及上学历为 38 人（36.2%），其中拥有环境科学以及相关学科教育背景的记者比例为 3.9%。

四、研究发现

中国环境新闻记者认为"提供深入的报道与分析"是其最重要的职

---

① Maibach, E., Wilson, K & Witte, J. A *national survey of television meteorologists about climate change: Preliminary findings*. George Mason University. Fairfax, VA: Center for Climate Change Communication. 2010. http://www. climatechangecommunication. org/resources _ reports. cfm, 2016 年 7 月 18 日。

责。记者在此选项中上的均值最高，标准差最小（M＝6.24，SD＝0.82），并且选择此项为"非常重要"的记者百分率达 41.0％，在记者选择各题为"非常重要"的人数数量分布中位列第二。同样属于解释者的重要构成变量的"查证官方提供的信息"（M＝5.65，SD＝1.19，21.9％）也排序靠前。这说明，鉴于环境新闻的科学性与复杂性，以及我们国民科学素养平均水平而言，整个新闻记者群体近年来对解释者这一职业角色的认知程度越来越高。

"尽量避免报道未经证实的事件"在记者心目中重要程度位列第二（M＝6.14，SD＝1.03），同时选择此项为"非常重要"的记者人数最多（45.7％）。环境新闻记者认为准确地向公众报道环境新闻是其重要职责，即他们要承担起环境问题的传播者的角色。

位列第三的是"帮助民众培养相关议题的知识与文化"（M＝5.92，SD＝0.94，27.6％），另外，隶属动员者角色的题项"专注于一般民众关心的议题"（M＝5.60，SD＝1.27，29.5％）、"为一般民众发声"（M＝5.45，SD＝1.35，21.0％），都集中位于中间的位序。这说明环境新闻记者渴望通过其相关报道，有效地引发公众积极关注环境问题，参与环保活动。记者们普遍深刻地意识到环境新闻的力量就在于发动民众的积极关注和踊跃参与。[1]埃德森和布鲁诺（Edson & Bruno，2014）的调查显示，美国环境新闻记者对动员者的认知程度虽低于中国（M＝3.08，SD＝0.89），但在角色认知序列中也位列第三。而与之大相径庭的是，萨克斯曼（Sachsman，2006）等人发现美国大多数环境新闻记者不认同动员者角色。无论是美国内部的争议，还是中美之间的差异，其实都说明了环境新闻记者，在选择究竟是应该扮演传播者还是鼓吹者角色时，所面临的两难和紧张处境。

记者对他们在环境新闻报道中扮演政府（M＝5.10，SD＝1.28，14.3％）和企业异议者（M＝4.87，SD＝1.24，6.7％）这一角色的认知度最低，而且记者个体之间对此问题的认知分歧也最大。恰如本研究有访谈对象指出，"在中国进行环保需要跟着政府的大政方针来，要依靠政府的

---

[1]　汪永晨，《2006 年中国环境大事记》，载汪永晨编，《改变中国环境记者调查报告（2006年卷）》，2007 年，北京：生活·读书·新知三联书店，第 1—5 页。

公权力来进行舆论监督。否则，离开政府和党委，凭借个人力量，环保舆论监督举步维艰"①。（黄成德，2011）不仅环境新闻记者，有研究显示包括大陆、香港和台湾在内的整个中国新闻记者群体对异议者角色的认知度都是最低的（M＝3.32，SD＝1.06）。（罗文辉、陈韬文，2004）

在逐一讨论记者角色认知量表每个重要题项的基础上，本书研究运用因子分析来探索其潜在的角色结构，但是因子分析结果显示，本研究无法析出西方经典记者角色认知理论所界定的传播者、解释者、异议者与动员者四个内涵清晰、边界分明的角色，中国环境新闻记者对此四种职业角色的认知存在着交叉重叠关系，并形成新的独特的职业角色认知结构（见表2）：动员—传播者、解释者、异议—解释—动员者，以及传播—动员者。这不仅印证了记者职业角色之间并不绝对排斥，记者常常同时承担着两三个职业角色，而且也说明记者职业角色认知的复杂性、动态性、在地性与情境性。

表2　中国环境新闻记者职业角色认知的因子分析

职业角色认知员工	动员—传播者	解释者	异议—解释—动员者	传播—动员者
提供民众即时消息	0.705			
尽量避免报道未经证实的事件				0.836
提供深入的报道与分析		0.835		
查证官方提供的信息			0.610	
探讨还未定案的国家政策			0.673	
对于政府官员的作为抱持保留的态度			0.884	
对于民间企业的作为抱持保留的态度			0.862	
提供轻松的、娱乐大众的新闻				−0.517
专注于一般民众关心的议题	0.854			
帮助民众培养与议题相关的知识与文化	0.792			

---

① 据作者对黄成德的访谈，地点为上海交通大学"环境传播：健康、气候变化与绿色商业实践"高端研讨会，2011年3月26日。

职业角色认知员工	动员—传播者	解释者	异议—解释—动员者	传播—动员者
为一般民众发声			0.579	
特征值	2.252	1.318	2.788	1.240
解释方差量	20.473	11.984	25.350	11.276

注：KMO=0.629，Bartlett's test $p < 0.001$，使用主成分分析法提取因子以及最大四次方值法旋转因子获得因子载荷矩阵。动员—传播者是以动员为主，传播为辅，即在动员者题项上相关个数多、得分高，在传播者题项上相关个数少、得分低。而传播—动员者则反是。

　　值得注意的是，在这些相互交叠的关系当中，动员者这一角色与传播者、解释者、异议者等所有角色之间都存在交叠关系。这表明我国环境新闻记者存在着"NGO化"的问题，与环保NGO有着复杂而紧密的交织互动关系，因为在环境问题上诉诸和发挥动员功能最强烈的社会组织就是环保NGO。这点还可与环境新闻记者使用最频繁的消息来源是环保NGO（M=3.47，SD=0.96）相互印证。同时，解释者与异议者也相互融合，换言之，越倾向于在新闻报道中承担分析和解释环境问题功能的记者，越对政府和商业新闻来源保持警惕和质疑。

　　为探索何种因素会影响和制约环境新闻记者职业角色认知，本书将记者的人口统计特征作为控制变量，将环境知识得分指数、消息来源使用指数作为自变量代入多元回归方程，用强制进入回归法来检测这些变量对环境新闻记者职业角色认知的影响（见表3）。

表3　中国环境新闻记者职业角色认知影响因素回归分析

预 测 因 素	动员—传播者	解释者	异议—解释—动员者	传播—动员者
性别	0.017	−0.038	0.005	0.098
年龄	0.084	−0.247	0.302*	−0.303
学历	−0.193	0.206	−0.141	0.337*
从事相关报道时间	−0.080	0.311	−0.118	0.161
环境知识得分指数	0.072	0.002	−0.193	−0.131

续表

预 测 因 素	动员—传播者	解释者	异议—解释—动员者	传播—动员者
科学消息来源使用指数	−0.053	0.184	0.138	0.055
非科学消息来源使用指数	0.213	−0.106	0.274**	0.008
调整 R^2	−0.005	0.048	0.175**	0.092*

注释：$* p < 0.05$，$** p < 0.01$，$*** p < 0.001$.

回归分析表明，记者年龄越大，使用非科学消息来源频率越高，其越倾向认同异议—解释—动员者角色。记者学历越高，越倾向于认同传播—动员者角色。回归方程模型对动员—传播者、解释者的角色认知均不具有统计显著度。

五、结论与讨论

首先，记者充当环境问题的解释者，是读者市场与科学消息来源的共同要求，促使其成为中国环境新闻记者共识最大、分歧最小的职业角色认知，并在因子分析中形成唯一一个符合西方经典记者角色认识理论构想的独立因子。环境新闻发端于环境科学领域的问题，绝大多数普通受众既没有足够的专业知识去理解环境新闻里面深奥的科学道理，也缺乏专业资源协助他们去分析环境新闻背后复杂的来龙去脉，因此期待环境新闻记者能给予他们相关通俗易懂的阐释和简洁明了的说明。另就科学来源而言，与其他科学知识一样，环境科学知识传播高度依赖主张提出的过程，科学家提出的环境科学知识无外乎是认知性主张与解释性主张，都需要媒体报道与解释。认知性主张的传播目标在于把科学实验、理论发现转化为大众信赖的事实与知识，因此需要以通俗易懂的形式呈现出来。解释性主张的传播目的旨在借助媒体让普通民众普遍接受科学研究的发现，从而使相关研究成果在社会上得以广泛应用。[①]

---

① Aronson, N., 'Science as a Claims-making Activity: Implications for Social Problems Research', in J. Schneider and J. I. Kitsuse (eds), *Studies in the Sociology of Social Problems*, Norwood, NJ: Ablex, 1985, pp.72-81.

其次，中国环境新闻记者在对待动员者角色时表现最为复杂，几乎与其他三种角色都存在交叠关系，并形成动员—传播者、异议—解释—动员者、传播—动员者等多种角色结构。结合本研究发现 58.1％的环境新闻记者使用最频繁的消息来源是环保 NGO，同时也是环境新闻记者平均使用频度最高的消息来源。这都揭示出中国环境新闻记者与环保 NGO 存在着极为紧密的联系。事实上，我国最早的环保 NGO 主要是由记者创办，比如早期绿家园发起人汪永晨、公众环境研究中心主任马军等都是媒体人。当然，部分环境新闻记者认为这样一种"媒体 NGO 化"的趋势对记者职业发展也存在着一定的消极影响。前《南方周末》记者刘鉴强认为，目前公众逐渐意识到环保 NGO 也有个人利益，如果记者与其牵扯不清，会影响记者的公信力。[①] 但是，可能恰如汪永晨所指的，"媒体 NGO 化"这种状况"是阶段性的"。从现有的法律框架来看，法规还不能完全保障社会肌体健康运转，环境新闻记者又面临着环境保护的严峻形势，让媒体与环保组织的角色产生互动是非常有效的新闻生产与传播形式。只是这种越位的回归是迟早的事情。

再次，中国环境新闻记者对异议者认同程度最低，而且异议者并未形成一个独立角色，而是与解释者、动员者交融形成一个混合型的角色。即使在美国，异议者也是环境新闻记者认知程度最低、分歧程度最高的职业角色。无论是在中国还是西方，环境问题的有效传播必须通过现有体制性"权威论坛"，特别是政治的议程来明确表述。如果没有这种传播内容上的合法性，那么这些内容有可能永远停留于媒体之外。[②] 此外，中国国情的特殊性还表现在，恰如中央电视台资深记者臧公柱在接受本研究访谈中所指出的，"在我国中央和地方政府在环保诉求上往往有不一样的利益。中央的诉求立足点高，更能代表广大民众的要求与利益。环境新闻记者在地方开展工作，在全国传播舆论，中央政府和地方民众这两头都是支持者，是为了解除环保中的非法地方利益集团的阻挠，是中央政策执行的社会动力系统"。因此，中国

　　① 刘海英、张冬青：《中国环保 NGO 与媒体：携手同行》，载汪永晨编：《改变：中国环境记者调查报告（2006 年卷）》，北京：生活·读书·新知三联书店 2007 年，第 271—307 页。

　　② Crackbell, J. Issues Arenas, 'Pressure Groups and Environmental Agendas', in A. Hansen (ed.) *The Mass Media and Environmental Issues*, Leicester University Press, 1993. David B. Sachsman, James Simon, JoAnn M. Valenti, "Regional issues, national norms: a four-region analysis of U. S. environment reporters", *Science Communication*, 2006 Vol.28 (1): 93-121.

环境新闻记者在职业身份认知中大多不会扮演政府异议者这一角色。[①] 而且恰恰可能也是因为中央政府与地方政府、商业企业在环保问题上有时存在着不同的利益诉求，使得记者虽然能获得中央政府政策层面的支持，但有时又会遇到地方政府、商业企业现实层面的阻碍，迫使记者一方面要传播、阐释中央政府环境政策，另一方面又要调查、揭露地方政府、商业企业的环境问题，并动员民众汇总各方力量来解决环境问题，这就造成记者将对异议者的认同深深嵌入到解释者和动员者之中。

最后，除人口统计特征外，消息来源的使用是影响环境新闻记者职业角色认知的重要因素。记者对非科学消息来源使用越多，越倾向认知异议—解释—动员者的职业角色。这里值得注意的是，恰如前述引文所指出，记者过度相信非专业的消息来源，常常会造成受众对环境问题和环保运动的误解，从而产生传播失灵。在这个问题上，除了中国记者自身的环境知识水平和新闻专业能力有待提高之外，环境知识的获得与使用也是一个社会历史过程。即使西方环境新闻记者也同样经历了一个从非科学信源使用为主到科学信源使用为主的历史发展过程。有研究发现，美国 1970 年代中期的环境新闻报道信源具有非科学性的特点，新闻来源使用最多的是资源保护俱乐部之类的NGO 组织。[②] 这是产生传播失灵的重要原因之一。我国环境新闻记者已逐步深刻地意识到这个问题，恰如知名环境新闻记者汪永晨所指出的，从主要依靠非科学消息来源采写新闻，发展到主要依靠科学消息来源采写新闻，这是迟早的事情。

[①] 据作者对央视新闻中心社会新闻部首席记者臧公柱的访谈，地点为上海交通大学"中国环境新闻记者年会 2014"，2014 年 12 月 26 日。

[②] Hannigan, J., *Environmental Sociology* (Second Edition)，NY：Routledge，2006，p.85.

第四章

我国地方政府、社会组织
环保监督的传播失灵

我国地方政府与社会组织环保监督的传播失灵属于功能性传播失灵与结构性功能传播失灵。前者的传播结构是完整的、目标是明确的，但由于投入和产出分离等原因导致传播的功能失灵；后者在传播结构上不健全或者缺少完整的传播结构，主要是缺少外部规制的支持，从而导致失灵。其理论来自查尔斯·沃尔夫的非市场失灵理论，包括政府失灵与非营利组织的失灵。按照这一理论，由于供给与需求的分离，像政府与非营利组织这样的非市场失灵主要的根源和类型是成本和收益之间的分离（即过剩的和不断上升的成本）、内在性（即组织目标）、派生的外在性和分配不公等。[1] 减少市场秩序的不平等是马克思主义政治经济学的重要内容之一，但由于采取的管制措施切断了市场供给与需求的联系，这一关键性联系把非市场的各类标准之正当性变得可人为操作，从而产生失灵。非营利组织本来属于用来纠正政府—企业二元结构失灵的第三方监督，它是后工业社会理念中重要的且不能被忽略的组成部分。[2] 由此，成为本研究分析问题的主要理论框架。

这种非营利组织，即我国新《环保法》第五章中的具有监督地方政府与企业功能的社会组织。在本章中主要指环保组织，简称为 ENGO，是社会组织中的一种形式。本章以我国的环保组织公众环境研究中心即 IPE 在全国范

---

① Wolf，C.，*Market or Governments: Choosing Between Imperfect Alternatives*，Santampnica，CA：1986，pp.44 - 73.

② Krishnan，S.，'NGO Relations With the Government and Private Sector'，*Journal of Health Management*，2007，9（2）：237 - 255.

围内长期追踪环境信息公开的材料①为个案，以污染源监管信息公开指数即PITI②为切入口，考察地方政府、环保组织环保监督的传播失灵问题。IPE在新《环保法》实施之前，已经于 2008 年试行了《环境信息公开办法（试行）》（本章简称《办法（试行）》），积累了多年的实践经验，目前拥有更为丰富的实践材料。本研究在此资料基础之上探究地方政府对企业环境信息公开进行舆论监督的传播失灵，以及环保非政府组织监督地方政府企业环境信息公开的传播失灵现象，为进一步探讨原因与解决方案提供科学参考。

第一节　我国地方政府环保监督的传播失灵

我国地方政府主管部门与环保非政府组织都有依法监督企业环境信息公开的权力，但具体执行中会有各类问题。笔者的研究发现地方政府监管企业环境信息公开方面传播失灵现象较为明显，从我国大区域来看，政府监督企业信息公开的效果极不平衡，东部远好于西部。非政府组织监督的困境主要体现在监督地方政府信息公开、监督企业信息公开、推进公众参与信息公开的不足等方面。研究还发现，来自多个利益方的阻力影响环境信息公开的完整性、及时性，成为政府部门和非政府组织推动企业环境信息公开的关键障碍。

一、地方政府功能性传播失灵的表现

（一）地方政府主动公开其监督企业环境信息的进程缓慢

面对环保组织的监督，部分地区政府依旧不愿公开或公开不够及时。吉林、内蒙古、天津、甘肃、湖北、湖南、重庆、四川自行监测信息发布

---

①　自 2006 年 5 月成立以来，IPE 开发并运营了水污染地图和空气污染地图两个全国性污染数据库，以监督企业的环境表现，促进环境治理中的公众参与。截至 2016 年 5 月，IPE 先后发布 2008 年、2009—2010 年、2011 年、2012 年、2013—2014 年、2014—2015 年 6 份年度 PITI 评价报告。

②　自《办法（试行）》颁布一年（2009 年）起，IPE 与美国自然资源保护委员会共同开发了 PITI，对全国 113 个城市进行评估，2014 年起修改了 PITI 评价标准，并增加城市数量至 120 个。

滞后，公众难以及时了解重点排污企业现状。青海与山西环保厅网站上虽已呈现自行监测发布平台，但未实现数据实时更新；重庆、云南等地监测平台信息发布不全面，"在线监测信息实时公开"项目得分严重偏低。近年来环保政务微博、微信兴起，2015 年报告显示，156 个地区已开通环保政务微博，但仅 36 个账户更新环境监管信息；27 个账户长期不更新甚至从未更新。① 对环境影响评价和对验收报告的公示得分偏低，前 20 名中仅 3 个城市超过及格线；120 个被调查城市 PITI 平均得分仅 44.3 分。因此，地方政府不愿主动公开环境信息是一种较普遍的现象。

面对环保组织的监督，地方政府信息公开的系统性和完整性不足，涉及污染企业的信息公开为最薄弱环节。2008 年，PITI 评价前 20 名城市中日常超标违规记录公示得分率低于 50％的有 8 个，企业环境行为整体评价得分率低于 50％的占 14 个，里面有 8 个是 0 分；至 2015 年，多数城市日常超标违规记录的公开依然不全面，120 个城市中该项得分率低于 50％的有 80 个，得分率仅 42.5％②，仅 52 个城市公布了"企业信用等级评价"。除湖南、合肥两地公布评价依据外，其余城市仅公布企业名称与颜色等级。此外，排污费、信访投诉案件等关键信息的公开进展缓慢。就排污费而言，多数地区未完整公开排污费征收因子、各污染因子具体排放量和超标排污费征收等情况。根据环保部公布数据，2014 年全国共下达环境行政处罚决定 83 195 份③，但 IPE 污染地图收集的企业环境监管记录不及处罚的一半，仅 34 000 多条。④ 很明显，地方政府公开企业环境信息的系统性和完整性严重不足。

（二）地方政府不愿公开其监管的企业环境信息

地方政府收到环保组织依法申请时，不愿公开环境信息的状况依旧普遍。《办法（试行）》实施一年后，面对 IPE 研究人员的申请，113 个城市

---

① 《格局·创新——2014—2015 年度 120 城市污染源监测信息公开指数（PITI）报告》，公众环境研究中心，2016 年，第 26 页。

② 《格局·创新——2014—2015 年度 120 城市污染源监测信息公开指数（PITI）报告》，公众环境研究中心，2016 年，第 17 页。

③ 童克难：《通报去年行政处罚和环境犯罪案件移送情况》，《中国环境报》，2015 年 4 月 15 日。

④ 《格局·创新——2014—2015 年度 120 城市污染源监测信息公开指数（PITI）报告》，公众环境研究中心，2016 年，第 18 页。

中，仅 27 个城市提供所需名单，不愿公开的地方政府占 76%。其中，13% 明确拒绝，14% 未接通；20% 成功发送申请但未回复是否处理，27% 成功发送但无相关负责人；2% 仅提供统计数据而不提供详细名单，仅 24% 提供被投诉或受处罚的企业名单。① 以山东泰安为例，申请人通过传真方式向环保局递交了信息公开申请，环保局第二天回复会积极配合，但此后再无任何进展；次年仍有 10% 的地方环保部门回复申请人"没有行政处罚"或"没有拒不执行的行政处罚"。② 至 2015 年，部分城市依旧未能健全依申请公开工作制度。29 个城市未回复申请，IPE 评价小组与其中 8 个地区环保局沟通后仍未获得有效信息。③ 38 个城市该项得分低于及格线，占总数的 31.7%。多年来，依申请公开虽有所进展，但无论在要求或是实践中都存在明显不足。

面对环保组织的合法申请，地方政府环境监管部门人员有意曲解相关规定，并以此拒绝信息公开。地方环保部门拒绝公开的主要理由是"不属于公开范围""商业秘密不便公开"，并且对"公开"行为做出限制。例如，《办法（试行）》已明确规定，政府应主动公开"环境行政处罚、行政复议、行政诉讼和实施行政强制措施的情况"。但部分地方环保部门未将"行政处罚"具体情况列入公开范围，仅公布统计数字；甚至对申请获取的环境信息用途进行限制，例如不得用于公开等、缺乏法律依据。④ 总体来看，政府不愿公开、不敢公开的状况依旧存在。

（三）地方政府面对公众监督之信息公开的残缺不全

"政府—企业"在此是指政府监督企业环境信息公开的一种监督与被监督关系。面对环保组织的监督，政府不能有效督促企业公开环境信息。多年来"强制清洁生产审核信息"和"重点企业污染物排放数据"两大关键信息的公开少有进展，始终是得分率较低的项目。PITI 评价前 20 名中，

① 《环境信息公开艰难破冰——污染源监管信息公开指数（PITI）暨 2008 年度 113 个城市评价结果》，公众环境研究中心，2009 年，第 42 页。
② 《环境信息公开进退之间——污染源监管信息公开指数（PITI）2009—2010 年度 113 个城市评价结果及对照分析》，公众环境研究中心，2011 年，第 24 页。
③ 《格局·创新——2014—2015 年度 120 城市污染源监测信息公开指数（PITI）报告》，公众环境研究中心，2016 年，第 33 页。
④ 《环境信息公开艰难破冰——污染源监管信息公开指数（PITI）暨 2008 年度 113 个城市评价结果》，公众环境研究中心，2009 年，第 42 页。

强制清洁生产审核信息得分率低于 50％ 的城市由 2008 年的 15 个增加至 2015 年 19 个。历年来总体得分率不高，至 2015 年平均得分率仅为 29.5％。重点企业污染物排放数据公开不透明，数据系统性、完整性不足，尤其体现在有毒有害污染物的公开。2013 年该项得分率最低为 5％，仅 27 个城市公开相关数据，不公开的城市占 77.5％，无一城市超过及格线。2015 年前 20 名中仅 1 个城市得分超过及格线。

现有企业环境信息公开的政策法律制度存在模糊地带，由此形成企业对政府监管的推诿，又进一步形成地方政府对环保组织监督的推托。目前，企业层面的信息公开依然局限于需要进行清洁生产审核的重污染企业，并且企业环境信息公开存在"例外"的模糊界定。企业涉及个人隐私、商业秘密、国家安全等生产活动属于法定不公开的信息，但"商业秘密"具体内容缺乏明确限定。面对政府的监督，很多企业甚至担心申请者通过排放物以推测生产原料会暴露技术为由，将排污情况和治污设施称作商业秘密。[①] 同样，部分地方环保部门以"商业秘密"拒绝环保组织的信息公开申请。2009 年最高人民法院《关于审理政府信息公开行政案件若干问题的规定（征求意见稿）》公布后，学界、环保组织等要求明确不予公开的商业秘密的范围，但至今无相关法律细则。

（四）地方政府传播失灵存在东西部差异

功能性的传播失灵在不同政府间的信息公开中较为明显，它们的传播结构是完整的，但传播的公开度有所不同，根源在于不作为。其表现为地方政府信息公开水平存在明显区域差异，总体呈现东部高于中部，而中部又高于西部的态势，且东西部地区差距不断加大。6 份报告中，2008 年前 20 名城市东部地区占 15 个，中部地区 3 个，西部地区 2 个；后 20 名城市东部地区 3 个，中部地区 7 个，西部地区 10 个。2009—2010 年前 20 名城市东中西部分别为 19 个、0 个、1 个；后 20 名分别 6 个、6 个、8 个。2011 年前 20 名分别是 18 个、1 个、1 个；后 20 名为 7 个、7 个、6 个。[②]2013—2014 年前 20 名分别占 17 个、3 个、0 个；后 20 名分别占

---

① 汪永晨、王爱军：《寻找——中国环境记者调查报告》，2011 年，第 113 页。
② 《环境信息公开三年盘点——113 城市污染源监管信息公开指数（PITI）2011 年度评价结果》：公众环境研究中心，2012 年，第 6 页。

5个、9个和6个。至2015年，前20名城市东部地区19个，中部地区仅1个（排在20位）；后20名西部地区7个、中部地区8个、东部地区5个。东中西部城市信息公开水平虽有一定起伏，但整体东西部的信息公开水平差距在加大。

面对ENGO的监督，信息公开水平低的地区政府视而不见，不进反退。前20名与后20名的城市变化不大，部分城市始终徘徊于后20位。6份报告数据后20名中，山西临汾出现6次，排名依次为101位、106位、94位、95位、112位和117位（2013年后样本为120个）。山西大同、新疆克拉玛依出现5次，甘肃金昌、辽宁锦州、山东泰安、湖北宜宾、湖南张家界、云南曲靖都出现过4次，辽宁鞍山、内蒙古鄂尔多斯、山西阳泉、河南开封、贵州遵义、四川攀枝花等出现3次。此外，山东、辽宁等东部地区同样存在进展缓慢的城市，广东部分城市有倒退趋势。

（五）强污染地区政府信息公开效果有限

污染排放强度高的城市信息公开水平低，且多年来少有进展。由前文分析可知，后20名中城市多数为山西、新疆、内蒙古等排放大户集中的省区，其政府推动的信息公开水平不进反退。新疆克拉玛依是国家重要的石油石化基地，但其空气污染同样严重。据环保组织发布的2016年第一季度中国362座城市PM2.5浓度排名显示，31个省市中新疆PM2.5值最高。而列入PITI统计的乌鲁木齐与克拉玛依，信息公开水平极低。6份报告中克拉玛依排名分别为110位、111位、105位、110位、86位和118位。2013—2014年略有好转但2015年继续大幅度下滑。乌鲁木齐排名分别为47位、112位、62位、64位、77位和96位，极不稳定，且同样有下滑趋势。山东、湖北PM2.5浓度排名分列3、4名，而山东泰安、湖北宜宾等城市信息公开水平同样偏低。

涉及企业的信息公开差异是导致信息公开水平差距的关键因素。2015年PITI评价中，新疆克拉玛依企业日常超标违规记录公示仅2.8分（该项总分23），企业环境行为评价为0，排污费得分仅0.2。内蒙古的4个PITI评价城市的日常超标违规记录都极为有限。本溪、攀枝花等重工业城市企业日常超标违规记录也仅4.6分。相比之下，浙江温州企业日常超标违规记录为18.4分，企业环境行为评价4.6分，排污费公示1.9分。总体来看，经济发展水平相对较低、或经济结构较为单一的地区，政府与企业拥有共同利益，政策倾向于经济发展，忽略环境保护问题。与此相反，经济发展水平高的地区政府不再以 GDP 作为政绩的唯一追求，代表公众利益的第三部门能够与政府、企业建立良性的三角监督关系，协调互动形成有效治理。

二、纠正地方政府环保监督传播失灵的尝试与不足

中央环保督查制度实质上是试图对地方政府环境治理失灵的一种纠正，是中央对地方政府失灵的一种纠错行为。从 2015 年 7 月中央全面深化改革领导小组审议通过的《环境保护督察方案（试行）》，到中央办公厅与国务院办公厅的《中央环保督察方案（试行）》，中央环保督察制度正式在全国范围内施行。中央第一环保督察组组长讲话直指地方政府治理失灵："将重点督查地方党委和政府及其相关部门环保不作为、乱作为的情况。"[1] 我国地方政府的环境治理体系失灵集中地表现为"机构林立、职权交错、多头执法、政出多门、扯皮推诿、管理真空、恶性竞争等弊病"[2]。

中央环保督察制度在短期内取得的效果惊人。自 2005 年 12 月第一批督查启动后的两年内实现 31 省市全覆盖，问责 1.8 万人，其中：受理群众举报有 13.5 万件，立案处罚 2.9 万件，罚款 14.3 亿元；行政司法拘留 1 527 人；约谈党政干部 18 448 人，问责 18 199 人。地方政府也相应出台和修订环保法规制度等 240 多项，纳入整改方案的突出环境问题的项目 1 532 项。[3] 第二轮环保督查截至 2019 年 8 月 15 日，督察组收受群众举报 18 732 件，立案处罚 1 901 家，罚款 11 308.7 万元，约谈党政领导干部 1 365 人。[4] 有文章认为这是一种卡里斯马效应，即依靠党中央权威自上而下的运动式的治理方式；[5] 也有文章指出虽然短期内取得了效果，但无

---

① 刘效仁：《中央环保督察剑指地方不作为》，《上海金融报》，2016 年 12 月 2 日。
② 唐贤兴，《中国治理困境下政策工具的选择》，《探索与争鸣》，2009 年第 2 期，第 31—35 页。
③ 丁瑶瑶：《首轮环保督察全面收官》，《环境经济》，2008 年第 2 期。
④ 《第二轮中央环保督查进驻完成》，环保人才网，访问日期：2019 年 8 月 20 日。
⑤ 戚建刚、余海洋：《论作为运动型治理机制之"中央环保督察制度"》，《理论探讨》，2008 年第 2 期，第 157—164 页。

法保证效果的可持续性，需要将"制度化督察"提升到"法治化督察"，建立起党内法规与国家法律意义上的环保督察，[①] 因而需要纳入法治化的轨道才是一种长效机制。

从传播学角度来说，中央环保督察制度没有解决地方政府环境治理与公众较为关心的信息对称问题。督察制度在结构上包括信息举报—督察进驻—形成督查报告—督查反馈—移交移送问题及线索—落实整改信息等流程。整个过程中，一方面为了保护举报人信息，另一方面因为督查过程中有不同观点的争论，整个传播过程都是保密的，在整个过程中整个督查所涉及的人员需要签署督查保密承诺书。[②] 在公众看来，他们和政府人员处于严重的信息不对称状态。从纵向来看，我国环境治理机构行政链过长，没有公开的信息传播机制，很容易造成信息的损耗与扭曲，造成中央政府与地方政府治理部门之间的信息不对称，从而导致地方政府的失灵。市场信息不对称会造成市场失灵，[③] 同样也会造成政府失灵。因为在查尔斯·舒尔茨（Charles Schultze）看来，把市场一样的过程和动因用来纠正非市场部门的失灵，而不是把政府加入市场功能中来，一些潜在的优势就能够实现。[④]

第二节　我国社会组织环保监督的传播失灵

在三元架构的社会治理框架里，非营利组织或非政府组织是最弱的一方。在实际的监督过程中，它并没有法律意义上完整的可操作的内容规定与缜密的执行程序，由此形成结构性功能失灵，即在传播的内容—传者—媒体—受众—效果等可以不断细化的这一完整传播结构中，存在着结构上

---

① 陈海崇:《环保督察制度法治化：定位、困境与出路》,《法学评论》,2017 年第 3 期,第 176—187 页。

② 李彪:《揭秘中央环保督察组运作　参与人员需签保密承诺书》,《每日经济新闻》,2016 年 5 月 25 日。

③ Simmons, R., *Beyond Politics: The Roots of Government Failure*, Oakland: Independent Institute, 2011, pp.26 - 28.

④ Schultze, C., *The public Use of Private Interest*, Washington, D. C.: The Brookings Institution, 1977, p.13.

的残缺，或者微弱的结构表征，从而形成传播失灵。比如没有采访权、非强制性的公共监督、没有媒体平台等，都是结构性功能失灵。这些社会组织包括社会团体、公益机构、学术机构与大众传媒等，统统归为第三元或者第三方。在党的十九大报告里，"加强和创新社会治理"是第八部分最重要的内容。其中，"打造共建共治共享的社会治理格局"，要求"推动社会治理中心向基层下移"，"发挥社会组织的作用，实现政府治理和社会调节、居民自治良性互动"。因此，社会组织参与环境监督在新时期我国现代化建设中应该发挥更大的作用。这一立论的前提是有限政府理论，即政府不是万能的，无政府不行，无限政府也不行，因此需要一个有限的和适度的政府，与社会分化程度相适应，为公众提供适宜的公众产品、公众服务，维护公共秩序，实现社会共治。①

作为社会组织的一种，环保非政府组织对政府和企业的环境信息公开进行监督是新《环保法》第五章体现的精神，从而形成了"政府—企业—非政府组织"的三元结构监督机制。按照公共选择理论，非营利组织的失灵主要来自政府的失灵，政府的失灵又是来自市场的失灵。因此，分析社会组织监督的传播失灵依然要从市场中的信息不对称、政府的内在性与组织目标导致社会组织的传播失灵角度展开分析。这里，主要探索社会组织监督传播失灵的表现及理论透视等，为提出系统的解决方案奠定基础。

一、社会化组织环保监督传播失灵的表现

（一）企业向环保组织信息公开的完整性不足

面对环保组织依法申请信息公开，部分企业拒绝回应或回应有限。首先，是重点污染企业排放数据公开完整性不足，体现在公布的企业数量和污染物种类都非常有限，与中国相关法规要求或者欧洲、美国、日本等PRTR制度的实践存在明显差距。② 根据《危险化学品环境关系登记办法（试行）》规定，每年1月危险化学品生产使用企业应向公众公布年度报告。但是，2013—2014年的27个公布排放数据的城市中，无一城市完

---

① 若弘：《非政府组织在中国》，人民出版社，2010年，第25页。
② 《突破·起点——2013—2014年度120城市污染源监管信息公开指数（PITI）报告》，公众环境研究中心，2015年，第27页。

整公布所有信息，仅 5 个城市公布了特征污染物排放数据，且危险化学品相关数据完全缺失；仅 2 个城市公布了危废年度转移/处理量，无一城市公布重点管理危化品数据和危化品品种、特性、排放数据。其次，部分企业消极回应，拒绝沟通。2010 年，IPE、自然之友等 34 家环保组织为评估 IT 产业供应链环境管理表现，给相关 29 家 IT 企业 CEO 发函，希望了解相关信息，包括"是否有供应商环境表现的相关标准"等，但包括诺基亚、三星、LG、IBM、Apple 等在内的多数企业未回应。在二期报告发出后，苹果、诺基亚、索尼等企业表现消极，使得环保组织对企业环境信息公开的监督难以达到预期进展。[①]

环保组织促使企业对其供应商的环境信息公开之舆论监督受阻。IPE 等 34 家环保组织在对 IT 品牌供应链环境管理评估的三期报告中，增加了"推动供应商做出整改及信息披露"这一评价项目，以推动环境信息公开、减少污染。但 29 家企业中有 25 家未做出整改并公开说明，占总数的 86%，无一家企业定期公布排放数据；而在探讨利用信息公开加强供应链管理中，仅 10 家考虑建立检索机制，2 家决定建立。进一步沟通后，考虑利用公开信息加强供应链管理的企业有 14 个，决定建立的有 6 个，但推动供应商做出整改和定期公示排放数据的企业数量没有增加。[②] 以苹果公司为例，IPE、自然之友等 34 家环保组织共同监督，与其多次进行沟通后，苹果公司依旧消极回应，不愿公开供应商相关信息。

（二）环保组织直接监督企业存在法律困境

企业信息公开强制性规定范围有限，阻碍环保组织对企业信息公开的直接监督，形成结构性功能失灵，即污染方或者管控方可以不对环保组织信息公开。《办法（试行）》规定企业按自愿与强制性相结合的原则进行环境信息公开；《清洁生产促进法》对强制性企业环境信息公开的规定同样有限，只有存在超标违规或是发生重大污染事件时才会触发强制性信息公开义务。并且，由于缺少强制性高位阶立法对信息不公开进行处罚，多

---

① 《2010 IT 产业重金属污染调研报告第三期：消费者绿色选择促使 IT 品牌打破沉默》，公众环境研究中心，2010 年，第 3 页。

② 《2010 IT 产业重金属污染调研报告第四期：苹果的另一面》，公众环境研究中心，2011 年，第 21 页。

数企业并没有通过网站等途径公布其环境影响及与企业环境行为有关的信息。①《国家重点监控企业自行监测及信息公开办法（试行）》对企业自行监测提出具体要求，但也仅限于国控重点污染企业，省控、市控企业监测不足。PITI 评价体系包括污染源日常监测在内的 8 个标准，② 全都是以政府为直接监督对象，间接监督企业。2013 年标准调整后，也仅增加企业排放数据一项以直接监督企业。由此可见，强制性信息公开范围的有限性导致 IPE 对企业直接监督困难。

企业面对环保组织和政府相关法规监督时，存在明显有法不依的现象。《危险化学品环境关系登记办法（试行）》规定企业有公开重点环境管理危险化学品及特征污染物的排放和转移信息的义务。然而，企业危险化学品等污染物排放数据的公开并未落实。自然大学等环保组织于 2015 年对涉汞国家重点污染源数据公开进行评估发现，16 家涉汞国控企业中仅 4 家公司公开了污染物排放数据，仅 1 家公司公开了涉汞相关数据。并且，在对相关部门、企业进行信息公开申请时，47 家企业中仅 3 家进行了有效回复，25 个地方环保局中仅 1 份有效回复。部分地区危险化学品管理相关工作尚未实施。

（三）社会组织参与的程序存在缺陷

环保传播中，公众参与是环保组织代表并组织公众发言的重要形式，其目的是为了促进环境信息公开。然而，环保组织对公众参与环境决策程序的推动尚待深化。就 IPE 监督环评信息公开的实践而言，2013—2014 年共 42 个城市公开了环评全本，其中仅有 9 个城市通过大众媒体或网络公开环评信息，无一城市通过电视或网络直播环评听证会；2015 年虽然有所好转但不足仍然明显，环评信息公开的形式单一且时限过短，导致覆盖人群有限，多数地区未能充分保障公众知情权。

环保组织推动公众参与时遭遇地方政府的阻力，公众关心的议题信息公开力度不够。PX 等群体性环境事件频发，使得公众关注的着眼点发生

---

① 汪永晨、王爱军：《寻找——中国环境记者调查报告》，中国环境出版社，2011 年，第 149 页。
② PITI8 个评价标准：污染源日常监测信息污染源集中整治信息、清洁生产审核信息、企业环境行为评价信息、公众对环境问题或企业污染环境的信访投诉案件信息及处理结果公示、建设项目环境影响评价文件受理情况和建设项目竣工环境保护验收结果信息和排污收费相关信息公示。

了变化。拟建项目环评信息是否公开、公开内容的真实性、公众能否有效参与等成为公众关注的核心问题。IPE 公布的 PITI 评价报告中，"建设项目环评文件受理情况、项目竣工环保验收结果信息公示"得分偏低，环评报告书公示方式、公众意见提交方式有限，公众参与时间不足。并且，2008 年前 20 名城市中该项得分高于及格线的仅 8 个。2013—2014 年评价标准增加"环境影响评价信息公开"一项，但得分极低，至 2015 年也仅 9 个城市超过及格线。

（四）公众参与以促进信息公开的热情低

地方政府与公众互动不及时，降低公众参与热情，从而影响 IPE 推动信息公开。移动互联网时代，传统的官方网站无法吸引公众注意，导致部分环保政务微博、微信兴起。然而，环境投诉渠道的多元化未能有效改善互动回应少的问题。据 2015 年报告统计，目前已开通的政务微博运行状况不佳，部分账户长期不更新甚至从未更新，成为"僵尸微博"。就微信投诉举报平台而言，目前仅支持个人历史记录查询，无法查看他人历史投诉举报信息。互动不及时、公众感兴趣的信息公布有限，使得公众参与环境管理的热情不高，影响社会监督的有效实施。

公众环保意识不足，阻碍环保组织推动信息公开。公众更多关心与其眼前利益相关的财产和健康等利益，环保意识更多凸显于"邻避"运动中。纵观近年来环保群体性事件，关注者更多是项目所在地及周边地区等直接利益相关的民众。公众环保意识多在重大污染事件发生后短暂出现，缺乏持久性。自 2007 年起，IPE 与 20 家环保组织共同发起"绿色选择"倡议，呼吁公众善用购买权利，试图以"订单"为筹码对企业信息公开形成压力。从近 10 年的实践看，社会公众环保意识不足，未能通过消费行为来表达对企业环境行为的好恶[1]，"绿色选择"项目效果有限。公众对政府已经提供的环境信息也未能有效利用，信息点击率和阅读量偏低。公众环保意识不足，而 IPE 的活动倡议与公众切身利益结合不紧密，致使公众参与信息公开积极性不高。

---

[1]　汪永晨、王爱军：《寻找——中国环境记者调查报告》，中国环境出版社，2011 年，第 117 页。

（五）环境公益诉讼艰难，影响环保组织积极性

公众针对信息公开提起的行政诉讼无法进入司法程序，导致参与积极性受损。《政府信息公开条例》和《办法（试行）》限制了公民申请信息公开的信息使用用途，同时赋予公民向上级信息公开主管部门举报的权利；而新《环保法》第五章规定了符合条件的社会组织可以提起环境公益诉讼，因此公民提起的诉讼无法进入司法程序，往往以"向上级举报"告终。借鉴国外已有经验，美国在1970年《清洁空气法》中明确赋予公民对该法规定的事项提起诉讼的权利，此后的各项环保法律中也有对公民诉讼主体资格的规定[①]；印度1986年《环境保护法》中也规定了公民提起环境公益诉讼的权利[②]，这有助于提升公民参与环境保护的意识。

环保组织提起环境公益诉讼存在较多现实困境，降低公众参与积极性，从而影响企业环境信息公开的推动。新《环保法》规定，符合"从事环保公益活动连续五年以上""无违法记录"等条件的社会组织具备提起环境公益诉讼的主体资格，可以代表公众利益发声，激发公众参与信息公开的积极性，但实际执行面临较多困境。IPE具备提起诉讼的主体资格，且一直致力于推动环境信息公开，包括建立水污染和空气污染地图数据库，在全国范围内开展污染源和空气质量信息公开指数评估，发起绿色选择倡议等，不过在环境公益诉讼方面始终心有余而力不足，近几年来并未参与重大环境公益诉讼案件。综观国内其他环保组织，在环境公益诉讼层面同样力不从心。据统计，各级民政部门登记的社会组织有6 000多个，其中约1 000个具备提出环境公益诉讼资格，但2015年全国仅有9个社会组织提起诉讼。[③]

受成本、专业、时间等因素影响，环保组织对环境公益诉讼望而却步。2015年1—3月，环保组织提起的3起公益诉讼案中自然之友诉江苏泰州3家企业水污染案被驳回；2015年8月，徐州市人民检察院督促徐州市3家有诉讼主体资格的环保组织起诉某非法排放废水的造纸公司，但是

①　崔华平：《美国环境公益诉讼制度研究》，《环境保护》，2008年第24期。
②　吴卫星：《环境公益诉讼原告资格比较研究与借鉴——以美国、印度和欧盟为例》，《江苏行政学院学报》，2011年第3期。
③　刘晓星：《扫清环境公益诉讼障碍尚需多方支持》，《中国环境报》，2016年4月19日。

环保组织都回复不具备诉讼能力，无法承担相应责任。上述案例表明环保组织在提起环境公益诉讼中的尴尬处境。前期调研取证、立案、判决、执行等阶段需要大量资金、时间成本，并且需要承担可能败诉的风险成本，这使得真正有意愿提起公益诉讼的环保组织非常少。并且，由于缺乏专业技术人员和法务人员，环保组织提起并打赢公益诉讼的能力有限。公众关心的切身利益无法得到充分保障，降低了公众参与环境信息公开的积极性。

作为新《环保法》中所指社会组织的一员，IPE 已经意识到推动企业环境信息公开所遇到的困难。为此，IPE 曾多次联合其他社会组织，抱团实施企业环境信息公开监督与公众参与。在对 IT 品牌的供应链环境管理评估中，IPE 联合自然之友等 34 家 NGO 向 29 家相关企业申请信息，但是不少企业依旧拒绝回应，多次沟通后收效甚微。可见，IPE 所遇困境并非个案。社会组织在推动企业环境信息公开中，普遍遭遇来自各个利益方的阻力。

借鉴世界各国成功经验，建立 PRTR 制度是促进环境信息公开的有效途径。IPE 利用其自身平台建立了水污染和空气污染地图，与 PRTR 制度有异曲同工之妙，也是中国 PRTR 制度出现的雏形。但是，社会组织力量有限，很难做好全国范围内的污染数据库，例如 2014 年水污染地图监测数据只有当年下达行政处罚记录的一半。政府、企业环境信息公开的不足使得数据库的有效性大打折扣。因此，如何形成以政府为依托、以社会组织监督和公众参与为主要形式、以建立统一数据库为目标的模式，建立切实有效的 PRTR 制度以推进信息公开，成为亟待解决的问题。

二、科学传播框架下社会组织环保监督的传播失灵

IPE 是在全国范围内监督企业环境信息公开的社会化组织，并初步建立了水污染和空气污染地图数据库。这里将 IPE 作为第三方监督的实践纳入科学传播框架中，来研究这一监督形式的优势与问题。这是透过另一个视角来分析结构性功能传播失灵的科学依据。企业环境信息公开属于科学传播的范畴，传播过程中环境信息的科学性是其基础。据此，依据学界已认可的科学传播要素模型与效果模型，重构偏重要素与效果的科学传播双

重模型，以考察 IPE 建立的数据库在监督企业环境信息公开中的优势与不足。

（一）IPE 数据库在科学传播效果模型中的重构

首先，IPE 数据库的传播实践已经具备科学传播结构模型基本要素。IPE 数据库首先包括科学信息（或包含科学信息的科学共同体）。科学传播是"科学共同体内的群体之间，科学共同体和媒体、公众、政府之间，科学产业界和公众之间，媒体（包括博物馆和科学中心）和公众之间，政府和公众之间的传播"[①]。科学信息基本囊括了科学共同体、政府乃至媒体作为信息源头的这些基本要素。IPE 开发运营了水污染和空气污染地图数据库，数据来源于各级政府部门官方发布的信息，包括"报刊、广播、电视、政府网站、政府公报、新闻发布会"等渠道公开的企业环境监管信息，基本保证了信息来源的科学性。

其次，IPE 数据库是具有第三方媒体参与的媒体传播平台，是环境信息传播的重要渠道。IPE 数据库是由公众环境研究中心开发与运营的，其网络技术建立在 Ushahidi 系统上，将环境数据以污染地图的形式呈现，具有定位、查询、推荐等功能。IPE 数据库拥有网页、蔚蓝地图 App 多种传播方式。此外，IPE 具备较好的受众基础。环境数据对普通受众而言有其专业门槛，直接接触数据会出现"知识沟"。IPE 数据库能够帮助用户方便快捷地了解全国空气、水污染现状，缩小知识鸿沟。IPE 数据库基本满足了科学传播中科学信息源、传播介质及受众的基本要素。

IPE 数据库的传播可以放在科学传播效果框架下变得更完整。受众对科学信息的信任是影响传播效果的关键，是人们能否获取或接受科学信息的标准。信任来自信源和渠道的科学性[②]，体现在科学信息内部信任度和外部信任度两个方面。内部信任是指信息内容的完整性；外部信任是受众对外部世界的接受程度，是基于现状做出的对未来的预期。[③] 借鉴科巴

[①] Science and the Public, A Review of Science Communication and Public Attitudes to Science in Britain, Office of Science and Technology, The Welcome Trust, 2000, p.137.

[②] Weingart P, Guenther L., Science communication and the issue of trust, *Journal of Science Communication*, 2016, 15 (05); C01-1.

[③] Engdahl E, Lidskog R., Risk, communication and trust: Towards an emotional understanding of trust, *Public Understanding of Science*, 2014, 23 (6); 703-717.

拉（Koball）、坎普（Kemp）和埃文斯（Evans）① 的三维科学素养地貌②和伯恩斯（Burns）、奥康纳（O'Connor）、斯托克麦耶（Stocklmayer）③提出的登山模型④可知，不同个体的科学素养领域在高度和广度上都存在差异，造成受众对科学信息的接受动机与需求存在层次之分，趋向多元化。科学传播是不同传播主体与受众基于科学信息的互动过程。因此，需要从不同层面满足受众需求，实现外部信任度。

尽管 IPE 数据库的科学事实是传播的基础，但是仅仅提供环境数据的简单传播作用不大，企业环境信息公开还受到外部社会因素的影响。南希（Nancy）在其文章中以植物的成长作比喻提出科学传播的科鲁（koru）模型，认为接收科学传播信息后的内化身份认知是科学传播的最高效果。⑤科鲁模型提出科学事实是传播效果的基础（土壤），通过各种传播渠道（根系）转化为与个体相关的信息，经过外部因素（文化、社会规范、控制系统等）作用于内部因素（信仰、态度、意识、影响、理解、技能等），从而使得科学信息形成内化的身份认知，最终对个体科学决策产生影响。

科学传播的定义及登山模型提出了科学传播的结构，并从受众角度出发，关注互动方式；而科鲁模型更强调受众对科学信息的接受效果，并提出了外部环境这一关键因素两者都强调了传播的阶梯式效果。但前者没有讨论如何提高传播效果问题，后者则更多是理想状态下的模型。借鉴以上模型，结合 IPE 数据库进行企业环境信息公开的现实考虑，此部分重构了科学传播效果模型图（见图4），对科学传播的基本要素及互动模式进行整合的同时，基于受众不同动机和需求提供不同传播方式，对于如何提高企

① Koballa T，Kemp A，Evans R. The spectrum of scientific literacy. *The Science Teacher*，1997，64（7）：27.

② 三人提出的三维科学素养地貌，是指在三相坐标轴上有一些山峦，沿着 Y 水平轴的各个山峦代表科学素养领地或者领域，Z 轴的方向山峦垂直高度表示在那一领域的个人素养水平，山峦越高，个人在那一领地的素养越高；X - Y 水平轴上的 X 轴方向的山峦宽度反映个人赋予该领地的价值。

③ Burns T W，O'Connor D J，Stocklmayer S M.，Science communication：a contemporary definition，*Public understanding of science*，2003，12（2）：183 - 202.

④ 三人提出的登山模型，将科学素养的培育比作登山，科学传播赋予受众技巧和媒介（梯子），达成登山行为和素养层次不同的个体间的对话。

⑤ Longnecker N.，*An integrated model of science communication — More than providing evidence.* 2016，15（5），p.3.

业环境信息公开的效果有一定的理论价值。

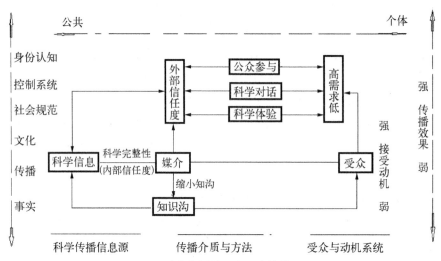

图 4　科学传播效果诸要素的模型图

有效的企业环境信息公开需要以 IPE 环境数据的内容完整性为基础，通过科学体验、科学对话、公众参与等方式实现科学与受众的互动，从而达到受众对科学信息的外部信任。IPE 数据库的环境数据来源于政府监督企业环境信息公开的渠道，保证了数据来源的科学性。此外，IPE 数据库的各种指标体系等为科学体验提供基础；蔚蓝地图 App 中公民对空气状况的自测功能可以形成科学对话；IPE 连续多年发布针对各个行业的调查报告以尝试进行公众参与。通过一系列不同层次的传播方式，IPE 试图达成公众对环境信息的内外部信任，促进企业环境信息公开的实现。

在传播环境数据之外，IPE 通过发起绿色选择倡议等以刺激受众环保意识，试图从文化、社会规范等外部因素层面影响企业环境信息公开的效果。但是由于力量有限，实际效果仍有待提升。有效的企业环境信息公开，需要将科学事实（环境数据）转化为与受众相关的信息，经过文化氛围（社会整体环保意识）、社会规范（社会认知和道德体系）和控制系统（政府监管与法律体系）的影响，与受众自身需求、态度等内部因素一起形成对环境信息的内化身份认同，最终促使受众做出环境科学决策。实现层次越低，传播效果越弱；反之，则效果越强。

（二）IPE 数据库在科学传播框架下的有效传播

1. IPE 数据库已经初步具备内部信任

IPE 数据库的环境信息需要保证空间上的完整性和时间上的连续性。数据完整性是数据库进行数据匹配的基础。[①] IPE 数据库收录了 31 个省份、338 个地级市政府发布的环境质量、环境排放、污染源监管记录以及企业强制或自愿披露的信息，至 2015 年 12 月企业监管记录已超过 22 万条，为数据库的信息化运用提供了稳固的基础。并且 IPE 数据库记录了最新监测数据，受众可直接查询所在城市空气、水质情况及废水、废气污染源分布状况。对空气污染的监测包括 AQI、PM2.5、PM10、CO 等指标，废气源主要对"烟尘""氮氧化物""二氧化硫"进行监测，废水源污染物包括"化学需氧量""氨氮""pH 值"等。IPE 数据库在保证信息的内部信任度上做出了一定的努力。

科学数据库是解决环境问题的基础。正如 IPE 创建者马军所言："环保最终还是要回到数据，这是讨论问题和探讨解决办法的基础。"[②] 在监测相关污染物排放数值之外，还可以看到该监测数据属于哪一次污染源监测任务，是否达到了排放标准，这些工作都为解决环境问题创造了科学数据基础。查询污染地图数据库发现，上海 2016 年 11 月 17 日空气质量指数均值为 35，全国排名 27；废气源共 33 个，其中超标 2 个；废水源共 112 个，其中超标 2 个。上海金兴水处理工程有限公司与宝山钢铁股份有限公司当日化学需氧量分别为 1 533.40 和 108.01，远超过 60 的正常标准。如果能够真正实现全国环境信息的统一发布与共享，保证数据库资源的全面性，乃是企业环境信息公开的一大突破。

2. IPE 数据库初步尝试进行科学传播中的科学体验

IPE 污染地图数据库以网页、"蔚蓝地图"App 等多种方式呈现，更便于获取实时公开的空气质量、水质和污染源的监测数据，满足受众的体验需求。科学体验的过程面临因环境信息的专业门槛产生的知识沟。有研究表明，受众对信息的判断更多取决于快速认知和语境线索，而不是仔细权

---

① Koukoletsos T, Haklay M, Ellul C., Assessing data completeness of VGI through an automated matching procedure for linear data, *Transactions in GIS*, 2012, 16 (4): 477-498.

② 王亚楠：《以"绿色选择"倒逼企业履责》，《大众日报》，2014 年 4 月。

衡科学证据。① 当受众面对有争议性的话题时，会更容易相信易于理解的一方，即"安逸效应"。② 因此，需要将认知性主张转化为解释性主张，增加传播内容的易读性，将专业、科学的研究和理性、抽象思维转化为通俗易懂的大众语言，运用多样性展现形式促进快速认知。

对此，IPE 将搜集的环境信息汇总到移动应用平台中，通过各种指标体系让受众获得科学体验。在了解具体污染状况的同时，蔚蓝地图 App 上还开设"百科"栏目，将环保相关概念按水、大气、土壤污染和气象、环境纪念日等不同类别进行分类，对于"硫化物""pH 值""氮氧化物"等相关控制指标的具体属性和对健康的影响进行解释，以使受众有不同的科学体验。官方网站更新改版后，将最重要的环境地图呈现在首页，公众点击后一块巨大的污染地图展现在其面前，各类污染指标呈现在地图上，使其直观地感受到周围的污染威胁所在。此外，IPE 在调研报告中运用大量可视化图表等方式对数据进行呈现。尽管数据库呈现的环境信息可以满足受众的基本科学体验需求，但很难达成与科学的互动交流，传播效果有限。因此，基于多方主体互动的科学对话能够满足受众理解科学的更高需求。

3. IPE 数据库尝试进行科学对话

蔚蓝地图提供了公众对空气质量的自测功能，是实现科学对话的重要方式。科学是社会建构的产物，负荷着在产生过程中的情境和利益结构的印记。③ 科学是科学家的产物，受到资金来源等因素的影响，科学家无法真正做到中立。以上海市 2016 年 11 月 20 日 19 时的空气质量为例，此时在蔚蓝地图上自测空气质量指数为 54，等级良，但同一时间查询上海市环境监测中心和环保部官网的实时数据都为 33，等级优。三者数据的异同，是科学不中立导致的结果。这三种有差异的数据，就形成了科学对话。"人类社会并不是一个装着文化上中性的人造物的包裹，那些设计、接受和维持科学的人的价值与世界观、聪明与愚蠢、倾向与既得利益必将体现

---

① Dietz T., Bringing values and deliberation to science communication, *Proceedings of the National Academy of Sciences*, 2013, 110 (Supplement 3): 14081 - 14087.

② 贾鹤鹏、刘立、王大鹏、任安波:《科学传播的科学——科学传播研究的新阶段》,《科学学研究》, 2015 年第 3 期。

③ 赵万里:《科学的社会建构——科学知识社会学的理论与实践》, 天津人民出版社, 2002 年, 第 38 页。

在科学的身上"①。

科学的不中立导致受众信任下降，实现科学对话才能增强受众信任。科学话语权往往被各种利益相关方所占有，如政府机构、科研机构、科学投资方乃至科学专家等，他们对科学的释义会受到自身利益的影响。② 正如科学社会学家贝尔纳所言，人们对物质和物质工具的需求是促使人们去做科学发现的动力。③ 受到权益集团的影响，现代科学已走出"为科学而科学"的象牙塔。科学的不中立导致受众对环境信息的信任下降。而作为传播基本渠道的大众传媒，由于记者专业水平有限④、没有把握好科学语言与大众语言的缺陷⑤、社交媒体的兴起带来传播渠道的多样化和复杂化等原因，导致受众对大众传媒的信任下降。因此，只有实现科学对话才能够增强受众信任，达成较好的传播效果。IPE 是代表公众利益的社会化组织，在蔚蓝地图 App 上提供的自测功能帮助公众利用科学手段完成空气质量监测。而监测结果与其他数据源有一定差异，正是实现科学对话的意义所在。

4. IPE 数据库努力实现公众参与

公众参与是实现有效科学传播的重要途径，也是实现企业环境信息公开的关键。科学体验、科学对话为公众对科学知识的认知和理解奠定基础，现行《环保法》也赋予了公众监督企业环境信息公开的权利。但公众是否做出相应的科学决策，以实际行动监督污染企业，还受到其他因素的影响。

在对数据进行信息公开的基础上，IPE 联合其他社会化组织针对各地区具体环境状况进行调研并形成报告。增加环境信息中的公共利益可以促进公众参与的实现。⑥ IPE 与美国自然资源保护委员会合作开发了污染源

① Staudenmaier J M., 'Technology's storytellers: Reweaving the human fabric,' Cambridge, MA: Society for the History of Technology and the MIT Press, 1985, p.165.

② Weingart P, Guenther L., 'Science communication and the issue of trust,' Journal of Science Communication, 2016, 15（05）: C01 - 1.

③ 贝尔纳著，陈体芳译：《科学的社会功能》，广西师范大学出版社，2003 年，第 7 页。

④ Treise D, Weigold M F., 'Advancing Science Communication A Survey of Science Communicators,' Science Communication, 2002, 23（3）: 310 - 322.

⑤ Hartomo T, Cribb J., Sharing knowledge: A guide to effective science communication, CSIRO PUBLISHING, 2002, p.38.

⑥ Roger E, Klistorner S., BioBlitzes help science communicators engage local communities in environmental research, JCOM, 2016, 15（03）: A06.

监管信息公开指数（PITI）和企业环境信息公开指数（CITI），连续多年对全国100多个重点环保城市进行评价，发布了多份评价报告，如2016年与绿色江南、淮河卫士联合开展对迪士尼供应链环境管理的深入调研；发布针对工业企业重金属污染的7期调研报告，如2016年与绿色江南共同发起了针对丰田汽车供应链污染的调研。《法制日报》对丰田汽车供应链污染及环保组织遭遇零回复事件进行了报道①，该文章被凤凰网、新浪网、网易新闻、搜狐新闻、新华网等多家网站转载，引发较广泛的讨论。IPE与多家社会化组织共同发起环保倡议，在引发众多媒体关注与报道的同时，也促使普通公众了解自身所在地区的水、空气污染以及与生活息息相关的纺织、IT产品等带来的危害，激发公众参与。而IPE在蔚蓝地图上呈现的运动、穿衣、雨伞、化妆指数等生活提示，从微观题材入手，帮助公众了解与自身衣食住行、身心健康等有关的环境知识，以培养受众的环保敏感度。

IPE为公众提供参与监督企业环境信息公开的渠道。IPE与其他社会化组织自2007年起曾多次发起"绿色选择倡议"并形成绿色选择联盟，呼吁消费者选择环境表现优秀的企业和产品，利用手中购买权利影响企业环境表现，推动企业转型。目前绿色选择联盟已有包括自然之友、自然大学、绿家园志愿者等在内的53家环保组织。此外，公众作为社会"公募基金投资者"，可以在金融投资理财时选择环境友好的企业，推动绿色投资项目的建立。在蔚蓝地图App上，公众不仅可以根据定位功能查询自己周围污染源详细情况，还能将污染信息分享至微博、微信朋友圈等，更设置了"微举报"功能，可直接通过微博向当地环保部门举报企业违规行为。"蔚蓝地图3.0"中，增加了生活服务类信息比重，同时新增分享墙、绿色品牌和公众参与模块，公众可以随时拍照上传"晒蓝天"或"晒污染"，加大公众参与环境监督的便捷性和可能性。这种"互联网＋环保"的方式让公众了解身边的风险源，同时实现了公众与政府、企业之间的良性互动。

（三）IPE数据库在科学传播框架下的传播失灵

IPE坚持科学数据先行的传播特点，规避了以往环保信息传播中理念

---

① 郗建荣：《丰田在华供应商废气超标排放曾被罚》，《法制日报》，2016年10月12日。

先行的误区。在传播过程中做到传播方式的客观中立，并服务于社会实践，为实现传播信息的科学性做出努力。然而，IPE污染地图数据库在推动企业环境信息公开上依然存在较大的提升空间，才能纠正现有的传播失灵。

1. 科学信息内部完整性的不足

IPE数据库在满足环境信息空间完整性上存在明显不足。信息的完整、深入公开是公众参与环境管理的基础，但IPE的污染数据库是建立在政府已公开信息的前提下，在企业污染记录的全面性上存在大量缺失。部分企业在公布环境信息时，时间滞后，避重就轻甚至弄虚作假，因公开渠道多样化导致公众无法知悉、公示时间不够等现象屡见不鲜。山东临沂亿鑫化工有限公司曾在2009年造成重大污染事件，但在数据库中仅能查到其2009年监管记录，缺少企业整改记录。此外，环境信息中较为重要的固体废弃物污染指标，因现实困难等原因尚不在IPE数据库统计范围之内，还有待进一步改进。

IPE数据库在满足时间连续性上存在明显不足，较多企业无法做到实时完整的信息发布。在数据库中进行搜索，明显可见在江西等中部地区城市存在大量实时监控数据缺失情况，甚至近一个月仅有2次监控数据。以跨国公司康菲石油公司为例，在IPE数据库中无法查询其实时监测数据，最新排放数据为2007年。该公司曾因2011年蓬莱油田溢油事故而受到处罚，但其企业监管反馈记录在数据库中发布时间为2016年。跨国公司同样存在该情况。数据库的信息搜索功能同样有待提高，尤其在蔚蓝地图App上，只能查询企业实时监测信息，很难对过往排放记录等进行查询。这种欠缺极大地影响了科学传播数据的内部信任度。

2. 受众对科学信息外部信任的不足

在公众的环境信息获取动机和需求上，IPE数据库的激发机制有待提升。"愉悦"的情感反应和"兴趣"的认知反应都是强有力的动机。"与对科学的理解相比，对科学的兴趣是更强有力的态度指针"[1]。但是，受众对科学普遍兴趣不高，需要使用恰当的激励机制来引发受众对科学信息传播

---

[1]　Evans G，Durant J.，The relationship between knowledge and attitudes in the public understanding of science in Britain，*Public Understanding of Science*，1995，4（1）：57-74.

的反应。环境信息相对其他科学领域的受众面较广，但多数公众依旧只愿意了解与自身利益相关的信息。创新性和恰当的科学传播活动可以启动参与者的个人兴趣，或者鼓动他们的情境兴趣。[①] 但 IPE 在利用创新性活动激发公众对企业环境信息公开了解兴趣上存在明显不足，具体体现在蔚蓝地图 App 中的活动参与度不够高，尽管已经有超过百万级的下载量，但国产的活跃度并不高。尽管 IPE 试图保证环境数据的科学性，但在社交媒体盛行的互联网时代，公众环保意识不强、对环保话题兴趣不高等导致企业环境信息公开进展停滞不前。

在满足公众认知需求，实现科学体验上存在一定缺陷。科学语言向大众语言的转化，不仅是简单将所有数据以地图等形式做可视化呈现。受众在缺乏科学知识的前提下，无法从数字和图表背后获取有用的环境信息。百科词条的形式虽然有科普作用，但是过于琐碎且不便于理解。参考国际经验，美国环保局每年会公布相应的 TRI 数据报告（包括排放、废物转移和废物数量报告），对原始数据进行分析和解读以方便公众了解各类数据总量及发展趋势。其应用软件也可以提供同类企业的排放数据比较，在信息加工和分类整合上有其突出特色。此外，更可以跳出数据库范围，定期推出更为有趣的呈现方式。例如，2011 年福岛核事件中的卡通版视频，以一个小孩闹肚子的故事生动地解释了福岛核事故的最新进展。官方微博"蔚蓝地图"于 2016 年 10 月 14 日推出的秒拍视频"富二代和小蓝的故事"也是较为成功的一次尝试。

此外，IPE 数据库在增加公众个人利益，实现公众参与上存在不足。数据库实现了将环境信息分类并转化呈现在地图上，使受众可以查看自己所在城市企业污染状况。但数据库的定位精准性有待提高，只能查看到市级地区的污染情况。参考国际经验，美国 TRI 数据库输入邮政编码便能查询自家附近的污染企业及其详细信息，能够针对用户的不同需求完成数据的自定义分析，并且 TRI 数据库被运用于政府参考、媒体监督、教育和学术研究、社区服务、公共卫生等与公众相关的渠道。[②] 相比之下，IPE 的

———————————

① Jenkins E W., Public understanding of science and science education for action, *Journal of Curriculum Studies*, 1994, 26 (6): 601-611.

② Us Epa O O T., The Toxics Release Inventory in Action: Media, Government, Business, Community, and Academic Uses of TRI Data, 2013, p.4.

调研报告、绿色选择倡议等形式在推动公众参与的效果上还有待提升。

3. 外部规范的不足

有效科学传播离不开社会因素的影响，文化氛围是增强传播效果的重要一环。而 IPE 在推动受众形成绿色消费理念、提升整体环保意识上还有待提高。尽管 IPE 发起了绿色选择等倡议，但是由于社会整体环保意识不强，在面对与自身利益无关的信息时，会有选择的忽视，环保参与也往往出现在邻避运动中。IPE 创建者马军曾说过："仅仅靠环保组织的力量是远远不够的，必须调动整个社会的力量，形成'雪崩效应'。"[1] 尽管 IPE 已与其他环保组织抱团并成立了绿色选择联盟，但力量依旧有限。需要继续倡导环保相关活动，同时充分利用媒体报道等形式调动社会力量，潜移默化地提升社会环保意识。

社会控制系统对于实现有效科学传播有着关键作用。法律体系的不完善成为 IPE 数据库推进企业环境信息公开的阻碍。有害化学品清单是政府主导企业环境信息公开的依据，也是 IPE 数据库建立的基础。《重点目录》中列入了 84 种物质，相比美国 TRI 数据库等仍处于初级阶段。TRI 数据库在建立之初有 286 种化学物质及类型，在不断扩展和完善后，目前化学物质达 600 多种。[2] 环保部网站上至今也只能实现对"化学需氧量排放量""氨氮排放量"等少数污染物排放数据的信息公开。此外，由于缺少对企业环境信息公开的强制性规定，存在较多企业以商业秘密为由拒绝公开的现象，甚至部分企业愿意承担较小的违法成本而拒绝公开。《办法（试行）》中规定企业按自愿与强制性相结合的原则进行环境信息公开；《清洁生产促进法》也只在超标违规或发生重大污染事件时才强制企业进行信息公开。IPE 建立的企业自行填报的 PRTR 系统，也仅能搜集自愿填写的企业的环境信息。相比之下，欧美国家在对商业秘密的界定、对不公开环境信息的企业的处罚力度、有害化学品申报领域等方面的规定更为完善，形成了较为完整的信息公开制度。

4. 欧美等国的经验借鉴

欧美等国的 PRTR 制度是在行政力量推动的基础上建立的环境信息统

---

① 刘丽琦：《马军和他的空气污染地图》，《时代周报》，2013 年 8 月 22 日。

② TRI-Listed Chemicals，US Environmental Protection Agency：https：//www. epa. gov/toxics-release-inventory-tri-program/tri-listed-chemicals.

一发布渠道，保证了环境信息在时间和空间上的完整性。美国 TRI 数据库由美国环境保护署运作，历史悠久，是全球 PRTR 制度实施的典范。为了保证数据的真实性和有效性，EPA 从企业申报开始至数据录入结束期间一直进行质量管理，包括采用统一识别编码、建立纠错机制等，整理汇总后以 TRI 数据库形式公布。欧盟污染物排放和转移登记系统则建立在原有的污染物排放登记（EPER）系统之上，由欧洲环保局（EEA）辅助欧盟委员会对各成员国提交的 E-PRTR 数据进行汇编，制作审查分析报告，最终通过网站进行环境数据信息公开。[①] 此外，欧美国家都规定了企业信息公开的义务，对于违反义务的情况，欧盟 E-PRTR 规章要求成员国各自规定适合的惩罚措施；美国对违反报告义务的企业按日计罚，有详细的执行准则，违法成本随着违法行为的持续而与日俱增。

欧美等国 PRTR 数据库能够满足个人利益，推动实现公众参与。例如，前文所提其建立的污染地图可以通过邮政编码查询自家附近污染情况，并提供各种工具帮助实现自定义分析。欧美国家建立的环境信息统一共享与发布平台，从根本上解决了科学信息的内部信任问题，并且在传播的科学体验、科学对话和公众参与上都有自己的特色，实现外部信任。同时，能够以较为完善的社会控制系统即法律体系和行政手段为保障，促进企业环境信息公开，为我国建立 PRTR 制度提供借鉴。

以政府控制性政策为基础，建立统一的环境信息数据库，是我国推动企业环境信息公开的关键。陈吉宁提出："要运用大数据、'互联网＋'等智能技术推进环境治理体系和治理能力现代化，为科学决策提供有力支撑。"[②] 国务院办公厅和环保部也通过了生态环境大数据建设相关的方案，以建设统一的污染物排放在线监测系统。而 IPE 也在蔚蓝地图 App 3.0 中尝试与政府举报数据平台相连通，以促进多方参与环境决策。未来，若能实现环境资源部门与环保组织的合作，建立科学、健全的统一的环境信息数据库，保障科学信息的内外部信任，完善相关法律体系、行政手段等控制系统，对于推动企业环境信息公开，纠正环境污染信息的传播失灵，实现环境治理将会是一个质的飞跃。

---

① 于相毅、毛岩、孙锦业：《美日欧 PRTR 制度比较研究及对我国的启示》，《环境科学与技术》，2015 年第 2 期。

② 曹红艳：《环保大数据呼之欲出》，《经济日报》，2015 年 7 月 1 日。

第五章

保障有效传播：公众参与的
国际视野与我国的实践

有效传播是传播失灵的纠正方案，在环境污染的问题上也是如此。本章主要讨论公众参与在环境污染中对纠正传播失灵的重要性，特别是对纠正结构性功能的传播失灵具有重要意义；考察公众参与的国际学术界的理论，公众参与在中国的实践以及出现的问题，特别是科学素养的短板；最后还要从跨国界的视野研究我国环境新闻记者公众参与的科学素养问题，以及中国新闻传播专业群体独特的话语方式。

第一节 国际学术界的公众参与：
风险感知、沟通与共识

在公众参与这个公共空间里，风险传播的主体是最大范围的公众。风险传播是一种公共审议以影响当权者制定风险管理政策的过程；风险感知的提升可以提高公众参与的质量，而这一过程受制于观点讨论、政治倾向的影响，其比科学素养等其他要素要大。公众参与的效果衡量标准是多样的，而具体某一个公众参与活动目标可能会偏向于其中的一些要素，程序正义、结果正义、工具论、规范论与信息正义等多个方面中的某些而忽略其他要素。其中，科学、民主与公正是风险传播中公众参与以影响风险管理政策制定过程的主要目标。

与一般的个体或医患关系的信息传播形式不同，公众参与（public

participation) 在风险传播中需要具有公共空间这一属性,它推动着公众的风险感知 (risk perception),在健康、公共环境等风险管理政策的制定过程中产生积极影响。它的传播主体主要是公众,过程是集体审议 (collective deliberation) 或者公共审议 (public deliberation)。① 公众如果需要参与到环境问题的公共政策制定与执行中来,就要求公众对环境风险有较为充分的感知,并感受到自己的利益受到威胁时才有可能有动力进入到这个公共空间里来。② 环境与健康的公共政策是一种共识,风险感知是其起点,公众参与是一种手段。此部分立足于探求这三者在风险传播中的相互关系,以及如何发生作用。

一、公众参与在公共空间中的形式与功能

作为公共空间 (public sphere) 的一种具体形式,公众参与在部分国外学者那里并不是让公众知道早已经制定好的政策和决定,而是要积极地引导出参与者的价值、目标与关切,目的是为了提高整体风险管理决定的科学水平。③ 因此,在环境、健康等公共议题领域,公众参与是有组织、有目的地努力提高公民对于风险评估与管理水平的过程。因此,有学者定义公众参与为"有组织的论坛,在此政府、公民、利益相关者、利益集团和商业机构对于一些特别的问题和决定交换意见"④。这类公众参与和传播学紧密相连,以交换意见为主要形式、以形成风险管理政策为目标,具有鲜明的公共空间的特征。哈贝马斯认为公共空间具有公共性,在这里像舆论这样的事物能够形成;它是由私人聚集而成的公共性,与公共权力相对而生,此空间存在的基础是国家与社会的相区隔。⑤

---

① Beierle, T. C., & Cayford, J., 'Democracy in Practice: Public Participation on Environmental Decisions', Washington DC: Resources for the Future, 2002, pp.6 - 9.

② Janz, N. K., & Becker, M. H. 'The health belief model: A decade later,' Health Education & Behavior, vol.11, 1 - 47; Fishbein, M., & Ajzen, I, 'Attitudes and voting behavior: An application of the theory of reasoned action,' In G. M. Stephenson & J. M. Davis, eds., Progress in applied social psychology, London, UK: Wiley, 1984, Vol. 1, pp.253 - 313.

③ Webler, T., Tuler, S., 'What is Good Public Participation Process? Five Perspectives From the Public', Environmental Management, 2001, 27 (3), pp.435 - 450.

④ Ren, O., Webler, T., Fairness and Competence in Citizen Participation: Evaluating Models for Environmental Discourse, Dordrecht: Kluwer, 1995, p.2.

⑤ J. Habermas, The structural transformation of the public sphere: An inquiry into a category of bourgeois society, Cambridge: MIT Press, 1991, pp.1 - 14.

公众参与是一种公众审议，实质是公共协商，是不同意见的交流与融汇，是达成共识的基础。公共审议是在做出决定之前公众对于事实与意见的仔细斟酌。[1] 有研究者认为虽然公共审议在很大程度上难以达成共识，但它却"带来思考的知识与判断能力，它带来参与者的各种问题视角有利于公共形成自己的意见"；并且这种对于风险管理的审议有公意属性，使得"决策过程更具理性与合法性"。[2] 也正是这种原因，有学者希望用 public engagement 来指称公众参与以强调参与性。在此基础上，有三个与传播有关的亚概念被引进以强化这种公众参与属性：公众传播、公众咨询（public consultation）与公众参与（public participation）。公众传播是指信息从当权者到公众的流动；公众咨询是指信息从公众流动到当权者那里；公众参与是指信息在两者之间的双向流动，具有对等性。[3] 从这些观点可以看出，在环境风险管理公共政策制定之前，寻求对等对话是公众参与的前提条件。

公众参与包括广大范围的公共群体，这是由风险管理与政策的正义性决定的。利益相关者的参与是指针对一些特定的群体、利益个体或者群体，要求的是相关方的参与；也有研究者认为"公众"应该就是"公民"，意味着参与者是合法的居民和有明确目标的团体组织。事实上，可接受的公众参与范围包括"最广大的潜在参与者"，因为是以风险评估与管理为基础的，这种交流应该在最广大的人群、个体、机构间传播风险、评估风险与管理风险。[4] 有批评者认为，各种群体的参与会让这种风险管理的过程民主化，使得科学问题政治化，从而降低风险管理的科学水平。[5] 支持者认为，风险管理中各种主体的参与可以使得政策更具有正义性，特别是对于那些被社会忽视的弱势群体；这种参与能让风险政策的制定者更能代

---

① Burkhalter, S., Gastil, J., 'A Conceptual Definition and Theretical Model of Public Deliberation in Small Face to Face Group', *Communication Theory*, 2002, 12 (4), pp.398 - 422.

② National Research Council, *Understanding the Risk: Informing Decisions in A Democratic Society*, Washington DC: National Academy Press, 1996, p.74.

③ Rowe, G., & Frewer, L. J., 'Public Participation Methods: A Framework for Evaluation', *Science, Technlogy & Human Values*, 2000, 25 (1), pp.3 - 29.

④ National Research Council, *Improving Risk Communication*, Washington DC: National Academy Press, 1989, pp.12 - 16.

⑤ Environmental Protection Agency Science Advisory Board, *Improved Science-Based Environmental Stakeholder Processes* (No. EPA-SAB-EC-COM - 01 - 006), Washington, DC: Environmental Protection Agency, 2001, pp.26 - 31.

表多数人的利益，风险管理与政策的正义特性更能代表公众的利益。有学者进一步指出，围绕风险管理的争议与冲突并非来自公众的非理性或无知，而被看作心理趋势固有的影响，它是公众参与和民主政府间互动的形式，并被一定的技术力量和一些社会权力放大的结果。①

风险管理与决策中公众参与有多种形式。从公众参与过程的协商程度不同来看，调查被认为具有单向性，故而是公众参与度较低的一种形式。在这种形式里，被调查的公众多是任意样本或目标人群，如风险所涉及的当地居民，发放的调查问卷内容涉及受访者态度、意愿，还会包括一些背景信息。② 焦点群体的控制性讨论为第二种参与形式，参与的公众由主办方登记，这种讨论多出现于闭门会议，讨论的过程与结果仅仅对政策制定者开放。③ 此种的讨论公众参与度较低，多发生在环境问题所涉及的各方利益人群中，故称为控制讨论人群。另外一种参与形式为有媒体记录的交流形式，采用对政策草案的文字评论（纸本）、互联网互动等文字形式，要求公众对一些环境风险的政策草案、行动等做公开的评议召集，公众可以用纸本或电子媒体等形式提供各种可能的解决方案。④ 这种公众参与带有明显的社区特性，在人口较为稀少与集中的北欧地区较为常见。

公众讨论是公众参与最常见的样式，也被认为是公众审议程度较高的形式。公众参与度较低的讨论形式为个体咨询，即公民个体在发起者带领下参与其中，通过咨询专家有关环境风险的知识从而提高风险感知与政策水平。⑤ 这种讨论因为具有明显的单向性，而公众审议程度较低。"传统"的公众集会、公众听证会的讨论在公众参与程度上稍高于上一种形式，可

① Slovic, P., 'Perceived Risk, Trust, and Democracy', *Risk Analysis*, 1993, 13 (6), pp.675 – 682.

② Ballard, K. R., & Kuhn, R. G., 'Developing and Testing A Facility Location Model for Canadian Nuclear Fuel Waste', *Risk Analysis*, 1996, 16 (6), pp.821 – 832.

③ Charnley, S., & Engelbert, B., 'Evaluating Public Participation in Environmental Decision-making: EPA's Superfund Community Involvement Program', *Journal of Environmental Management*, 2005, 77 (3), pp.165 – 182.

④ Lidskog, R., & Soneryd, L., 'Transport Infrastructure Investment and Environmental Impact Assessment in Sweden: Public Involvement or Exclusion?', *Environment and Planning A*, 2000, 32 (8), pp.1465 – 1479.

⑤ McComas, K. A., 'Public Meetings and Risk Amplification: A Longitudinal Study', *Risk Analysis*, 2003b, 23 (6), pp.1257 – 1270.

以让所有的公众参与官方设定的议事日程当中来，公民可以陈述意见、可以问问题，也可以参与评论。[①] 更有效的一种公众参与形式称为"咨询委员会"，即选择公民代表群体、利益相关方的群体讨论，这个讨论的群体具有精英阶层的特色，针对具有科学特点的环境风险问题进行对话，以提高环境风险管理政策的科学水平。[②]

在所有的有关环境风险的公众审议中，带有公众事件性的讨论、形成对立意见的交锋，甚至有政治观点的讨论，是一种公众参与程度较高的讨论形式。在初级形式中，这类讨论多以专题辩论、社区晚餐、工作室等形式展开，比起传统的会议讨论，这类有关环境风险管控力的讨论更像是公共事件，鼓励独立的观点交锋，需要有各种角度的争论。[③] 高级形式的公众参与直指政策制定之内容，称这种讨论为"政策辅助计划"或"审议论坛"。这种具有公共事件特性的讨论里有大量的专家级公众参与者，审议的内容需要与环境风险的科学规律相一致，保证政策的科学水平。[④] 从公众参与的形式来看，虽然国际学术界把公众参与的范围、讨论的形式都作为考察公众参与程度的重要标准，[⑤] 然而，最重要的标准还是公众对于环境风险管理政策制定内容的影响，即把公众参与推动环境风险管理政策的完善作为标准。[⑥]

二、风险感知作为中间环节的形式与效果

认知是行为的基础。风险感知处于公众参与与公共政策制定的中间部分，是提升公众参与质量的关键环节，是提高风险管理政策科学性与公正

① Gundry, K. G., & Heberlein, T. A., 'Do Public Meetings Represent the Public?', *Journal of The American Planning Association*, 1984, Spring, pp.175-182.

② Aronoff, M., & Gunter, V., 'A Pound of Cure—Facilitating Participatory Processes in Technological Hazard Disputes', *Society & Natural Resources*, 1994, 7 (3), pp.235-252.

③ Abelson, J., Eyles, J., 'Does Deliberation make a Difference? Results From a Citizens Panel Study of Health Goals Priority Setting', *Health Policy*, 2003, 64 (1), pp.43-54.

④ Einsiedel, E. E., & Eastlick, D. L., 'Consensus Conferences As Deliberative Demacracy-A Communications Perspective', *Science Communication*, 2000, 21 (4), pp.315-331.

⑤ Santos, S. L., Chess, C., 'Evaluating Citizen Advisory Boards: The Importance of Theory and Participant-based Criteria and Practical Implications', *Risk Analysis*, 2003, 23 (2), pp.269-279.

⑥ Rowe, G., Marsh, R., 'Evaluation of A Deliberative Conference', *Science Technology & Human Values*, 2004, 29 (1), pp.88-121.

性的基础，直接影响风险传播的效果。因为风险感知在风险传播中近乎是一种现实。① 研究者认为"风险"意味着"死亡的概率"，预期生命年轮的缩短。② 因此，"风险"变成公众的风险信念时才有可能变成风险管理的决定。诸如健康传播中的健康信念模型（the health belief model）和理性行为理论（theory of reasoned action）就是这些理念的代表。③ 事实上，在风险感知过程中提升公众参与的质量并非易事情，国际学术界很多方面的研究都很难令人鼓舞。

首先，即使在自身健康领域，公众对风险的感知都不令人乐观。在多数资源匮乏的撒哈拉非洲国家，乳腺癌对多数妇女来说并不引起她们的注意，直到病情已经相当严重、疼痛无法忍受的时候才去看医生。女性对乳腺癌风险的感知本应该很早就能获取，事实只有到夺人性命的时候才被女性真正感知到。④ 这种公众低水平的风险感知大大地抬高了这些国家乳腺癌的死亡率，增加了各类健康成本和政府负担。有学者按照经济收入进一步把肯尼亚妇女分为中等收入家庭、城市低收入和乡村收入家庭，发现在乳腺癌知识上有所差异，但在风险传播中对病情的早期风险感知与早期治疗态度上，都不乐观。⑤ 以发达国家的美国作为研究对象来考察，同样有很多问题。在面向美国密歇根州女性调查的 356 份有效样本研究发现，高达 51％的人回答没有估计过有关乳腺癌的风险；在乳腺癌的知识答题中，仅有 19％的人答对所有问题，有 65％的人答对知识题的一半。这个群体在美国女性中属于高知识群体，主要样本为密歇根大学医学中心的成员，有 46％的样本获得学士以上的学历，还有 26％样本从事专业的医学工作。⑥ 事实上，美国女性的乳腺癌的

① Neuwirth K., Dunwoody, S., 'Protection Motivation and Risk Communication', *Risk Analysis*, 2000, 20, pp.721 - 734.

② Lichtenstein, S., Slovic, P., 'Judged Frequency of Lethal Events', *Journal of Experimental Psychology: Human Learning and Memory*, 1978, 4, pp.551 - 578.

③ Feather, N., 'Values, Valences, Expectations, and Actions', *Social Issue*, 1992, July, pp.1540 - 1560.

④ Anderson, O., Shyyan, R., 'Breast Cancer in Limited Resource Countries: A Overview of The Breast Health Global Initiative 2005 Guidelines', *The Breast Journal*, 2006, 12, pp. s5 - s15.

⑤ Muthoni, A., 'An Exploration of Rural and Urban Keyan Women's Knowledge and Attitude Regarding Breast Cancer and Breast Early Detection Measures', *Health Care For Women International*, 2010, 31, pp.801 - 816.

⑥ Fagerlin A., 'How Making A Risk Estimate Can Change the Feel of That Risk: Shifting Atitudes toward Breast Cancer Risk in a General Public Survey', *Patient Education and Counseling*, 2005, 57, pp.293 - 299.

概率为 13%，这份研究的各类数据也让人有些失望。这意味着关乎个人生命健康方面，公众的风险感知程度是比较低的，哪怕涉及身家性命都概莫能外。

其次，亲身经历、地理接近等条件在风险传播中也不能明显提高公众的风险感知能力。有学者把风险感知分为直接经验与二手信息这两种差不多的形式，认为直接经验和居住环境对其关注和认知环境污染问题具有决定影响。[①] 然而，更多学者通过实证研究否认这种说法。全球变暖造成海平面上升导致海岸居住区域环境脆弱的风险，在居住地居民面对海平面上升的风险传播中，研究者发现这些亲身经历者在理解海平面上升的风险感知方面是困难的，他们甚至认为这种风险在时间上是暂时的、在空间上是遥远的，哪怕他们同样表达了对这些风险的恐惧、绝望与失落。[②] 对于遭遇洪水的受难者研究发现，在遭遇大洪水期间对公众进行风险感知教育是最好的时候，公众对于洪水的风险感知会明显地提高。不幸的是，当洪水退去，再去进行公众的洪水之风险感知教育会发现又回到了之前的平均水平。[③] 有研究者引入社会距离推论（social distance corollary）理论来研究亲身经历与第三者言说之不同渠道的环境信息传播的效果。[④] 这一假说强调风险感知中地理位置接近性之重要。然而，更多的研究却否定了这种结论。比如，有学者对瑞士洪水经历者的研究[⑤]、对土耳其社区居民与预防灾难的风险意识与准备之培养的研究，[⑥] 以及对冰岛南部生活在火山口下的居民进行火山风险感知的研究，[⑦] 都基本否认了亲身经历、地理位置接

---

① Karen Bickerstaff & Gordon Walker, "Understandings of Air Pollution: the 'Localisation' of Environmental Risk". *Global Environmental Change*, 2001, Vol.11.133 - 145.

② Covi, M., Kain, D., 'Sea-Level Rise Risk Communication: Public Understanding, Risk Perception, and Attitude about Information', *Environmental Communication*, 2016, 10 (5), pp.612 - 633.

③ Wachinger, G., Renn, O., 'The Risk Perception Paradox—Implications for Governance and Communication of Natural Hazards', *Risk Analysis*, 2013, 33 (60), pp.1049 - 1065.

④ William P. Eveland, Amy I. Nathanson, 'Rethinking the Social Distance Corollary Perceive Likelihood of Exposure and tne Third-Person Perception', *Communication Research*, 26 (3), 1999, pp.275 - 302.

⑤ Siegrist, M., Gutscher, H., 'Flooding Risks: A Comparison of Lay People's Perceptions and Expert's Assessments in Switzerland', *Risk Analysis*, 2006, 26 (4), pp.971 - 979.

⑥ Karanci, N., Bahattin, A., 'Impact of a Community Disaster Awareness Training Program in Turkey does it Influence Hazard-related Cognitions and Preparedness Behaviors?' *Social Behavior and Personality*, 2005, 33 (3), pp.243 - 258.

⑦ Johannesdottir, G., Gisladottir, G., 'Whose Reality Counts? Factors Effecting the Perception of Volcanic Risk', *Journal of Volcanology and Geothermal Research*, 2008, 172, pp.259 - 272.

近等条件能够提高公众在某些方面风险感知能力的命题科学性。

科学知识在提高公众风险感知方面作用有限。作为科学传播的一部分，有关环境与健康的风险之感知很自然地让人联想到它与科学之间的紧密联系。国际学术界早就注意到这一要素，并对此做过认真的实证研究，并在诸多的研究中否定了两者必然的正相关关系。有研究者发现即使知识沟理论在公众的社会与政治议题上的得分与其受教育程度高度相关，但是在健康与环境等科学内容上的得分跟教育程度之间只存在着极其微弱的相关性。[①] 对美国公众的气候变暖之风险感知研究发现，公众的科学知识理解程度高并不能带来气候风险的更高的关注度。[②] 在一些同行评审的科学论文里，研究者甚至强调风险传播中，信息的传播方法、呈现形式、测量、历史记录等，都比公众对于环境风险的科学素养重要。[③] 与科学素养相比，研究者更强调视觉要素在风险传播中的作用。有学者研究发现照片、图标、说明示意图、地图等视觉传播手段能够更好地说明科学概念，特别是与地方性、公众熟悉的问题相联系能够帮助公众理解风险。[④] 有的研究进一步发现，在风险传播中，受众的数学知识水平一定程度地影响其风险感知和知识获取，而数字的传播运用技巧会在传播效果中更明显。[⑤] 研究者认为，气候变化类的知识是很难理解的，它的各类风险主张不仅普通公众难以理解和拥护，在美国科学家中也同样如此。[⑥]

多样的信息环境讨论形式有利于公众提高环境风险的感知水平。有研究发现，在传播与气候变暖相关的信息中心，要提高公众对于气候变暖的知识与风险感知水平，就需要把公众置于复杂的信息环境中。这些

① Hwang Y. & Jeong S-H, 'Revising the Knowledge Gap Hypothesis: A Meta-analysis of Thirty-five Years of Research,' *Journalism & Mass Communication Quarterly*, Vol. 86, 2009, pp.513-532.

② Leiserowitz, A., 'American Risk Perceptions: Is Climate Change Dangerous?', *Risk Analysis*, 2005, 25, pp.1433-1442..

③ Weber, U., 'Experience-based and Description-based Perception of longterm Risk: Why Global Warming Does not Scare Us', *Climate Change*, 2006, 77 (1-2), pp.103-120.

④ Nicholson-Cole, A., 'Representing Climate Change Futures: A Critique on the Use of Images for Visual Communication', *Computers, Environment and Urban Systems*, 2005, 29 (3), pp.255-273.

⑤ Keller, C., Siegrist M., 'Effect of Risk Communication Formats on Risk Perception Depending on Numeracy,' *Medical Decision Making*, July/August, 2009, pp.483-490.

⑥ Weber, E., Stern, P., 'Public Understanding of Climate Change in the United States', *American Psychologist*, 2011, pp.315-328.

复杂信息环境的特征包括关于某一话题（如气候知识）信息的复杂性、多样信息的可接触性、信息与读者的相关性、信息观点的对立与可辩性等。[①] 在风险认知方面有学者认为，多样的信息涉及受众的情感要素，或称为"愤怒"要素，包括自愿性、公正性、熟悉性与道德要素等，这些都会提高公众对于特定风险的感知。[②] 通过讨论可以提高公众对于科学风险的理解与感知。人与人的讨论可以让新的知识与既有知识之间形成对话，推动个体对科学世界的进一步理解。与家人、朋友、邻居和同事交流讨论都会增加这种对于科学信息与风险的理解、感知能力，因为媒体提供的纳米与科学的信息针对的是一般大众，深度讨论会进一步强化各类科学信息，以至形成信念。[③] 在环境与健康传播中，人与人之间的讨论是个体获得与此相关科学信息的重要渠道；[④] 有的研究发现在青少年群体当中，在对环境问题的传播过程中，他们和父母、伙伴们之间形成的讨论，能够影响青年的日常环境风险感知与行为。[⑤] 一些研究认为公众对于自身风险的评估最好的途径是通过一个有目的的信息沟通专题集会，人际讨论是其重要的形式。[⑥] 在女性公众的健康风险感知方面，研究者发现女性的风险感知能力明显地受到她与别人讨论的影响，讨论越多，风险感知能力就越有提高。[⑦]

不同的政治思想与宗教信仰能够形成公众对于环境风险不同的感知水平。气候知识及其风险感知获取方面的研究发现，公众在政治意识形态（political ideology）上的偏向远比教育程度、科学素养以及人口统计学

---

① Cash，D. W.，Clark，W. C.，'Knowledge Systems for Sustainable Development，' *Proceedings of the National Academy of Sciences*，100，2003，pp. 8086 – 8091.

② Sandman，P.，M.，'Risk Communication：Facing Public Outrage'，*EPA Journal*，1987，13，pp. 21 – 22.

③ Kosicki，M.，McLeod，M.，'Learning from Political News：Effects of media Images and Information-processing Strategies'，In：Kraus S.，（ed）*Mass Communication and Political Information Processing*，Erlbaum：Hillsdale，1990，pp. 69 – 83.

④ Baxter，L.，Egbert，N.，'Everyday Health Communication Experiences of College Students'，*Journal of American College Health*，2008，56，pp. 427 – 436.

⑤ Ostman，J.，'The Influence of Media Use on Environmental Engagement：A Political Socialization Approach'，*Environmental Communication*，2014，8，pp. 92 – 109.

⑥ Coleman，C.，'The Influence of Mass Media and Interpersonal Communication on Societal and Personal Risk Judgements'，*Communication Research*，1993，20，pp. 611 – 628.

⑦ Lee，E. W. J.，et al.，'Communication and knowledge as motivators：Understanding Singaporean women's perceived risks of breast cancer and intentions to engage in preventive measures，' *Journal of Risk Research*，no. 16，2013，pp. 879 – 902；

诸要素的影响大。[①] 在接收同样信息的环境下，公众获得的环境科学知识与风险感知能力依赖其政治意识偏向的不同而有差异。[②] 针对美国公众的电视收视习惯研究发现，共和党偏向与民主党偏向及中间派，在获取全球变暖信息时的传播效果各不相同。[③] 有研究发现宗教信仰要素会有不同的风险感知、价值倾向（value predisposition），并在纳米技术政策的支持和反对领域起着重要的作用。研究者通过电话对 1 015 位美国公众的调查发现，高宗教信仰个体比低宗教信仰个体更愿意支持政府的纳米技术基金项目。[④] 有研究者进一步把这一类问题延伸到信源的信任维度上来，认为在环境风险的传播中，最终是信任问题影响了这类风险的感知。[⑤] 有研究认为不同的政治意识形态的人会对同类信息产生信任，从而产生不同的传播效果。[⑥] 对于世界范围的公众来说，是否理解全球变暖及其风险，支持和拥护的比例相差很大。2007—2008 年的盖洛普调查显示，美国公众的赞成率为 49%，与英国的 48% 相当；但与德国的 59%、加拿大的 61%、意大利的 65% 相比有不小的差距；与强调建构主义新闻（instructive journalism）的瑞典之 65%、与南美具有军人控制媒体传统的阿根廷之 81%、与强调集体主义的日本之 91% 相比相差更远。[⑦] 这些数据表明，公众对于全球变暖问题的理解、对于环境风险的感知，与这个国家的政治形态有较大的关系，而公众的科学素养起着非常有限的作用。

---

① Kahan, D. M. & Peters, E., 'The Polarizing Impact of Science Literacy and Numeracy on Perceived Climate Change Risks,' *Nature Climate Change*, no.2, 2012, pp.732 - 735.

② Hart, S., Nisbet, C., 'Boomerang Effects in Science Communication: How Motivated Reasoning and Identity Cues Amplify Opinion Polarization about Climate Mitigation Policies', *Communication Research*, 2012, 39, pp.701 - 723.

③ Nisbert, E., Cooper, K., 'Ignorance or Bias? Evaluating the Ideological and Informational Drivers of Communication Gaps about Climate Change', *Public Understanding of Science*, 2015, 24 (3), pp.285 - 301.

④ Ho, S., Scheufele, D., 'Kosicki Sense of Policy Choice: Understanding the Roles of Value Predispositions, Mass Media, and Cognitive Processing in Public Attitudes towards Nanotechnology', *J Nanopert Res*, 2010, 12, pp.2703 - 2715.

⑤ Paton, D., 'Risk Communication and Natural Hazard Mitigation: How Trust Influences Its Effectiveness', *International Journal of Global Environmental Issues*, 2008, 8, pp.2 - 15.

⑥ Hart, S., Nisbet, C., 'Boomerang Effects in Science Communication: How Motivated Reasoning and Identity Cues Amplify Opinion Polarization about Climate Mitigation Policies', *Communication Research*, 2012, 39, pp.701 - 723.

⑦ Pelham, W., 'Views on Global Warming Related to Energy Efficiency: Relationship Exists Regardless of National Wealth, Literacy', 2009. From the website of www. gallup. com/poll/117835/views-global-warming-related-energy-efficiency. aspx.

之所以会产生这种差异，有学者从风险传播演进的不同阶段所具有的不同特征这个更宏大的视角给出解释。[①] 研究者认为风险传播的第一个阶段为强调科学特征与专家优势的阶段，在这个阶段里风险传播的特征是单向度的，强调信息从科学家流向公众与非科学家的过程，对于公众的风险感知、公共诉求并不关切。[②] 在风险传播的第二个阶段，传播学界逐步发现公众并不总是愿意听科学家或者专家的意见，于是风险传播开始转向风险传播中的劝说领域的研究，并开始发现信任与可信度在风险传播的研究中被忽视了，以此为课题进行大规模研究。[③] 在风险传播的第三阶段，有研究认为当前的风险传播研究属于第三阶段，在这个阶段里风险很大程度来自社会建构，在这个社会建构的环境里信任对公众的风险价值取向起着主要的建构作用。[④] 这一演化经历了传播从单向到双向、从科学传播到社会化传播的转变。

三、公众参与在公共政策制定过程中的作用

在风险传播中，既然公众参与存在于公共空间之中，以提高风险感知来提升公众参与认知基础，以双向的公众审议来完善政策及其制定过程，那么如何来衡量公众参与的水平呢？在这个标准上，国际学术研究者认为公众参与的任务与目标的多样性，公众参与的组织者、参与者及其社会环境、价值理念等存在很大差异，很难用固定的标准来衡量公众参与所取得的成功。[⑤] 一般来说，学者们会把标准建立在公众的需求基础之上，而不是政策制定者抑或当权者。因此，笔者将从这些角度展开讨论。

正义的程序导向（procedural-oriented）和结果导向（outcome-oriented）之标准。这一标准主要针对风险传播中公众参与的程序正义，它不以"产

① Less, W., 'Three Phases in The Evolution of Risk Communication Practice,' *Annals AAPSS*, 1996, 545, pp.85 – 94.

② Fischhoff, B., 'Risk Perception and Communication Unplugged: Twenty Years of Process', *Risk Analysis*, 1995, 15, pp.137 – 145.

③ Slovic, P., 'Perceived Risk, Trust, and Democracy', *Risk Analysis*, 1993, 13（6）, pp.675 – 682.

④ Lofstedt, E., *Risk Management in Post-Trust Societies*, London: Palgrave Macmillan, 2005, pp.15 – 35.

⑤ Webler, T., Tuler, S., 'What is a Good Public Participation Process? Five Perspectives From the Public', *Environmental Management*, 2001, 27（3）, pp.435 – 450.

出"为标准，不强调某种预定结果的实现。主要聚焦在风险管理的政策制定中，公众是否可以参与其中，程序是否公平，观点和建议是否多样，是否有一对一的沟通，观点是否被清楚地表达等。① 研究也进一步显示通过程序正义公众对新出台的政策接受度和满意度会提高；② 反过来看，无论政策制定者还是当权者都欢迎并愿意去塑造这样一个标准，因为这样既可以提高风险管理政策在公众中的满意度，将来执行过程中也会受到公众的较大支持与理解。③ 作为公众当家做主的一部分，在程序导向中公众对风险政策制定过程"控制"的信念、对政府或当权者在这个程序管理中之"中立"的态度，以及公众在此过程中所受到的"尊重"，都是公众参与是否达到目标的参考标准。④ 结果导向（即结果正义）把对政策制定过程中公众发出的声音作为重要考虑要素，并相信公众对政策制定起间接影响作用；这些过程中还包括公众参与过程中的意见和评论对政策制定是否有用、公众智慧是否影响风险管理的决策内容、公众是否满意整个参与过程、风险管理决策者和公众参与者之间的关系是否得到改善与提高等。这两个标准侧重点不同，功能也不一样。

公众参与的目的性标准。这一标准包含程序正义和结果正义的内容但侧重点又有所不同。第一种观点为工具论（instrumental arguments），认为在风险管理的政策制定期间，公众参与政策制定过程和结果都具有合法性，使得政策在公众中具有很广泛的接受度和欢迎度。⑤ 第二种观点为规范论（normative arguments），主张公民在公众参与中民主基石的重要性，认为政策制定过程中政府应该获得公民的同意、公民也有权利参与整个过程并对其内容产生影响。第三种为实质论（substantive arguments），强调公众的智慧在风险政策制定过程中的积极作用，主张风险管理的知识不仅

① Chess, C., Purcell, K., 'Public Participation and the Environment: Do We Know What Work?', *Environmental Science & Technology*, 1999, 33, pp.2685-2692.

② Thibaut, W., Walker, L., *Procedural Justice: A Psychological Analysis*, 1975, Mahwah: Erlbaum, pp.63-65.

③ Tyler, R., Degoey, P., 'Understanding Why the Justice of Group Procedures Matters: A Test of the Psychological Dynamics of the Group-value Model', *Journal of Personality and Social Psychology*, 1996, 70 (5), pp.913-930.

④ Tyler, R., Lind, A., 'A Relational Model of Authority in Groups', *Advances in Experimental Social Psychology*, 1992, 25, pp.115-191.

⑤ National Research Council, *Understanding the Risk: Informing Decisions in A Democratic Society*, Washington DC: National Academy Press, 1996, pp.9-16.

仅只存在于科学家或技术专家那里，公民因为来自各个群体，会给政策制定者带来更多的智慧。①

　　与风险传播紧密相连的一个标准为信息正义（informational justice）标准。信息正义与人际正义（interpersonal justice）共同构成了互动观点（interactional justice）这一考察纬度，又彼此相关很难切割。② 它不仅强调在公众参与环境风险管理政策制定过程中，享有信息分享权、要求过程中的信息透明权、充足的观点解释权，还包括参与过程公众受到的尊重与善待的权利。③ 针对这一概念，学者们又有不同的主张与维度进一步丰富其内涵。契克维认为信息正义应该让有关环境风险的信息具有普通公众可懂的属性，这些专家的话语变为公众易懂的语言是信息正义的基础④；菲奥力诺主张信息正义应聚焦于公众拥有平等获取信息的权利，在风险政策制定过程中普通公众拥有分享专家、政策制定者信息的权利智商，能够在政策制定过程中享有充分的讨论与审议权利；罗和弗莱沃认为信息正义还应该包括公众有权雇用独立科学家或环境专家对整个公众参与过程的信息进行审议，以使非专家的公众也能够最终理解，乃至影响到风险管理政策的制定过程；布兰切和布雷德巴里认为信息正义还应该包括整个参与过程的信息及时公开，整个政策制定者与公众的各方观点、权利、问责等信息都对公众及时公开。⑤ 贝尔里与凯夫德强调信息正义还应该包括对公众的教育以提高公众素养，在公共政策制定过程中能够体现各方关切，甚至化解各方冲突。因此，信息正义主要是针对弱势群体的公众而建立的，在公众参与过程中公众能够获得易懂的各类资讯，让公众对风险管理政策制定整个过程具充分、有效的影响力。

---

　　① Fiorino, J., 'Citizen Participation and Environmental Risk: A Survey of Institutional Mechanisms', *Science Technology & Human Values*, 1990, 15 (2), pp.226 - 243.

　　② Bies, J., Moag, F., 'Interactional Justice: Communication Criteria of Fairness', in R. Lewicki (Eds), *Research on Negotiations in Organizations*, 1986, Greenwich: CT: JAI Press, pp.43 - 55.

　　③ Greenberg, J., 'The Social side of Fairness: Interpersonal and Informational Classes of Organizational Justice', in Cropanzano, R., (Ed) *Justice in the Workplace: Approaching Fairness in Human Resource Management*, 1993, Hillsdale, NJ: Erlbaum, pp.79 - 103.

　　④ Checkoway, B., 'The Politics of Public Hearings', *The Journal of Applied Behavioral Science*, 1981, 17 (4), pp.566 - 582.

　　⑤ Branch, M., Bradbury, A., 'Comparison of DOE and Army Advisory Boards: Application of A Conceptual Framework for Evaluating Public Participation in Environmental Risk Decision Making', *Policy Studies Journal*, 2006, 34, pp.723 - 754.

总体来看，具体到每一个公众参与活动来看，衡量某一个公众参与活动的质量高低并不容易，因为每一个公众参与活动的目标并不一样，某一个公众参与不可能同时具备各个目标要素。因此，公众参与效果的衡量标准往往聚焦于某些主要的目标而忽视其他的目标特质。其中，科学、民主与公正是风险传播中公众参与以影响政策制定过程的主要目标。

第二节　我国公众参与的科学素养短板：
大学生雾霾风险感知实证研究

一、公众参与的科学素养与纠正传播失灵

公众参与环境污染的传播活动需要具有一定的科学知识素养，特别是拥有本地特征的环境污染类的科学知识素养，对推动公众参与具有基础性作用。作为普通公众，他们最想参与的环境问题传播往往也是本地的环境污染问题，因为这与他们的利益息息相关。[①] 如果没有公众参与作保障，就缺少外部支持系统，也会导致环境污染中的传播失灵现象。在环境污染或者科学议题的公众参与中，公众必须具有一定的科学知识素养，才能够促进公众参与，对政策有一定的认知能力，从而反作用于政策。[②] 就公众来说，如果是公众参与当地的环境问题，他们应该可以和专家进行一些交流，地方利益群体之间也能够进行交流，[③] 这样才能够形成对已有政策的认知与未来政策的影响力[④]。

笔者借助环境传播的视角，通过对雾霾区和非雾霾区的比较，以实证研究方法，来探究大学生群体对雾霾问题的认知及其影响因素。近年来，

---

① Awa, N., 'Participation and Indigenous Knowledge in Rural Development', *Knowledge, Creation, Utilization*, 1989, 10 (4): 304 – 316.

② Ahern, L., Connolly-Ahern, C., Hoewe, J., 'worldview, Issue Knowledge, and the pollution of Local Science Information Environment', *Science Communication*, 2016, 38 (2): 228 – 250.

③ Davis, K., *Human Behavior at Work*, NY: McGrawHill, pp.141 – 148.

④ Webler, t., Tuler, S., 'Four Perspectives on Public Participation Process in Environmental Assessment and Decision making: Combined Results from 10 Case Studies', *Policy Studies Journal*, 2006, 34, pp.699 – 722.

雾霾严重影响着我国大部分地区的空气环境质量和居民身体健康。世界卫生组织的调查显示，在我国 500 个大城市当中，空气质量达标率还不足 1%。[1] 有雾霾专家指出，雾霾对人体的"神经系统、泌尿生殖系统、内分泌系统、心血管系统、呼吸系统都有危害"。[2] 党和国家领导人多次表达治理雾霾决心，采取了相关系列有力措施，取得了一定治理成效，并且还将继续"科学深入展开成因、成分等分析"，完善"针对性措施"，争取"更明显的治理效果"。[3] 对于雾霾区的公众来说，雾霾的风险感知能力明显带有地方环境问题的特征，雾霾区的公众如果对雾霾风险的科学认知没有明显优势，势必会影响公众参与，从而形成传播失灵。

　　无论是有效治理雾霾问题，还是政府环保政策的全面落实都需要社会公众的积极参与。而公众参与的前提是科学认知，即公众对于雾霾危害的风险感知以及对雾霾治理政策的基本了解。[4] 公众的科学知识水平还会进一步影响公众参与时对待问题的态度转变，从而形成有效沟通或者沟通失灵。[5]

　　大学生群体是一群有素养、有活力且对公共事务保持新鲜感的年轻群体，代表未来的发展方向，是研究科学传播与环境问题很好的样本。笔者试图在深入调查大学生群体对雾霾知识及相关治理政策认知水平的基础上，从环境传播视角出发来探究影响其认知水平的心理社会因素和理论结构模型。一方面，这不仅有助于深化我国雾霾问题的传播实证研究，而且也为全球环境传播研究提供中国视角与中国经验，因为没有谁比我们更了解中国的环境问题。恰如有研究者指出，环境传播研究目前主要集中在西方社会，而全球其他国家和地区的相关研究极为匮乏。[6] 另一方面，笔者也为提高公民雾霾科学认知、推动政府雾霾治理政策落实、疏导公众参与包

　　① Siqi Zheng & Matthew E. Kahn, 'A New Era of Pollution Progress in Urban China?' *Journal of Economic Perspectives*, Vol.31, no.1, 2017, pp.71 – 92.

　　② 赵喜斌：《钟南山：雾霾危害甚过非典》，《北京晚报》，2013 年 8 月 20 日。

　　③ 李克强：《对雾霾等重大民生关切组织专家攻关，科学分析成因》，澎湃新闻。访问日期：2017 年 1 月 16 日。

　　④ Adger, W. N., 'Social Capital, Collective Action, and Adaption to Climate Change,' *Economic Geography*, vol.79, no.4, 2003, pp.387 – 404.

　　⑤ Brossard, D., Lewenstein, B., 'Scientific knowledge and Attitude Change: the Impact and Citizen Science Project', *International Journal of Science Education*, 2005, 27, pp.1099 – 1121.

　　⑥ Shirley S. Ho, Youqing Liao & Sonny Rosenthal, 'Applying the theory of planned behavior and media dependency theory: Predictors of public pro-environmental behavioral intentions in Singapore,' *Environmental Communication*, Vol.9, no.1, 2015, pp.77 – 99.

括上情下达的传播失灵等问题，提供理论依据和行动策略。

鉴于科学政策的制定与接受有赖于公众对于环境问题的风险感知，从而形成下情上达[①]，而风险感知则建立在受众对于危害性信息的认识及其风险评估基础之上[②]，从而形成由下而上的有效风险传播。就本研究而言，人们居住环境的雾霾程度，即人们长年生活中雾霾区或非雾霾区，不仅直接制约着其雾霾风险感知，而且进一步影响其雾霾政策认知。因此，笔者选择我国 190 个城市雾霾排名中，雾霾问题非常严重的保定市（第 2 名），以及基本不受雾霾困扰的海口市（第 189 名）的大学生进行调查[③]，以期通过比较的方法更深刻而清晰地探寻出大学生对雾霾问题的认知及其影响机制的复杂过程。

二、文献综述

风险感知（risk perception）是风险传播（risk communication）有效性的核心问题，是指人们对事物或环境危害其健康概率和程度的主观判断。[④]从风险传播视角来看，风险的可感性既是信息传播的中心问题，也是风险传播之目的所在。[⑤]另外健康信任模型（health belief model）和理性行动理论（theory of reasoned action）也都将风险感知视为理解人们行为改变的核心概念。如果人们意识到存在的风险，相对而言他们将会更加积极地采取行动去关注风险信息和采取保护行为，[⑥]这在癌症预防、烟害控制等风险

---

① National Research Council, *Informing Decisions in a Changing Climate. Panel on Strategies and Methods for Climate-related Decision Support*, Washington, DC: The National Academies Press, 2009, p.12.

② Millstein S. G., & Halpern-Felsher B. L, 'Judgments about Risk and Perceived Invulnerability in Adolescents and Young Adults,' *Journal of Research on Adolescence*, no. 12, 2002, pp.399 – 422.

③ 《2017 年全国污染城市排名榜单一览 全国雾霾城市最新排名》，每日财经网，http://www. mrcjcn. com/n/194655. html. 访问日期：2017 年 1 月 9 日。

④ Baruch Fischhoff, 'Risk Perception and Communication Unplugged: Twenty Years of Process', *Risk analysis*, 1995, pp.1539 – 6924。

⑤ Eric Aakko, 'Risk Communication, Risk Perception, and Public Health,' *WMJ*, Vol.103, No.1, 2004, pp.25 – 27.

⑥ Janz, N. K., & Becker, M. H. 'The health belief model: A decade later,' *Health Education & Behavior*, Vol.11, 1 – 47; Fishbein, M., & Ajzen, I, 'Attitudes and voting behavior: An application of the theory of reasoned action,' In G. M. Stephenson & J. M. Davis, eds., *Progress in applied social psychology*, Vol. 1, London, UK: Wiley, 1984, pp.253 – 313.

传播、健康传播领域得到广泛证实。[①]而在环境传播领域，研究者发现，新加坡年轻人的雾霾风险感知与其采取雾霾防护措施的行为意愿呈显著正相关。[②]在人们如何形成风险意识上，针对英国伯明翰城市居民空气污染认知研究发现，人们居住环境的空气质量及其对空气污染的直接体验，决定着他们对空气污染的风险认知意识。[③]结合前文媒介关注的相关文献，我们可以发现，环境感观直接经验以及环境问题信息传播是人们形成环境风险意识的两大途径。[④]

为了进一步明确风险感知形成的具体过程和基本属性，有研究者把风险感知分为直接经验（direct experience，主要是个体亲历与感知）与间接经验（indirect experience，如媒体与教育），并认为在灾害面前直接经验会提高风险感知能力。[⑤]同样，比克斯塔夫和沃尔克把风险感知分为直接经验（又称物理经验）与二手信息（又称信息经验），并发现直接经验和居住环境对其关注和认知环境污染问题具有决定性影响。[⑥] 基于此，笔者首先探讨对雾霾具有直接经验、物理经验的保定大学生和对雾霾具有间接经验、信息经验的海口大学生在风险感知方面是否会存在显著差异，以及两地大学生的风险感知是否会影响其雾霾知识水平、治理政策认知水平等。这些命题都是进行公众参与之传播失灵研究的重要指标。

H1a：两地大学生的雾霾风险感知存在显著差异。

H1b：保定大学生的风险感知与其雾霾知识水平、政策认知呈显著正相关。

①　Lee, E. W. J., et al., 'Communication and knowledge as motivators: Understanding Singaporean women's perceived risks of breast cancer and intentions to engage in preventive measures,' *Journal of Risk Research*, No.16, 2013, pp.879 - 902; Chew, F., 'Enhancing health knowledge, health beliefs, and health behavior in Poland through a health promoting television program series,' *Journal of Health Communication*, No.7, 2002, pp.179 - 196.

②　Trisha T. C. Lin, Li Li & John Robert Bautista, 'Examining How Communication and Knowledge Relate to Singaporean Youths' Perceived Risk of Haze and Intention to Take Preventive Behaviors,' *Health Communication*, Vol.32, No.6, 2017, pp.749 - 758.

③　Bickerstaff K., & Walker G., "Understandings of air pollution: the 'localization' of environmental risk," *Global Environmental Change*. Vol.11, 2001, pp.133 - 145.

④　Moffatt, S. etl., " 'If this is what its doing to our washing, what is it doing to our lungs?' Industrial pollution and public understanding in north-east England," *Social Science and Medicine*, Vol.41, 1995, pp.883 - 891.

⑤　Wachinger, G., Renn, O., 'The Risk Perception Paradox—Implications for Governance and Communication of Natural Hazards' *Risk Analysis*, Vol.33, No.6, 2013, pp.1049 - 1065.

⑥　Bickerstaff K., & Walker G., "Understandings of air pollution: the 'localization' of environmental risk," *Global Environmental Change*, Vol.11, 2001, pp.133 - 145.

H1c：海口大学生的风险感知与其雾霾知识水平、政策认知呈显著正相关。

媒介关注（media attention）指人们付出认知努力去关注特定媒体信息。①伊弗兰在认知中介模型（cognitive mediation model）中指出，媒体信息关注行为是个体进行认知性分析和学习媒体内容的前提条件。②人们的媒体信息关注行为会影响媒体的劝服性、习得性传播效果，从而纠正传播失灵。因此媒体信息关注被认为是影响媒介传播效果的重要预测因素。③近来大量实证研究证实，媒体关注对人们的环保意识水平与环保参与行为产生重要的积极影响。有研究发现，观看环境公众事件电视新闻，以及诸如保护自然纪录片等纪实类节目能够提高人们的环境保护行为意识，形成公众参与中的有效传播。④另有研究指出，青少年的环境新闻关注与其环保行为高度相关，甚至是统计模型中最具解释力的预测变量。⑤亦有研究发现，青少年的文化资本，即其藏书数量和收视习惯与其对环境问题的关注和参加环保组织的意愿呈现显著的正相关关系。⑥一项针对瑞典青少年的研究发现，即使青少年大众媒体接触频率非常低，每周仅一两次，但依然会显著提高青少年的环境意识和环保参与行为。⑦并且，还研究者指出，相对于全国性环境议题而言，人们通常更关注本地的环境问题。⑧保定和海口两地

---

①　Slater，M. D.，Goodall，C. E.，& Hayes，A. F.，'Self-reported news attention does assess differential processing of media content：An experiment on risk perceptions utilizing a random sample of U. S. local crime and accident news,' *Journal of Communication*，Vol. 59，No. 1，2009，pp.117 - 134.

②　Karen Bickerstaff & Gordon Walker.，"Understandings of air pollution：the 'localisation' of environmental risk," Global Environmental Change. Vol.11，2001，pp.133 - 145.

③　Slater，M. D.，Goodall，C. E.，& Hayes，A. F.，'Self-reported news attention does assess differential processing of media content：An experiment on risk perceptions utilizing a random sample of U. S. local crime and accident news,' *Journal of Communication*，Vol. 59，No. 1，2009，pp.117 - 134.

④　Holbert，R. L.，Kwak，N.，& Shah，D. V.，'Environmental concern，patterns of television viewing，and pro-environmental behaviors：Integrating models of media consumption and effects,' *Journal of Broadcasting & Electronic Media*，Vol.47，No.2，pp.177 - 196.

⑤　Ojala，M.，'Hope and climate change：The importance of hope for environmental engagement among young people,' *Environmental Education Research*，Vol.18，2012，pp.625 - 642.

⑥　Strandbu，A. & Skogen，K.，'Environmentalism among Norwegian youth：Different paths to attitudes and action?' *Journal of Youth Studies*，No. 3，2000，pp.189 - 209.

⑦　Johan östman，'The influence of media use on environmental engagement：A political socialization approach,' *Environmental Communication*，Vol.8，No.1，2014，pp.92 - 109.

⑧　Bickerstaff K.，& Walker G.，"Understandings of air pollution：the 'localisation' of environmental risk," *Global Environmental Change*，vol. 11，2001，pp.133 - 145.

的雾霾问题相差悬殊，对保定大学生来说雾霾是严重地方性议题，而对海口学生来说这是个在当地感受不到的全国性议题。这是否会影响其媒介关注，以及他们的媒介关注是否会影响其雾霾知识水平、雾霾治理政策认知水平？

因此，本研究假设：

H2a：两地大学生的雾霾信息关注存在显著差异。

H2b：保定大学生的媒体雾霾信息关注与其雾霾知识水平、政策认知呈显著正相关。

H2c：海口大学生的媒体雾霾信息关注与其雾霾知识水平、政策认知呈显著正相关。

科学知识（science knowledge）与科学政策（science policy）在风险传播中扮演着举足轻重的角色，很多传播失灵现象都是由科学知识的缺乏导致对科学政策认知的不通。上情下不达，下情上不通，这是环境公众参与中最常见的现象，科学知识素养缺乏是其根本原因。在环境科学知识与科学政策的关系上，一些环境社会学家认为要使一个环境科学知识变成一个环境政策问题，一定要把这个环境问题转化成一个"可治疗的"问题；然后在政策形成阶段自然科学家的参与逐渐减少，而越来越多的社会经济学家与技术型专家则逐渐参与进来。[1] 有学者主张科学知识与科学政策之间存在着紧密联系，认为科学知识可以分为紧密相连的两种类型：认知性主张（cognitive claim）与解释性主张（interpretive claim）。[2]前者把实验观察、假设与理论转化为公众可信的知识（如汽车尾气、电厂废气带来温室效应）；后者向公众为科学发现建立更广泛的意义边界（如温室效应会带来洪水与海平面上升等）。

研究者进一步提出用"授权科学"（mandated science）来指称这种公共政策化了的科学，因为在这样的科学里社会标准与科学标准同样重要。[3]

---

① Hannigan, A., 'Science, Scientists and Environmental Problems,' *Environmental Sociology*, NY: Routledge, 2006, pp.101-102.

② Aronson, N., '*Science as a Claims-making Activity: Implications for Social Problems Research*,' in J. Schneider and J. I. Kitsuse, eds., *Studies in the Sociology of Social Problems*, NJ: Ablex, 1984. pp.1-30.

③ Salter, L., *Science and Scientists in the Making of Standards*, Dordrecht: Kluwer Academic, 1988. pp.32-41.

科学知识的守门人是科学家，从科学知识与科学政策连接基础来看，它需要一个"知识共同体"。环境政策是"客观主义的科学话语"，"知识共同体"在传播环境主张以形成共识、推进政府工作、达成国际合作方面起到"关键性的推动作用"。①这一知识共同体不仅因为技术专长而被绑在一起，而且还因为他们拥有主观的共同科学信仰而成为一个群体。②"知识共同体"是连接环境问题的科学知识与科学政策的关键枢纽，使得彼此不可分离。因此，有学者激烈地批评"公共环境政策很少出自理性的程序，在这一程序里问题被精确地确立，然后配以最佳的解决方案"。③从这个角度来说，因为科学"知识共同体"是连接科学知识与科学政策的关键，是客观科学载体又是科学观点的"共同体"，所以环境政策具有可辩性。

从风险传播角度来看，一些研究发现知识匮乏不仅会引起不必要的恐慌，而且也会妨碍采取必要的保护措施。在风险认知研究中广为应用的知识理论（knowledge theory）认为，个体的相关知识水平决定着其对风险的认识和应对。④有研究者发现，人们掌握的风险知识越充分，一般对风险的判断就越正确。⑤并且，人们对某种风险知识掌握越多，越会积极地采取相关防护措施。⑥新加坡研究者发现，人们雾霾知识水平越高，雾霾风险意识就越高，采取雾霾防护措施的行为意愿就越强烈。⑦在环境政策层面，公众具有特定的环境科学知识被认为是有效推进某一环境政策得到社会普遍

①　Haas, P., '*Obtaining International Protection Through Epistem Consensus*,' in I. H. Rowlands and M. Greene, eds., Global Environmental Change and International Relations, Basingstoke: Macmillan, 1992, pp.41 – 43.

②　Hass, P., *Saving The Mediterranean: The Politics of international Environmental Cooperation*, New York: Columbia University, 1990, pp.26 – 41.

③　Weiner, C. L., *The Politics of Alcoholism: Building an Arena Around a Social Problem*, New Brunswick, NJ: Transaction Books, 1981, p.90.

④　Widavsky & Dake., 'Theories of risk perception: Who fears what and why?' *Daedalus*, Vol.119, No.4, 1990, pp.41 – 60.

⑤　Dillard, A. J., et al., 'The distinct role of comparative risk perceptions in a breast cancer prevention program,' *Annals of Behavioral Medicine*, Vol.42, 2011, pp.262 – 268; Nisbet, M. C., et al., 'Knowledge, reservations, or promise?: A media effects model for public perceptions of science and technology,' *Communication Research*, Vol.29, 2002, pp.584 – 608.

⑥　Hornik, R., *Public health communication: Evidence for behavior change*, NY: Lawrence Erlbaum, 2002, pp.19 – 20.

⑦　Trisha T. C. Lin, Li Li & John Robert Bautista, 'Examining How Communication and Knowledge Relate to Singaporean Youths' Perceived Risk of Haze and Intention to Take Preventive Behaviors,' *Health Communication*, Vol.32, No.6, pp.749 – 758.

认可和有效实施的基础。①英国一项研究发现，人们关于空气质量问题的既有知识水平，影响着其对空气污染治理政策的态度。②有研究显示，如果需要有效的公众参与来推进环境政策，公众首先需要对环境政策的科学基础有一些了解。③

为此，本研究假设：

H3a：两地大学生的雾霾知识水平与其政策认知存在显著差异。

H3b：保定大学生的雾霾知识水平与其政策认知呈显著正相关。

H3c：海口大学生的雾霾知识水平与其政策认知呈显著正相关。

人口统计特征在既往研究中往往形成广泛争议。有的研究发现人口统计特征与人们环境新闻关注和认知存在一定联系，也有研究认为两者之间不存在具有统计显著度的相关关系。④为此，本研究将其纳入考察范围。

H4：大学生的人口统计特征影响着其雾霾风险感知和雾霾政策认知。

三、研究方法

本研究采取目标抽样和多阶段分层抽样相结合的方法来抽取样本。首先选取了两地最具代表性的两所大学：河北大学和海南大学。因为在保定和海口两地共18所大专院校中，具有全国生源、学科门类较为齐全、在全国较有影响力的，主要是河北大学与海南大学。其次，根据学科文理分层，然后分别随机抽取若干学院，随后从抽中的学院再随机抽取出若干专业，进而在专业样本框中再随机抽取若干年级，最后对抽到的年级进行全员调查。基于以上抽样原则，本次调查发放问卷500余份，收回472份，

① Adger, W. N., 'Social Capital, Collective Action, and Adaption to Climate Change,' *Economic Geography*, Vol.79, No.4, 2003, pp.387 - 404.

② Bickerstaff K., & Walker G., "Understandings of air pollution: the 'localisation' of environmental risk," *Global Environmental Change*, Vol.11, 2001, pp.133 - 145.

③ Sternman, J. D. & Sweeney, L. B., 'Understanding Public Complacency about Climate Change: Adults' Mental Models of Climate Change Violate Conservation of Matter,' *Climate Change*, Vol.80, 2007, 213 - 238.

④ Jakob D. Jensen & Ryan J. Hurley, 'Third-Person effects and the environment: Social distance, social desirability, and presumed behavior,' *Journal of Communication*, 2005, pp.242 - 256; Johan östman, 'The influence of media use on environmental engagement: A political socialization approach,' *Environmental Communication*, Vol.8, No.1, 2014, pp.92 - 109.

剔除遗漏核心答题、回答态度敷衍等不合格问卷，最后总共获致有效问卷463份。问卷的有效回收率为92.6％。

（一）测量指标

1. 雾霾知识水平

为了保证本研究问卷设计的科学性与代表性，笔者邀请了两位来自上海交通大学环境科学研究领域的知名学者，还有两位分别来自中央电视台、《南方周末》的资深环境新闻记者，请他们提供指导意见、或共同参与设计雾霾知识水平的量表。[①] 务求本研究的雾霾知识水平量表既具有科学性，也具有科普性；既能涵盖雾霾科学知识的主要纬度，同时也是媒体较为关注、报道比较集中的问题。该量表共有28道问题组成，在统计时所有是非题和单选题都编码为二分变量（1＝正确，0＝错误），缺失值均视为错误答案。

2. 雾霾风险感知

笔者借鉴了相关学者对风险感知的界定和测量理论，[②]研究由雾霾对人体健康危害认知和居住环境雾霾程度感知两个纬度组成。雾霾对人体健康危害的认知，主要包括以下问题：雾霾是否会造成或诱发肺炎、呼吸问题、心脑血管疾病等六个问题（二分变量，正确计分，总分6分）。个体对居住环境雾霾程度的感知，要求受访者从"绝对没有"到"非常严重"五级里克特式测量中做出相应的选择。本研究用两个纬度的乘积来测量大学生的雾霾风险感知。

3. 雾霾政策认知

该量表由5道问题组成，主要包括提高燃油标准、控制空气扬尘、降低碳能源消耗比例、提高清洁能源使用比例，以及市场与政府在此过程中的作用等。在统计时所有是非题和单选题都编码为二分变量（1＝正确，0＝错误），缺失值均视为错误答案。

---

① 参与本研究雾霾知识水平量表设计或意见的两位资深环境新闻记者，一位是《南方周末·绿色》版主编；一位是中央电视台社会新闻部高级记者。两位环境科学家一位是上海交通大学环境科学与工程学院的副教授，为美国北卡罗来纳州立大学海洋、地球与大气系获理学博士，专门研究大气科学；另一位是教授，是大气污染防治领域的专家。

② Bickerstaff K., & Walker G., "Understandings of air pollution: the 'localization' of environmental risk," *Global Environmental Change*, Vol. 11,2001, pp.133-145.

4.媒体雾霾信息关注和人口统计特征

针对这组变量，本研究主要使用了五级里克特式变量和二分变量，主要包括媒体雾霾信息关注、性别、学科、年级、民族、宗教倾向。

（二）样本特征

在样本分布上，保定占 52.1%，海口占 47.9%；文科为 40.3%，理科为 59.7%，其中环境科学 0.4%；本科生 81.4%，研究生 18.6%；女生为 51.2%，男生为 48.8%；汉族为 90.5%，少数民族为 9.5%；18.5%的学生表示自己具有一定宗教信仰。

四、研究发现

本研究调查显示（见表 4），保定大学生的雾霾风险感知水平（均值为 18.53，标准差为 5.21）远高于海口大学生（均值为 5.01，标准差为 2.51）。在雾霾信息关注水平上，保定大学生比较关注媒体雾霾相关信息（均值为 3.77，标准差为 0.96），而海口大学生则表示他们不太关注媒体雾霾相关信息（均值为 2.41，标准差为 0.92）。这两组变量在方差检测上都具有显著差异。

表 4 大学生对雾霾认知和行为的分布

	保 定		海 口		df	F
	均 值	标准差	均 值	标准差		
雾霾信息关注	3.77	0.96	2.41	0.92		237.88***
雾霾知识水平	13.65	2.12	12.47	2.21	1	32.93***
雾霾风险感知	18.53	5.21	5.01	2.51	452	1 198.14***
雾霾政策认知	1.05	1.19	0.96	1.15	441	0.59

注：* $p < 0.05$，* * $p < 0.01$，* * * $p < 0.001$.

保定大学生在雾霾知识测试得分上略高于海口，并且两者具有统计显著度差异。但是两地大学生雾霾知识测试得分均不甚理想，在总分 28 分中，保定大学生最高得分为 19 分，最低得分 7 分，均分 13.65 分，标准差为 2.12；

海口大学生最高分为 20 分，最低分 6 分，均分 12.47 分，标准差 2.21。

两地大学生在雾霾政策认知上没有显著差异，并且两地大学生对雾霾政策的认知程度均非常低。在总分 5 的测量中，保定大学生最高得分为 5 分（占总数 1.7%），最低得分 0 分（41.4%），均分 1.05 分，标准差为 1.19；海口大学生最高得分为 5 分（1.9%），最低得分 0 分（45.2%），均分 0.96 分，标准差为 1.16。

在探索何种因素会影响大学生雾霾知识水平的得分上，笔者使用嵌套回归统计方法，将性别、年级、学科、民族、宗教信仰等人口统计特征作为控制变量模块，将雾霾知识水平和雾霾风险感知作为主效应模块，带入 OLS 回归方程进行分析。结果显示（见表 5），对保定大学生来说，雾霾风险感知直接影响着其对雾霾知识水平的得分，并且两者呈显著正相关。而人口统计特征、雾霾信息关注等，均对自变量没有显著影响。对海口的大学生来说，所有自变量都不具有统计显著性。

表 5　大学生雾霾知识水平影响因素 OLS 回归分析

预测因素	模　型　1		模　型　2	
	保　定	海　口	保　定	海　口
性别	−0.017	−0.058	−0.019	−0.445
年级	0.071	0.041	0.057	0.112
学科	0.052	0.027	0.047	0.229
民族	0.080	−0.047	0.058	−0.229
宗教信仰	−0.049	0.066	−0.070	0.300
雾霾信息关注			−0.085	0.420
雾霾风险感知			0.320***	0.053
增量 R^2			0.105	0.003
调整 R^2	0.007	0.035	0.098***	−0.025

注：$* p < 0.05$，$** p < 0.01$，$*** p < 0.001$.

通过回归分析（见表 6）来探索何种因素影响大学生对雾霾政策认知，研究发现雾霾知识水平、雾霾风险感知和年级三个因素影响着保定大学生对雾霾政策的认知；而对海口大学生来说，仅有雾霾知识水平影响着其雾霾政策认知水平。

表 6　大学生雾霾政策认知影响因素 OLS 回归分析

预测因素	模型 1		模型 2	
	保　定	海　口	保　定	海　口
性别	−0.030	0.085	0.019	0.087
年级	−0.082	−0.007	−0.113*	0.005
学科	0.008	−0.023	−0.044	0.016
民族	0.065	0.031	0.029	0.050
宗教信仰	0.057	0.103	0.084	0.076
雾霾信息关注			0.011	0.189*
雾霾知识水平			0.617***	0.458***
雾霾风险感知			−0.157**	0.082
增量 R^2			0.429	0.321
调整 R^2	−0.010	−0.025	0.339***	0.256***

* $p<0.05$，** $p<0.01$，*** $p<0.001$.

　　笔者发现，在风险感知方面，统计数据支持假设中的 H1a，即两地大学生的雾霾风险感知存在显著差异之假设成立；部分证实了 H1b，即保定大学的风险感知与其雾霾知识水平成正比，但与其雾霾政策水平认知成反比；数据否定了 H1c，海口大学生的风险感知水平对其雾霾知识和雾霾政策认知均未产生影响。其中，值得注意的是，保定大学生风险感知与政策认知恰成反比，这是一个很不寻常的发现，需要进一步讨论。在媒介关注领域，H2a 得到支持，即两地大学生的雾霾信息关注存在显著差异的假设成立；否定了 H2b，保定大学的媒介关注与其雾霾知识和雾霾政策认知均不相关；部分肯定了 H2c，海口大学的媒介关注与其雾霾政策呈正相关，但与其雾霾知识无关。在雾霾的政策认知层面，否定了 H3a，即两地大学生的雾霾知识水平与其政策认知存在显著差异不成立，H3b 和 H3c 得到支持，即两地大学生的雾霾知识水平与雾霾政策认知存在显著正相关之假设成立。其他的人口统计学特征对大学生的雾霾知识与政策认知关系影响不大，否定了 H4。

五、结论

　　对于雾霾这个具有强烈地方性特征的全国性环境议题，影响大学生雾霾知识和政策认识水平的因素既有全国性的共性，也具有强烈的地方性。具体而言如下：

第一，首先，两地大学生的雾霾知识和政策认知水平并没有明显的差距。这表明虽然雾霾对保定和海口两地的影响判若云泥，但两地大学生在雾霾科学知识及其相应解决方案（治理政策）的认知上并没有什么不同。是学科不同造成的吗？有研究发现，在风险传播中，受众的数学知识水平会影响其风险感知和知识获取。[①]但本研究并不支持这一结论，通常来讲，理科生的数学知识水平无疑高于文科生，但事实上，在样本中文科生的雾霾知识水平得分（均值为 13.26）高于理科生（均值为 12.99），且在推论统计中两者不具有显著差异（F＝0.804，Sig. ＝0.448）。当然，本研究发现与上文所述国外的研究结论不一样，也可能是因为本研究的对象是大学生群体，无论文科理科都具有较为优异的数学基础，而他们的研究对象是社会民众，数学程度差异较大。其次，大学生群体对于雾霾科学知识的把握也不受其教育程度的影响，研究生（均值为 13.60）与本科生得分（均值为 13.07）差别不大，并且不具有统计显著度（F＝2.807，Sig. ＝0.095）。这一结论恰巧证实了另一些学者的研究发现，即知识沟在公众的社会与政治话题上的得分与教育程度高度相关；而在健康、环境等科学话题上的得分与教育程度存在极其微弱的相关性，且不具有时间、地点等差异。[②]

第二，两地大学生雾霾知识和政策认知水平得分均较低。大学生雾霾知识测试得分较低可能是因为，一方面大学生获得雾霾知识的渠道单一、形式有限，主要是从新闻媒体获取相关知识。而我国媒体虽然经常报道雾霾事实问题，但却很少提供有关雾霾的科学信息，导致受众无论是否经常接触雾霾报道，都很少能从中获得有关雾霾的构成、成因、影响和治理等较为丰富和全面的科学知识；另一方面雾霾问题极为复杂，极难治理，大多数人不愿意投入太多精力于超越自己理解能力以及自己控制能力的公共问题之上，久而久之就形成了一种"习得性无助"。而大

---

① Keller, C., Siegrist M., 'Effect of Risk Communication Formats on Risk Perception Depending on Numeracy,' *Medical Decision Making*, July/August, 2009, pp.483-490.

② Hwang Y. & Jeong S-H, 'Revising the Knowledge Gap Hypothesis: A Meta-analysis of Thirty-five Years of Research,' *Journalism & Mass Communication Quarterly*, Vol.86, 2009, pp.513-532.

学生雾霾政策测量得分较低，首先，可能是因为雾霾政策与大学生个体风险感知不一样：个体风险感知是直接的、感性的，如哮喘、咳嗽、视觉不畅、心情郁闷等；政策层面却是宏观的、抽象的、理性的，如燃油标准、燃油供应是市场化还是政府管控，以及煤炭消费行业的产业升级等。其次，政府政策往往涉及社会行动，是种高层次的、具有行动意愿的认知。两地大学生雾霾政策认知水平都比较低也说明两地大学生，即使对于较为关心雾霾问题的保定大学生来说，其关注也是有限的，或低层次的、不具有行动意愿的单纯的科学知识认知。这在国际相关研究中得到普遍证实。多项民意调查显示，极少有人会自觉表达出对空气污染问题采取积极行动的意愿，即使他们居住的地方受到严重的空气污染困扰和威胁。[1]

第三，雾霾科学知识水平与风险感知相关，但是高风险感知并不能带来高知识水平。研究者们指出，当人们发现自己处于危险境地时，就会改变风险行为意向，积极学习提升相关知识水平，[2]本研究亦证实雾霾风险感知与雾霾知识水平存在一定相关程度，强烈的风险感知能够促使人们去学习相关知识。例如在具有较强风险感知的保定大学生中，雾霾风险感知与其雾霾知识水平呈显著正相关，而在风险意识较低的海口大学生中两者却不具备统计显著度。但是，值得注意是，个体风险意识的高低本身并不能决定其知识水平的深浅，如保定大学生的风险意识高于海口大学生，但两者之间的雾霾知识水平却相差无几，并且恰如前文所述两者得分都比较低。

既然学历、学科、风险意识与大学生获知雾霾知识和治理政策相关不大，那么如何才能提升大学生的雾霾知识和治理政策认知水平呢？国际一些研究发现，在环境问题的传播中，公开的媒体辩论有助于提高公众认知、接受相关环境议题的水平。例如在气候知识方面，有研究发现，公众政治思想意识形态（political ideology）的影响比教育程度、科学素养以及

---

① Karen Bickerstaff & Gordon Walker, "Understandings of air pollution: the 'localization' of environmental risk," *Global Environmental Change*, Vol.11,133－145.

② Kowalewski, M. R., Henson, K. D., & Longshore, D., "Rethinking Perceived risk and Health Behavior: A Critical Review of HIV Prevention Research," *Health Communication & Behavior*, Vol.24, 1997, pp.313－325.

人口统计学诸要素的影响都要大，①因为公众接受之前多经历过政治人物、"知识共同体"的公开辩论。在研究影响公众气候变暖知识体系各要素时有学者发现，政治理念差异的影响要比教育程度大得多，因为政治立场的不同所引发的争论远比教育背景影响深远。②因此，学者们建议在风险传播中，如果想让公众掌握气候知识与政策，需要把复杂的风险信息通过与人们利益相关的内容，以相互矛盾的立场、具有辩论性的形式传递给公众，③公众参与这一多元争辩的传播过程，对掌握环境知识与政策有很大帮助。④

第四，雾霾政策认知水平取决于雾霾知识水平。环境问题的治理政策需要科学权威的证实作为基础。英国有学者认为没有物理、生命等权威科学机构的证实，像环境这样的问题就很难被有效地构建起来，也不大可能成为解决问题之科学政策的基础。⑤因此，就雾霾来说，雾霾治理政策认知水平的前提是雾霾科学知识水平，两者关系显而易见。

第五，本研究发现保定大学生的雾霾治理之政策认知水平与风险感知成反比，与年级成反比。这是一个很反常的发现，值得聚焦讨论。按照环境社会学家汉尼根对环境政策的界定，环境政策的核心关照是"可治疗的"环境问题，即人对这些环境问题的可控性。对雾霾科学政策的理解与把握其实就是对解决雾霾问题能力的把握。笔者研究发现，受雾霾笼罩的保定大学生，其雾霾科学政策认知的水平随着年级的增长、雾霾风险感知能力的增加却在不断下降。也就是说，低年级时，即初步感知雾霾风险之际，个体或群体还试图努力把握雾霾"可治疗的"知识，即最初还有相对较高的雾霾知识与政策水平；随着年级、雾霾风险感知水平的增加，对雾霾"可治疗的"知识之把握却在减少，甚至视而不见、充耳不闻。这就是值得注意的"习得性无助"（learned helplessness），即当个人控制特定事件的努力遭受多次失败以

---

① Kahan, D. M. & Peters, E., 'The Polarizing Impact of Science Literacy and Numeracy on Perceived Climate Change Risks,' *Natue Climate Change*, no.2, 2012, pp.732 – 735.

② Hamilton, L. C., 'Education, Politics and Opinions about Climate Change: Evidence for Interaction Effects,' *Climate Change*, Vol.104, 2011, pp.231 – 242.

③ Cash, D. W., Clark, W. C., 'Knowledge Systems for Sustainable Development,' *Proceedings of the National Academy of Sciences*, 2003, pp.8086 – 8091.

④ Guston, D. H., 'Boundary Organizations in Environmental Policy and Science: An Introduction,' *Science, Technology, & Human Values*, Vol. 26, 2001, pp.399 – 408.

⑤ Yearly, S., *The Green Case: A Sociology of Environmental Issues, Arguments and Politics*, London: Routledge, 1992, pp.43 – 47.

后，个人将停止这种尝试；如果这种情形出现得太过于频繁（如连续的雾霾），个人就会把这种失去控制的知觉泛化到所有的情景中，以至于泛化到控制力可以发挥作用的情境与事物中，[①]比如雾霾问题中，个体对于其私家车尾气排放之控制的努力等。本研究发现的保定大学生雾霾"习得性无助"与国际学术界研究发现相一致。有学者对一些难以逃脱也无法控制（如地震）环境下的人进行研究，发现也都存在着这种"习得性无助"，或者叫"行动抑郁症"（behavioral depression）的状况。[②]

本调研实证分析的结果表明，即使大学生群体，其面临环境污染的公众参与的时候，其科学知识素养水平是比较低的。即使是地方性的对公众直接造成伤害的环境问题，与没有地方性环境问题的公众之科学素养并没有不同。这一定程度上会影响有效的公众参与，从而形成传播失灵。比如"习得性无助"就是公众参与中一种传播失灵的表现。如何消除公众这种对雾霾的"习得性无助"，其核心在于个人经努力后发现对现有环境的改变没有效果，即个人对现状缺乏控制力。有学者认为个体行动之有效果使得个体获得可控感是走出"习得性无助"的关键；[③]另外一些学者的研究认为个体的诱导性"自尊"（induced self-esteem），即外界要创造条件培养个体控制情绪的信心是摆脱"习得性无助"的重要手段。[④]当然，这些论点必须置于中国语境下进行实证研究才能证明其是否有助于我国大学生消除对雾霾的"习得性无助"。这也是未来可以探索的方向。

第三节　我国社会化组织引导
公众参与之实践

中国环境污染形势日趋严峻的情况下，多方努力在尝试建立中国的

　　① Seligman, M. E. P., *Helplessness: On depression, development, and death*, San Francisco: W. H. Freeman, 1975, pp.1-9.

　　② Maier, S. F., 'Exposure to the Stressor Environment Prevents the Temporal Dissipation of Behavioral Depression/Learned Helplessness,' *Society of Biological Psychiatry*, Vol.49, 2001, pp.763-773.

　　③ Thornton, J. W. & Powell, G. D., 'Immunization to and Alleviation of Learned Helplessness in ManC,' *American Journal of Psychology*, Vol.87, 1974, pp.351-67.

　　④ Orbach, E. & Hadas, Z., 'The Elimination of Learned Helplessness Deficits as a Function of Induced Self-esteem,' *Journal of Research in Personality*, Vol.16, 1982, pp.511-523.

PRTR 体系。目前为止，地方政府主导的有之，如天津经济技术开发区于 2009 年尝试建立天津泰达 PRTR 制度试点项目，截至 2015 年，公开污染物企业的数量已经达到 129 家。环保组织倡导 PRTR 当推公众环境研究中心的实践，该组织成立以来就在开发运营蔚蓝数据库。截至 2018 年 5 月底，该数据库收录了环保部门或其他官方平台发布的 97 万条环境污染的监督记录。[①] 当我国民间推动的 PRTR 数据库启动以后，如何保证公众知情、保障公众参与环境决策的信息流通，实现与政府的良性互动监督，是 PRTR 制度有效运行的关键。如同前文反复强调的观点，这也是新《环保法》第五章"信息公开和公众参与"的体现。本节的研究在于探究以 PRTR 为中心公众参与的实践问题及其经验。[②]

一、吸引公众注意力是 PRTR 制度有效运作的前提

就目前的数据库来看，IPE 运作的实时地图已经包含空气质量、水体质量废水源和废气源等应该有的 PRTR 有毒物排放形态体系，不仅包含官方平台发布的监管信息记录，还有企业反馈信息记录，以及企业自行公开的排放数据。这些都基本上具有了 PRTR 数据库的雏形。然而，从 10 多年的实践来看，有经验也有问题，传播失灵问题依然十分明显。

（一）对环境信息公开认知度低的困境与努力

认知是行为的基础，公众参与也不例外。公众获取环境信息也是环保法律法规规定的基本知情权利。对信息的披露是公众了解环境信息，提高风险认知之科学素养的基础。但在风险传播中，信息的传播方法、呈现形式等都比公众自身的科学素养更重要。[③] IPE 的环境信息数据库是 PRTR

[①] 《建立中国的污染物排放转移登记制度》，公众环境研究中心，2018 年 5 月，第 39 页。

[②] 本节主要通过访谈与文献的研究方法，研究中国民间环保组织推动的 PRTR 数据库运行实践中公众参与对于企业环境信息公开的作用。本研究访问的对象主要是 IPE（公众环境研究中心）副主任王晶晶女士。其中有关 IPE 围绕 PRTR 数据体系的公众参与材料均来自王晶晶女士的访谈或提供的资料，本节不一一列出。访问时间：2017 年 11 月 1 日，地点：北京 IPE（公众环境研究中心）。

[③] Weber U, Experience-based and Description-based Perception of long-term Risk: Why Global Warming Does not Scare Us, *Climate Change*，2006，77（1-2），pp.103-120.

制度的雏形，在信息传播渠道上有一定的成功经验。网页、微博、微信公众号、App 多种形式、多渠道的传播方式，并且在一些重大调查与新闻事件中借助媒体记者报道提升传播效果。IPE 非常注重利用社交媒体提升影响力，主任马军的微博成为 IPE 新媒体传播的一大亮点，粉丝众多，曾获得 2016 年新浪微博 2016 十大影响力公益大 V 奖项，是 IPE 进行信息传播的一大助力。

　　然而，目前环境信息数据库的公众认知度依然较低。IPE 副主任王晶晶在接受访谈时，也表示了对蔚蓝地图的公众认知度不足的担忧，蔚蓝地图 App 300 万的下载量难以达到推动深层公众参与的目标。课题组在 2017 年 11 月 9 日查询其官方微博"@蔚蓝地图"，粉丝数为 19 792 人，微博活跃度较高，但除转发、抽奖的微博外，其他微博转发评论数最高的仅 102 和 14。对比之下，同期微博热搜榜长期占据前列的是综艺节目，"爸爸去哪儿"相关热搜最高实时搜索指数达到 486 989，实时话题阅读和讨论量已达 459.2 亿和 4 712.8 万。对于社会事件"携程亲子园"话题的关注也远超环保相关话题。意识到这一不足，IPE 负责人也表示未来会更侧重新媒体渠道即微信和 App 的传播，尝试采用邀请名人代言的方式，帮助增加受众关注度。蔚蓝地图 App 的推广也在寻求突破口，例如与滴滴打车合作开展捐里程等活动，与 TFBOYS 等明星合作，吸引更多年轻人的关注。

　　然而，传播思维的欠缺和资金问题是制约 IPE 进行 PRTR 数据传播推广的因素。课题组翻阅其官方微信号"蔚蓝地图"的历史文章，发现其虽更新频率高，但平均阅读量在 300 左右，超过 1 000 的很少；留言数量不多，互动少。标题过长、语言官方化、与热点结合不及时是其传播效果不足的一些传播学因素。此外，IPE 虽试图借鉴高德地图请 TFBOYS 等明星代言的方式增加曝光量，但受社会组织性质的所限，资金主要来自基金及社会捐赠，在使用善款聘请代言人的问题上须格外慎重。因而，如何提高公众认知度是当前保障公民知情权的一大难点，传播内容之外的问题显得更为重要。

（二）科学语言转化为大众语言的困境与努力

帮助公众理解和使用 PRTR 数据库环境信息，是提升公众参与的重要手段。环境问题要引起公众充分注意，必须先要受众能够理解，媒体报道是公众获取易懂的环境信息的重要渠道。但目前环境记者也存在专业知识不足，难以深入理解环境数据的困境。英国的科学媒介中心（Science Media Center）和 MIT 的科学写作中心（Science Writing Center）为改变这一状况提供了参考。科学媒介中心搭建了一个科学信息与新闻记者、普通公众之间的桥梁，依托科学共同体将科研成果、科学论文转化为科学新闻，从而更方便媒体传播给公众。[①] MIT 在 2011—2012 年秋季曾开设 11 门与科学写作直接相关的课程，也开设科学新闻课，其学生包括媒体、实验室的传播信息人员、自由撰稿人、科学作家；等等。[②] 借鉴这一方式，政府或环保组织可以尝试建立研究中心，为媒体人提供数据分析或导读，帮助将晦涩难懂的科学名词转化为大众语言。媒体记者突破了对环境信息的理解障碍，有助于提升公众认知。

　　运用多种方式解读环境数据，可以帮助公众理解信息，缩小知识沟。在缺乏环境科学知识的前提下，受众获取环境信息会存在知识沟，难以解读数字背后的意义，传播效果有限。语言的易读性是受众认知的基础，需要将科学话语改变为通俗易懂的语言，[③] 运用非常形象化和视觉化的形式生动地表达出来。[④] 图标、照片、地图、示意图等视觉化传播方式能够更好地帮助公众理解环境信息。[⑤] IPE 在这一方面有较多尝试，例如地图的呈现方式、调研报告中大量可视化图表等，有一些成效。

　　从国际经验来看，美国 TRI 初期，环保署也曾因单一公布污染数据而遭受质疑。环境污染信息的专业性较强，缺乏解读的纯污染数字容易引起公众误解甚至造成恐慌；初期公布的数据多以排放数量为标准，而缺乏对化学品毒性的衡量，容易误导舆论使得排放物质毒性大但数量小的企业未

---

① 王大鹏：《科学媒介中心是什么？》，http://blog. sciencenet. cn/blog - 428002 - 847593. html. 访问时间 2017 年 10 月 20 日。

② 贾鹤鹏：《科学传播：写作的力量》，科学网，http://blog. sciencenet. cn/blog - 40115 -488897. html. 访问时间 2017 年 10 月 20 日。

③ Maher Z, Investigating Citizens' Experience of Public Communication of Science (PCS) and the Role of Media in Contributing to This Experience (A Case Study on Isfahan Citizens). *Global Media Journal*, 2015, 13 (24): 1 - 30.

④ 约翰·汉尼根著，洪大用等译：《环境社会学》，中国人民大学出版社，2009 年，第 82 页。

⑤ Nicholson-Cole A, Representing Climate Change Futures: A Critique on the Use of Images for Visual Communication, *Computers*, *Environment and Urban Systems*, 2005, 29 (3), pp.255 - 273.

被关注。[①] 对此，美国环保署公布了相应的数据分析报告及化学品毒性数据报告；开发污染防治搜索功能提供同类企业数据的比较；开发 TRI-Explorer 软件帮助公众查询信息。对比来看，IPE 在对技术手段上还略有差距。除对专业数据进行解读外，若能在语言中增添故事性、趣味性，或把握住突发事件来讲故事，将认知性、事实性主张转化为解释性主张，都能帮助公众更好地理解环境信息。

（三）与个人利益相关以提高风险感知的努力

公众对环境信息的风险感知与个人利益密切程度相关。因此，将环境信息转化成与公众利益、日常生活相联系的信息，让公众产生信任和共鸣，有助于增加其对环境信息的关注度。《2017 年中国公众气候变化与气候传播认知状况调研报告》显示，受访者对气候变化和空气污染、健康之间相连的关注度非常高，这在 2012 年调研中是没有的。IPE 也在这个方向上不断改进。首先，蔚蓝地图 App 上使用场景的增加，与个人的衣食住行等联系更为紧密。蔚蓝地图 4.0 版本中，新增了"蔚蓝日历、一目了然"等栏目；其次，IPE 正在研发"蔚蓝指数"这一产品，以某一地点周围空气、水、土壤的质量信息和污染源信息为基础，帮助公众测算家庭周围的具体环境风险指数。这一指数与普通民众买房、上学等生活场景密切相关。但因还未上线，具体传播效果有待考证。此外，若能将污染地图改为立体地图，将自己所处定位显示在地图上，使用户打开后能身临其境地观察周围污染情况，相信更能增强受众风险感知，使其提高对环境的关注。

欧美等国在利用公众利益关切来推动环境信息公开的公众参与上有一些可借鉴经验。美国 TRI 项目开发了应用软件 myRTK，公众输入邮政编码便可快捷查询周围污染物情况、对健康的影响等信息，各种自定义数据分析工具满足公众多样化需求。而 IPE 的蔚蓝地图 App 虽然能查询城市污染企业及排放数据，但由于数据来源于官方渠道，目前尚无法实现县级或以下地区的数据查询，其开展的 PITI 等调研也仅能满足 120 个重点环保城市公众的需求。尽管环保组织在提高公众认知、满足其知情权上有诸多努

---

① Karkkainen C., Information as Environmental Regulation: TRI and Performance Benchmarking, Precursor to a New Paradigm. *Geo. LJ*, 2000, p.332.

力，但依然存在技术、资源的缺陷，需要借鉴国外经验，结合本国国情，通过政府行政手段建立统一的信息公开平台，利用各种传播手段提高公众认知。

二、公众参与政策制定，实现企业环境信息公开

畅通公众表达及诉求渠道，推进环境法规和政策制定的公众参与，在《关于推进环境保护公众参与的指导意见》中有明确规定。公众对企业环境信息认知度的提升之外，还应该为公众提供表达环境诉求、参与政策制定的渠道。

(一)努力在关键领域引导公众参与

有害化学品清单的完善需要公众参与推动。我国国家安全监管总局曾公布《危险化学品目录》，并制定了征求意见稿，公众可通过信函、传真、邮件三种方式参与，但是该目录公布后，公众意见、政府是否采纳等内容无法获知。我国原环保部于 2014 年 4 月 4 日颁布的《重点环境管理危险化学品目录》，共有 84 种有害化学品，相当于美国的有害化学品清单，但于 2016 年 7 月 13 日被废止。对比国际实践，美国知情法案赋予了公众对申报企业范围、报告形式、化学品删减等内容提出意见，环保署需在 180 天内回应。1987 年，美国 TRI 项目建设初期，企业、行业协会曾多次提出减少有害化学品清单数量的请求。在此基础上，美国环保署在 1989 年公开了第一份 TRI 数据报告，相比 1987 年收集的数据减少了 1 种化学物质，相比 1988 年减少了 3 种。① 1994 年，环保署曾提出修改申报企业最低排放数量的门槛，收到 500 条意见，其中 100 条由政府机构成员、环保组织、公共利益团体和普通公民提起，其余 400 条来自企业、行业协会。这都是公众参与的共同结果。而我国的清单目前都由政府制定和公布，公众参与机会少，公众意见的内容、政府是否回应也未被公开。

在访谈中获悉 IPE 也在尝试在 PRTR 关键领域引导公众，其中最重要

---

① Hamilton J., *Regulation through Revelation: the Origin, Politics, and Impacts of the Toxics Release Inventory Program*, Cambridge University Press, 2005, pp.126 - 128.

的努力就是创建我国的环境优先污染物转移登记制度的"建议物质清单"。这一清单一共有 104 种有害化学物质，该名录最早是根据国际经验以及我国《国家危险废物名录》得来的，是我国常见有害污染化学物质。本清单所列的持久性有机污染化学品，要求在 IPE 的平台上公开填报。为了促进公众参与，IPE 会对一些常见的清单化学品进行分类，如有"持久性有机污染物"类 14 种、"金属类" 15 种、"温室气体" 6 类等。一些重要的有毒物会做一些基本的介绍，其中最能吸引公众参与的科学传播部分就是 IPE 的"研究报告"系列。以重金属污染为例，为使公众理解重金属污染的危害，从 2010—2013 年，IPE 做了 7 期的《IT 产业重金属污染调研报告》的深度调查，都是基于 PRTR 数据库基础之上进行的，像苹果、飞利浦、爱立信等大企业的环境污染被展示在报告里，然后被中央电视台等主流媒体报道，大大提高了公众对于一些重金属污染的认知，是非常成功的公众参与形式。

我国 PRTR 制度建设过程中也应有相应法规体系保障公众参与，有助于增强公众参与的意愿。除通过 TRI 数据库获取环境信息外，公众还应运用听证会、座谈会、委托环保专家等形式，参与政策制定，实现与政府的有效互动。与此类似，欧盟同样规定了公众直接参与 PRTR 法案的修订程序的权利。美国有 85％的公众在使用 TRI 数据后对企业监督和施压，其中 58％的企业会回应并进行减排。[①] 欧美等国在法规上对公众参与的详细规定对于建设我国有害化学品清单、推动公众参与有借鉴意义。

（二）环保组织推动参与政策制定

环保组织可以为普通公民提供公众参与渠道。IPE 的蔚蓝地图在这方面有成功经验。蔚蓝地图 App 上用户可以分析企业超标记录，并@当地环保部门官微，形成微举报。以山东为例，自 2014 年上线以来，山东 17 地市均对蔚蓝地图的用户投诉进行过回复，共计 312 家排污企业对网友投诉进行了公开解释。[②] "举报/观察黑臭河"功能中，还能够实现与环保部、住建部的互联互通，通过蔚蓝地图举报的黑臭河信息，可以进入环保部、

---

① 赵小进、刘凯、陈红燕等：《美国 TRI 制度对中国 PRTR 制度实施的启示》，《环境科学与管理》，2016 年第 2 期。

② 《蓝天路线图报告 4 期——空白点影响精细管理》，公众环境研究中心，2016 年，第 49 页。

住建部的系统，处理后也会通过这一平台反馈。环保组织和政府部门通力合作，有效促进公众参与环境治理。

环保组织自身在推动政府环境决策上也有成功经验。IPE 自 2011 年起，每年都会通过人大代表提交议案，并且得到政府积极回应。2013 年之前，政府对废气源信息虽有记录，但是并未公开。2013 年 3 月，IPE 联合其他环保组织通过人大代表提交《关于尽快实施重点污染源信息全面公开的提案》，并于当年 7 月得到环保部回应，发布《国家重点监控企业自行监测及信息公开办法（试行）》，要求全国各省市 2014 年起建成信息发布平台，对监测数据进行实时公开。此后第二、第三年 IPE 又提交了"落实""优化"污染源信息公开的提案。① 近两年来，IPE 也在试图推动 PRTR 制度的政府决策，但是效果不够理想。美国 TRI 制度建立初期，也有环保组织对其政策制定提出建议。这也是新《环保法》第五章所赋予的公众参与权利。

环保组织直接参与政府环境治理决策。IPE 创建人马军曾多次参与新《环保法》征询意见会，新《环保法》第三稿发布会上，马军作为唯一一个民间组织代表受邀参加，而且作为专家发表演讲。此外，IPE 直接参与河北环境保护公众参与条例的制度，撰写了其中一个章节。IPE 的成功实践表明，当前政府对企业环境信息公开越来越重视，环保组织能够从程序上真正实现公众参与，促进 PRTR 制度的有效运行。

（三）建立环保组织与政府良性互动机制

环保组织与政府在法律框架下形成良性互动。环保部、民政部在宣传引导时，需要加大与重点环保组织的联系，建立定期沟通、协调、合作机制。② 环保组织对政府、企业的监督，其目的也是实现环境问题的有效治理，因而需要形成良性互动机制。IPE 发布了 8 期针对政府环境信息公开的 PITI 评价报告，但在报告公开前，会先与地方环保部门进行沟通，形成互动反馈。如果 IPE 存在数据遗漏，根据环保部门提供的证明信息，也

---

① 《携手共享蔚蓝——公众环境研究中心 2015 年度报告》，公众环境研究中心，2016 年，第 10 页。

② 环境保护部、民政部：《关于加强对环保社会组织引导发展和规范管理的指导意见》，2017 年 1 月 26 日。

可以对评价结果进行调整。IPE每年发布报告地点都设在环境资源部宣教中心，并邀请地方环境资源部门分享经验。有意思的是，PITI的评分排名会在地方环境资源部门形成良性竞争，帮助提升信息公开水平。

国家最高环境资源部门也在加强对环保组织的引导和支持。环保部前部长陈吉宁曾在2017年3月答记者问时提到，要运用座谈培训、项目资助、购买服务等方式引导和支持非政府组织。[①] 这也是《环境保护公众参与办法》第18条[②]和《关于加强对环保组织引导发展和规范管理的指导意见》规定的内容。环保部宣教中心、团中央全国保护母亲河行动领导小组办公室、中国新华电视、阿拉善SEE公益机构和IPE合作开展"万众参与，寻找蔚蓝"系列活动，邀请林丹、杨澜等名人拍摄公益广告和海报，引起了广泛参与，受众人数达到9 600万人次。[③] IPE也曾参加过环保部组织的环境法、信息公开等领域相关培训，但除了"受训人"外，马军也曾受邀作为培训人，给其他环保组织、环境官员做培训。马军也被环保部、工信部分别聘为特聘专家。值得一提的是，环保部门也在积极引导"具有对外交往能力的环保组织积极'走出去'，参与国际合作交流，通过民间交往讲好中国环保故事"。[④] 马军近期也多次针对发展中国家，尤其是东南亚国家的环境官员，做中国环境信息公开进展和绿色供应链相关的培训。政府主导，环保非政府组织"走出去"的民间外交形式，是一大亮点。

三、联合多方主体运用更多手段

公众参与范围并不限于利益相关方群体，而是最广大的潜在参与者，[⑤] 包括最广大的个体、社区、群体和机构。环保组织作为第三方机构，代表公众利益发声。新《环保法》对公众的定义范围是"公民、法人和其他组

---

① 《环保部部长陈吉宁答记者问（全文）》，新浪新闻，http：//news. sina. com. cn/c/nd/2017 - 03 - 09/doc-ifychhus0321173. shtml. 访问时间：2017年10月20日。

② 《环境保护公众参与办法》第18条："环境保护主管部门可以通过项目资助、购买服务等方式，支持、引导社会组织参与环境保护活动。"

③ 王晶晶女士访谈，时间：2017年11月1日，地点：北京IPE（公众环境研究中心）。

④ 环境保护部、民政部：《关于加强对环保社会组织引导发展和规范管理的指导意见》，2017年1月26日。

⑤ National Research Council，*Improving Risk Communication*，Washington DC：National Academy Press，1989，pp.12 - 16.

织"，并且规定了环保部门和企业接受包括环保志愿者、环保组织在内的公众监督。多方主体联合有助于推动企业环境信息公开，实现公众参与。并且，多数情况下，从行政和政策出发推动企业环境信息公开较为艰难，进展有限，社会与市场手段则更为直接有效。

（一）环保组织与媒体的舆论联姻

环保组织依赖媒体传播其环境主张，利用舆论力量推动企业整改。我国环保组织资源有限，而媒体拥有大量社会资本与资源，两者联合推动舆论监督是当下我国企业环境信息公开的成功经验。IPE 成立初期，自身影响力有限，难以推进污染地图的信息公开，直到在汪永晨女士牵头举办的"绿色记者沙龙"上发布水污染地图后，得到了《中国青年报》记者刘世昕的重视和报道，此后引发广泛报道并迅速在社会上产生了影响，多家 500 强企业找到 IPE 谈判。据王晶晶女士回忆，当时某企业①质疑 IPE 目的不纯，并试图利诱其撤回或更改数据。但 IPE 作为代表公众利益的独立第三方，坚持对方只需对其供应链污染进行整改，最终双方达成共识。该企业对其供应链污染进行整改，此后更多次咨询 IPE 的专业意见，实现信息公开。

环保组织的专业性为媒体提供支持。环保组织作为第三方，为媒体提供信息源，并且媒体在环境问题上缺乏专业性，涉及专业知识时需要环保组织提供协助。IPE 发布 PITI 评价等调查性报告并主动公开于官网中，为大众媒体提供新闻。马军多年来除作为民间组织代表外，在发生环保事件时更多以环保专家的身份接受记者采访。在成为职业环保人之前，马军曾经在《南华早报》等媒体做过记者，也在环境咨询公司当过信息员，因而在看待中国的环境污染问题时既有媒体视角又有专业性。他曾获得"2006年绿色中国年度人物"的称号，更因其在中国开创了污染地图数据库而获得"斯科尔社会企业家奖"，也成为该奖历史上第一个中国人。接受媒体采访，向媒体直接提供环境信息以提高公众对环境问题的关注，也是几乎所有社会组织的常态。

媒体的 NGO 化是中国环保组织发展的过渡阶段，未来亟待转变。环

---

① 因 IPE 仅作为第三方机构，对环境数据进行技术呈现，不方便透露企业具体名称，故此处以"某企业"指代。

境记者渐趋 NGO 化，在环保组织中往往深度参与，部分群体身兼媒体记者和 NGO 召集人的两栖身份。[①] 绿色选择联盟的成员"绿家园"的召集人汪永晨便是身兼数职，IPE 创建者马军曾经也有过媒体工作经历。既是监督者，又是参与者，界限模糊。有专家表示，第一代、第二代 NGO 中媒体人较多，这是发展中的过渡，也是必然产生的现象。新生的 NGO 要越来越专业化，坚持第三方的、纯粹的 NGO 是未来的主导方向。[②]

(二)联合其他环保组织推动企业整改

国内环保组织抱团有助于提升舆论监督效果。这一点在 IPE 推动企业环境信息公开的实践中得以验证。首先，IPE 与其 NGO 伙伴共同推动多个行业企业改善环境表现。自 2007 年起多次共同发起绿色选择倡议，先后推动 IT 和纺织行业运用污染地图控制污染，建立绿色供应链以推动供应商减排；针对上市公司成立绿色证券、绿色信贷项目，以投资杠杆推动企业改善环境表现。具体来看，在 2016 年与绿色江南等社会组织共同发起了针对丰田汽车、迪士尼等品牌供应链污染的调研。《法制日报》对丰田汽车供应链污染事件进行了报道，[③] 且被新华网、凤凰网、搜狐新闻、新浪网、网易新闻等多家新闻网站转载，引起了较广泛的讨论。其次，地方环保组织对其所在地区进行实地调研，以补充 IPE 在全国范围内开展活动的需求。安徽绿满江淮等 7 家地方环保组织及南京大学研究机构于 2016 年运用 PITI 评价标准完成共 68 个城市评价，使得该报告最终覆盖城市高达 188 个；[④] 合作完成国控废气污染源的定位；[⑤] 地方环保组织及其志愿者积极参与蔚蓝地图 App 中的"举报黑臭河"活动，IPE 更专门为其开发后台进行历史记录管理。总体来看，国内环保组织抱团联合形成强大舆论压力，能够帮助推动企业环境信息公开，实现公众参与。

国内与国际环保组织的合作同样有助于推动舆论监督。IPE 与国际环

① 汪永晨、王爱军：《改变——中国环境记者调查报告》，生活·读书·新知三联书店，2006年，第 283 页。

② 据作者访谈。访谈对象：凤凰网公益频道副主编艾若先生；时间：2017 年 10 月 23 日；方式：电话访谈。

③ 郄建荣：《丰田在华供应商废气超标排放曾被罚》，《法制日报》，2016 年 10 月 12 日。

④ 《积弊·清理——2016—2017 年度 120 城市污染源监管信息公开指数（PITI）报告》，公众环境研究中心，2017 年。

⑤ 《蓝天路线图 2——启动实时公开》，公众环境研究中心，2014 年，第 32 页。

保组织自然资源保护协会（NRDC）共同开发了污染源监管信息公开指数（PITI）、企业环境信息公开指数（CITI），并连续多年针对中国 100 多个重点环保城市开展调研，并发布了 8 份 PITI 评价报告、4 份 CITI 评价报告；面对大量纺织企业超标违规造成水污染的状况，IPE 联合多家 NGO 对知名品牌进行沟通，最初较多企业消极回应，而另一国际 NGO 发布了《时尚之毒——全球服装品牌的中国水污染调查》予以声援；曾经引起极大舆论讨论的苹果公司在华供应链污染事件中也有国际 NGO 的参与。这与马军的个人经历有一定关系，也进一步说明国内环保组织可以与跨国环保组织之间合作，实现共赢。

　　（三）品牌利用 PRTR 数据库，推动供应链整改

　　环保组织与企业合作推动绿色供应链。一方面，污染地图给企业带来了舆论压力，督促企业按要求进行环境整改以"撤销"名字。IPE 在 2015 年与 553 家企业针对环境监管记录进行沟通，其中 145 家企业采取了积极措施改善环境表现。[①] 并且 IPE 倡导绿色选择项目，以订单为筹码，形成零售商—企业—供应商的施压，倒逼企业履行环境责任。另一方面，企业社会责任意识增强，企业家组织和环保组织联手推动污染源信息全面公开。在针对超标违规纺织企业的调研中，部分企业积极回应，甚至加入"绿色选择"，与 IPE 合作推动绿色供应链的实现。溢达是第一家正式加入绿色选择的企业，并且利用其品牌影响力和订单压力推动了南通衣依的整改与审核；NIKE 是最早正式加入绿色选择的跨国公司，坚持使用 IPE 的数据库开展供应链管理，并且将其延伸至材料供应商。2016 年共有 64 个品牌通过蔚蓝地图数据库推动 796 家供应商企业与环保组织沟通并进行整改。[②] 企业社会责任意识增强，对实现公众参与以促进环境改善有较大积极作用。

　　环保组织与品牌合作推动供应商填报 PRTR 数据库。IPE 开发的PRTR 数据库得到了包括阿迪达斯、苹果和三星等在内的跨国知名品牌的支持。值得一提的是，IPE 研发的标准得到了国际认可。国内某电子企业在进入美国市场时，被要求需提供 PRTR 填报记录，该企业将 IPE 这一填

---

　　① 《携手共享蔚蓝——公众环境研究中心 2015 年度报告 》，公众环境研究中心，2016 年，第 20 页。

　　② 《寻找蔚蓝——公众环境研究中心 2016 年度报告》，公众环境研究中心，2017 年，第 11 页。

报记录和评价标准送审后，得到对方承认并准许进入市场。但是，IPE 建立的 PRTR 系统，也仅能搜集自愿填写的企业的环境信息，还缺少强制性的行政手段。对比来看，欧美等国在法律规范上有较为完善的规定，例如企业需要强制性申报其环境信息、较为健全的有毒有害化学品清单，多样的公众参与形式等，为建立我国的 PRTYR 体系提供经验借鉴。

（四）以统一数据库为基础进行多种主体的公众参与

PTRI 数据库是 IPE 取得公众参与产生舆论监督之效果的基础。2006 年成立的 IPE，并不是国内第一批环保组织。以数据为基础、借鉴国际经验的运作方式，使其后来居上。但数据库并不完善，存在大量缺损，一定程度上限制了 IPE 的进一步发展。值得一提的是，IPE 主任马军的个人影响力是 IPE 取得目前成功的一大关键。无论是在 IPE 成立初期，还是在长期运营中，马军通过个人纽带建立的与媒体、政府、企业的关系是 IPE 能够促进多方主体参与的一大助力。而 IPE 长期与最高环境资源部门保持良好关系，也是 IPE 能够成功的一大原因。

第四节　我国公众科学话语：中美环境记者素养量化比较

在环境传播领域的公众参与中，记者是一个专业的群体，其科学素养高低会导致公众参与中的传播有效性或者传播失灵。记者的公众参与包括新闻媒体的大众传播，即新闻生产与传播领域；另一种公众参与包括人际传播、公众审议、社会组织活动、政策献言、政府智囊与学术讨论等非大众传媒的传播形式。记者作为公众参与中较为接近政策制定系统的群体，其科学知识素养更能容易引起"意识形态领域的气候观点"[1] 以及态度的变化[2]。为了在更广阔的领域里研究作为记者群体的公众参与，其科学知识与政治态度的关

---

[1]　Guy, S., Kashima, Y., Walker, I., O'neill, S., 'Investigating the Effects of Knowledge and Ideology on Climate Change Beliefs', *European Journal of Social Psychology*.

[2]　sard, D., Lewenstein, B., 'Scientific knowledge and Attitude Change: the Impact and Citizen Science Project', *International Journal of Science Education*, 2005, 27, pp.1099 - 1121.

系，笔者把美国的环境新闻记者群体也纳入研究中来，以比较研究的视角，探究我国记者群体环境科学知识素养的短板，以及这个群体独特的气候传播的话语方式。

一、记者环境知识素养、新闻生产与公众参与态度

全球气候变化深刻影响着人类生存和发展，是世界各国共同面临的重大挑战。中国和美国，这两个能源消费总量和二氧化碳排放总量位居世界前两位的大国，在应对全球气候变暖中发挥着极为关键的作用。[①] 新闻记者是重要的环境问题守望者与教育者，他们不仅通过大众传媒与新闻报道唤起人们对气候变化的注意，而且"透过接触第一手最新的科学研究报告，将气候变化信息传递给受众"，进而促发人们积极采取行动来应对气候变化。[②]

因此，本研究的第一个目标是从比较的视角来研究中美两国环境新闻记者气候知识的差异，从而探讨中美两国环境记者在新闻生产领域的差异，以及对这种差异在政治上的态度，为记者的公共参与中的传播失灵之原因提供科学参考。不仅探讨对环境新闻生产的理论意义，而且探究其跨文化审视的实践意义。研究主要聚焦于中美环境记者气候知识和气候报道。这里的"气候"是特指全球气候变化，它是根据联合国政府间气候变化专门委员会（IPCC）的话语体系建立起来的，即经过可测量的科学方法的研究而证实的发生在地球上的气候改变。[③] 本研究将中美两国同行有关气候报道知识的各项指标放在一起比较并分析其差异，这种差异不仅表现为气候变化知识的形成过程，还包括气候变化知识的储备以及如何报道气候变化等问题。

本研究的另一个目的是探究第三世界、特别是中国环境新闻记者在气

① 中央电视台"新闻调查"：《中美两国态度将成为全球气候变化大会关键》，http：//news. sina. com. cn/c/sd/2009 - 11 - 07/172518997797. shtml，访问日期：2009 年 11 月 7 日。

② Moser, S. C., 'Communicating climate change：History, challenges, process and future directions', *Wiley Interdisciplinary Reviews：Climate Change*，2010，pp.31 - 53.

③ IPCC，Summary for Policymakers. In Field，C. B. et al (eds)，*Managing the Risks of Extreme Events and Disasters Advance Climate Change Adaptation：Special Report of the Intergovernmental Panel on Climate Change*，New York：Cambridge University Press，2012，pp.3 - 21.

候报道知识方面所依托的特殊国情以及所秉持的独特话语体系，即以中西对话为本位来阐释中美两国记者在气候报道知识形成、既有知识能力等各项指标体系之间的差异。福柯认为知识生产是一种权利，研究知识也就是用一种类似考古学方法来探索知识的历史形成过程。因此，知识所体现的意志就是权力所体现的意志。[①] 由此来看，气候报道知识是依托于西方媒体权力建构起来的话语体系，并推向全球。笔者将以第三世界环境新闻记者为基点，秉持中西环境记者平等对话的态度来重新阐释中美两国环境新闻记者之气候报道知识的差异。

二、研究问题设计

梳理美国环境新闻研究文献表明，最早于 1957 年美国研究者发现因缺乏专门科学知识和专业全职记者，媒体无法有效地传播环境科学以满足受众对环境知识的需求。[②] 虽然后来美国环境新闻发展迅猛，几乎所有的主流媒体均配备专业全职环境新闻记者，做出令世人瞩目的成绩，但是研究者指出，环境新闻报道中仍存在令人担忧的知识错误，如科学家们批评科学知识并没有正确地呈现在新闻报道里、[③] 记者未能承担起科学环境知识传播者的社会职责、环境新闻报道中充斥着各种错误，等等。

调查显示，美国有近半数的环境新闻记者毕业于新闻传播专业，而并非环境科学以及相关专业，[④] 记者不具备相关专业知识储备是导致其相关报道常常出现错误甚至误解和曲解科学家的首要原因。如一项针对汞污染新闻报道的研究指出，许多科学家在新闻中发现不正确的报道，部分原因是因为新闻记者对汞污染知识的缺乏。[⑤] 因此，扎实的科学与科技知识基

① 赵一凡：《福柯的知识考古学》，《读书》，1990 年第 9 期，第 92—102 页。

② Ubell, E., 'Covering the news of science', *American Scientist*, 45, 1957, pp.330A‑350A.

③ Boykoff, M. T. &Boykoff, J. M. 'Balance as bias: Global warming and the US prestige press', *Global Environmental Change*, 14, 2004, pp.125‑136.

④ Sachsman, D. B., Simon, J., and Vlenti, J. M., 'Environment reporters and U. S. journalists: A comparative analysis', *Applied Environmental Education & Communication*, 7, 2008, pp.1‑9.

⑤ Maille, M., Saint-Charles, J., and Lucotte, M., 'The gap between scientists and journalists: The case of mercury science in Quebec's press', *Public Understanding of Science*, 2010, pp.70‑79.

础对于能够正确无误地报道环境议题有决定性的影响。① 尽管多数记者并非毕业于环境科学相关专业，但在职的科学培训，或在工作中的自我学习对提升其环境科学报道能力与质量有重要作用。有研究指出，记者从业环境报道的年资，与其环境知识呈正相关，记者从业时间越长其知识储备就越丰厚。② 甚至，有研究者指出，"环境记者要扮演好科学知识传播者的角色，在职场上多年的经验累积可能比正式的学校教育来得重要"。③ 但令人担忧的是，多数记者并没有意识到自身科学知识素养不足的问题，而且也低估了自己对于专业知识的需求。④

恰如所霍尔强调的，消息来源是社会事实的首要界定者，新闻记者仅是次级界定者，其任务不过根据消息来源的暗示，将社会现有阶层与权力关系制成符号。⑤ 环境新闻记者在报道中如何使用消息来源影响其报道的科学性。早在 20 世纪 70 年代的一项研究就揭示美国旧金山环境新闻报道中，40％的内容来自公关人员，另有 20％则改写自新闻发布会。⑥ 后续研究不断印证这一现象并深入发现，公关公司曾提供环境新闻记者一些未经其他科学家认可的信息，充当为气候变化的科学知识，甚至为相关产业行会工作的公关公司，曾经召集科学家质疑气候变化研究所提出的科学证据。⑦ 研究者们纷纷指出，非专业的新闻来源错误地引导受众，并造成受

① Kolandai-Matchett, K. *Improving news media communication of sustainability and the environment: An exploration of approaches*, Doctoral Dissertation, University of Canterbury, 2009, pp.32 - 54.

② Dunwoody, S., 'How valuable is formal science training to science journalists?', *Comunicação e Sociedade*, 2004, pp.75 - 87; Wilson, K. Drought, 'debate, and uncertainty: Measuring reporters' knowledge and ignorance about climate change', *Public Understanding of Science 9*, 2000, pp.1 - 13; Wilson, K. "Forecasting the future". *Science Communication*, 4, 2002, pp.246 - 268.

③ 黄康妮、大卫·鲍尔森：《北美地方环境记者的气候变化知识与其成因》，《国际新闻界》，2015 年第 6 期，第 110—127 页。

④ Hansen, A. 'Journalistic practices and science reporting in the British press', *Public Understanding of Science*, 1994, pp.111 - 134.

⑤ Hall, S., et al., 'The social production of news: Mugging in the media', In S. Cohen & J. Young (eds.), *The Manufacture of News: Deviance, Social Problems, and the Mass Media*. Beverly Hills, CA: Sage.1981, pp.341 - 342.

⑥ Sachsman, D. B., 'Public relations influence on coverage of environment in San Francisco', Area. *Journalism Quarterly* 1976, pp.54 - 60.

⑦ Boykoff, M. T. & Boykoff, J. M., 'Balance as bias: Global warming and the US prestige press', *Global Environmental Change*, 14, 2004, pp.125 - 136.

众对科学知识的误解。① 新闻记者过度相信非专业的消息来源，导致科学家们建议记者在气候变化议题上需要科学知识的提升。②

以往针对中美环境新闻记者新闻生产的研究文献仅有中美两国单方面的研究，而且美国相关研究成果丰硕，中国环境记者研究基础薄弱。中国知名环境新闻记者汪永晨等人自 2006 年开始连续出版中国环境新闻记者的论著，积极探讨中国一线环境新闻记者的职业状况，提出公众参与对新闻生产、对环境保护的积极作用，NGO 组织与媒体联姻的必要性，探索绿色金融信息公开之外部规制建设等系列观点；③ 还对中国环保 NGO 进行调查，并提出诸如目前环境新闻生产与传播中媒体与环保 NGO 共生双赢等观点。④

不过总体来看，现有的研究成果多停留在现象描述和经验总结的层面，对中国环境新闻记者进行客观、系统、定量的调查研究尚付阙如。在第三世界国家中，以印度为主导的南亚国家环境新闻记者对环保与发展的关系进行了深入研究，他们强调第三世界国家记者报道环境问题离不开关照底层人的生存，指出无差别地过度强调科学性与全球气候变暖，在实践上抹杀既有不平等的国际资源分配与消费秩序，在文化上带有浓厚的"环境东方主义"的色彩。⑤ 但这些文献不仅数量少，而且也都是基于第三世界本位思想所进行的单面相的批评，没有进行跨文化的比较研究和实证研究，有时难免陷入单一化和片面化的窠臼。因此，本研究不仅为国内首次对环境记者的新闻生产进行实证研究，而且也为首次对中美环境新闻记者的新闻生产进行比较研究，从比较的视野来探讨中美环境新闻记者的专业背景、在职学习、消息来源使用对其气候变化知识与报道的影响，并基于深生态与第三世界生态批评的视角探究这些差异的原因。

---

① Boykoff, M. T. & Boykoff, J. M., 'Balance as bias: Global warming and the US prestige press', *Global Environmental Change*, 14, 2004, pp.125 – 136.

② Painter, J., *Summoned by science: Reporting climate change at Copenhagen and beyond*. Oxford, U. K.: Reuters Institute for the Study of Journalism, Department of Politics and International Relations, University of Oxford, 2001.

③ 汪永晨主编：《改变——中国环境记者调查报告（2006 年卷）》，生活·读书·新知三联书店，2007 年。以后每年组织出版一本中国环境记者的调查报道。

④ 汪永晨、王爱军主编：《守望 中国环保 NGO 媒体调查》，中国环境科学出版社，2012 年。

⑤ Keya Acharya & Frederick Noronha（eds.），*The Green Pen Environmental Journalism in India and South Asia*, New Delhi: SAGE 2010; Anil Agarwal & Sunita Narain, *Global Warming in An Unequal World*, New Delhi: Center for Science and Environment, 1996, pp.1 – 3.

三、研究方法

由于中美都没有官方正式公布的环境新闻记者名单，因此笔者独辟蹊径寻觅中美两国环境新闻记者名单，并以此建立抽样架构（此一部分的内容可以参照本书第三章第二节）。在中美两国的调查始于 2011 年，最终完成有效样本统计于 2015 年；中美两国共有 671 环境新闻记者参与调查问卷答题，最终回收有效问卷 220 份。在中国，笔者通过 2010—2013 年连续三届的上海交通大学"环境保护新闻与传播"高端论坛，以及 2014 中国环境新闻记者年会聚集起来的新闻记者和科学家参与问卷调查，并请参与者推荐他们认识的其他环境新闻记者，借此经由滚雪球抽样法得到的名单共计 376 名，最后总计获致中国环境新闻记者有效样本 104 个，回复率为 27.66%。在美国，笔者通过环境新闻记者协会（SEJ）会员名单、农业记者名单，以及 2011 年 1—2 月地方环境报道中的记者名单，并通过滚雪球抽样法进行拓展样本，最后获得 295 名记者，共有 116 名完成问卷，有效回复率为 39.32%。

（一）测量指标

1. 气候变化科学知识指标

本研究从温室效应题库、[①] 耶鲁大学气候变化传播计划[②]中选择了 15 道问题，在统计时所有是非题和单选题都编码为二分变量（1＝正确，0＝错误），缺失值均视为有错误的答案。

2. 正式学校教育中习得的气候变化科学知识

调查受访者在中学、大学以及研究阶段等正式学校教育里学习到的有关气候变化知识的状况，数字从 1—5 表示他们学习到的知识量（1＝没学

[①] Keller, J. M. Part I: Development of a concept inventory addressing students' beliefs and reasoning difficulties regarding the greenhouse effect; Part II: Distribution of chlorine measured by the Mars Odyssey Gamma Ray Spectrometer. Dissertation submitted to the department of planetary sciences, University of Arizona, 2006.

[②] Leiserowitz, A., Smith, N. & Marlon, J. R., *Americans' Knowledge of Climate Change*. Yale University. New Haven, CT: Yale Project on Climate Change Communication2010. http://environment. yale. edu/climate/files/ClimateChangeKnowledge2010. pdf, 2016 年 7 月 18 日。

习相关知识，5＝学习到许多相关知识），分数总和则为正式教育的气候变化科学知识指数。

3. 非正式学习中习得的气候变化科学知识

本研究采用 Leiserowitz，Smith 与 Marlon 设计的非正式学习指数，[1]通过测量受访者在印刷媒体、电子媒体、互联网等不同媒体学到的有关气候变化的知识（1＝什么都没学到；5＝学到很多），将其加总形成媒体使用的非正式学习指数。

4. 新闻报道消息来源

本研究参照相关学者的研究，[2] 测量受访者在气候变化报道中使用不同效率来源的频率（1＝从不，5＝总是），其平均分数代表受访记者群体平均使用该信息来源的状况。与科学研究有关的新闻源包括学术机构、同侪审查的科学期刊、学术研讨会、科学机构研究报告、IPCC。根据记者对以上新闻源的使用频率给予 1—5 的分数，分数重新计算为平均分数。因此，得到 5 分者是使用科学信息最频繁的记者；反之，即为不使用科学信息的记者。与媒体有关的新闻源包括其他新闻媒体、社群网站、其他记者；与政治单位有关的新闻源包括地方政府、中央政府、政党，在统计时均以平均分数来测量其使用频率。

（二）样本特征

中国环境新闻记者人口分布特征为：平均年龄为 37.3，标准差为 11.1；平均从业时间为 8.4 年，标准差为 7.9；女性为 34.3%，男性为 63.8%；专科 3 人（2.9%）、大学 64 人（61%）、硕士 35 人（33.3%）、博士 3 人（2.9%）。美国环境新闻记者的平均年龄为 44.43，标准差为 13.83；平均从业时间为 16.8 年，标准差为 13.1；女性占 49%，男性为 51%。

---

① Leiserowitz，A.，Smith，N. & Marlon，J. R. *Americans' Knowledge of Climate Change*. Yale University，New Haven，CT：Yale Project on Climate Change Communication，2010. http：// environment. yale. edu/climate/files/ClimateChangeKnowledge2010. pdf，2016 年 7 月 18 日。

② Maibach，E.，Wilson，K & Witte，J.，*A national survey of television meteorologists about climate change: Preliminary findings*. George Mason University. Fairfax，VA：Center for Climate Change Communication. 2010. http：// www. climatechangecommunication. org/ resources _ reports. cfm，2016 年 7 月 18 日。

四、研究发现

中美国两国记者大多数都报道过气候暖化相关议题，其中：中国有 98 人，占总数 93.3%；美国记者为 96 人，占总数 82.8%。尽管中美记者在年龄（$t=-3.335$，df$=214$，Sig$=0.001$）、从业时间（$t=-5.598$，df$=212$，Sig$=0.000$）上都存在显著差异，但中美记者从事气候暖化相关议题报道的差异不大，中国记者平均年限为 5 年多（M$=5.28$；SD$=5.42$），而美国记者为 6 年出头（M $= 6.08$；SD$=7.01$），统计显示两者之间不存在显著差异（$t=-0.920$，df$=206$，Sig$=0.358$）。值得注意的是，美国环境记者平均年龄大，从业时间长。虽然中国环境记者的平均年龄和从业时间高于中国记者整体的平均年龄和从业时间，即相对而言中国环境记者也是记者群体中从业时间较长、经验较为丰富的群体，不过中国环境记者的平均从业时间还是比美国环境记者低 7 年。有趣的是，中美环境记者从事气候暖化相关议题报道的平均时间都为 5—6 年左右，这表明气候变暖对于多数中美记者来说都是新近 10 年来才引起关注的新鲜议题，而且中美记者从事气候报道的群体流动性较高，均尚未形成长期、稳定的报道群体。

有关正式学校教育里是否学习到有关气候变化的知识调查显示，中国环境新闻记者均值为 7.61，标准差为 1.7；而美国记者的均值为 6.07，标准差为 2.86。这表明中国记者在主观上认为正式学校教育中获取的有关气候变化知识略高于美国记者，并且统计显示两者存在显著差别（$t=4.745$，df$=211$，Sig$=0.000$）。这里值得探讨的是，美国环境新闻记者的环境科学与工程背景数量比例为 10.6%，中国同行有环境科学与工程学科背景记者的比例仅为 3.9%。[①] 这种差异如在调查中受访者所指出的那样，可能是因为中国环境新闻记者正式教育环境，是在灌输式教育环境中完成的，这种教育强调单向（one-sided）信息的灌输和记忆；而美国环境新闻记者的正式教育，是在强调独立精神和质疑态度的教育背景中进行的，他们获得的知识与观点是多元的，甚至有时存在相互冲突的多元（multi-sided）信息，这造成他们对正

---

① 王积龙：《我国环境传播从业者职业动力、问题及其发展路径》，《西南民族大学学报（人文社科版）》，2015 年第 5 期，第 163—169 页。

式学校教育中获得的气候变化知识的主观认知和评价不同。

在非正式学习指数调查上，其中有关印刷媒体使用的学习指数，中国环境新闻记者（M＝6.50；SD＝1.26）低于美国环境新闻记者（M＝7.75；SD＝1.64），统计显示两者之间存在显著差异（$t=-6.270$，df＝219，Sig＝0.000）；电子媒体使用的学习指数，中国环境新闻记者（M＝8.13；SD＝1.75）略高于美国环境新闻记者（M＝8.08；SD＝2.40），但统计显示两者之间不存在显著差异（$t=0.185$，df＝215，Sig＝0.853）。这些差异表明，美国环境新闻记者在非正式学习习惯中，比中国同行更愿意使用较为正式的印刷媒体来学习气候变暖知识。互联网使用的学习指数，中国环境新闻记者（M＝3.53；SD＝0.76）略低于美国环境新闻记者（M＝3.84；SD＝0.95），统计显示两者之间存在显著差异（$t=-2.635$，df＝206.87，Sig＝0.009）。这一差异表明，在非正式学习中，美国环境新闻记者更能有效地利用互联网来获取气候变暖知识。针对这个问题，可能恰如环境记者在接受访谈中指出，由于中国许多环境信息属于保密信息，所以有时很难在互联网上获得有价值的环境信息，所以中国环境记者对从互联网中习得的知识评价不高。

就整体非正式学习指数而言，中国环境新闻记者（M＝17.97；SD＝2.83）低于美国环境新闻记者（M＝19.62；SD＝3.86），统计显示两者之间存在显著差异（$t=-3.438$，df＝204，Sig＝0.001）。这表明在非正式教育中，相对于中国媒体而言，美国媒体给予记者更多、更丰富的在职科学教育培训机会和资源，而且美国记者也认为在非正式的继续教育中获得了更充沛、更具竞争力的气候变暖知识。

表 7　中美新闻环境新闻记者消息来源使用频率分布

消息来源类型	中 国 记 者		美 国 记 者	
	均 值	标 准 差	均 值	标 准 差
学术机构	3.50	0.93	3.82	0.67
科学期刊	3.17	1.09	3.66	1.01
学术会议	3.23	0.89	3.15	1.06
科学报告	3.42	0.89	4.07	0.68
联合国气候变化委员会	2.67	1.30	3.23	1.01

消息来源 类型	中 国 记 者		美 国 记 者	
	均 值	标 准 差	均 值	标 准 差
新闻媒体	3.31	0.88	2.88	1.07
其他记者	2.73	0.87	2.46	0.98
社群网站	2.95	0.97	2.16	1.11
中央政府	2.81	1.01	3.53	0.82
地方政府	2.68	0.98	3.31	0.93
党政会议	2.29	1.05	1.65	0.82
环保组织 （NGO）	3.47	0.99	3.37	0.78
商业企业	2.13	1.06	2.48	0.93
宗教团体	1.48	0.71	1.38	0.64

中美环境新闻记者气候变化报道消息来源使用频率分布表明（见表7），在科学消息来源上，中国环境新闻记者（M＝3.21；SD＝0.76）低于美国环境新闻记者（M＝3.59；SD＝0.65），统计显示两者之间存在显著差异（$t=-3.597$，$df=188.641$，$Sig=0.000$）。这一点在环境新闻生产的过程中是至关重要的，因为环境新闻属于科学传播的范畴，科学消息源的使用会对记者气候变化知识的形成产生重要影响。而在与媒体相关的新闻来源使用上，中国环境新闻记者（M＝2.99；SD＝0.75）高于美国环境新闻记者（M＝2.51；SD＝0.82），并且存在显著差异（$t=4.375$，$df=190.172$，$Sig=0.000$）。见诸媒体的新闻来源实质是二手资料，这反映美国记者比中国记者在环境报道领域更强调获取一手资料和自采资料。在使用与政治有关的新闻来源上，中国环境新闻记者（M＝2.61；SD＝0.82）低于美国环境新闻记者（M＝2.83；SD＝0.66），并存在显著差异（$t=-2.102$，$df=196$，$Sig=0.037$）。

究其原因，这可能主要是因为中国政府、官员在环境新闻的公开性、接近性方面低于美国政府，一项最近的外国驻华记者研究可以解释这一现象。[1]

---

[1] 钱进：《作为流动的职业共同体：驻华外国记者研究》，上海交通大学出版社，2015年，第68—69页。

值得注意的是，美国环境新闻记者使用最频繁的消息来源是与科学研究有关的学术机构、科学期刊、学术会议、科研报告以及 IPCC 等科学消息来源，而中国环境新闻记者使用最频繁的消息来源是非营利性环保组织（M＝3.47；SD＝0.96），并且超过半数的中国记者表示他们经常使用的消息来源是非营利性环保组织（58.1%）。这是中美环境新闻记者新闻生产过程中的一个显著差异。这种不同是否会导致记者在非正式学习中气候变化知识的显著不同，以及如何解释这个显著的差异将是下文重点探讨的问题。

表 8　中美新闻环境新闻记者气候变化知识测试结果分布　　单位：%

	答　对		答　错	
	中国记者	美国记者	中国记者	美国记者
气候变化的成因				
全球平均气温的升高会造成大气层中二氧化碳含量的增加	45.7	53.9	32.8	46.1
(X^2＝4.244，df＝1，Sig＝0.039)				
温室效应与全球变暖的关系	69.5	79.1	30.5	20.9
(X^2＝3.409，df＝1，Sig＝0.065)				
近 500 年来二氧化碳在大气层中的变化趋势	86.5	74.8	13.5	25.2
(X^2＝3.289，df＝1，Sig＝0.070)				
温室效应是指大气层中的气体吸收红外线	41.9	54.4	58.1	45.6
(X^2＝3.409，df＝1，Sig＝0.065)				
以下哪种大气层中的气体并不会吸收地表释放的热能？	50.5	66.1	49.5	33.9
(X^2＝5.515，df＝1，Sig＝0.019)				
以下哪种条件下并不会影响地球上的全球平均气温？	17.1	8.7	82.9	91.3
(X^2＝3.526，df＝1，Sig＝0.060)				
气候变化的科学预测				
1970 年时，大部分的科学家预估地球即将进入冰河期	22.1	30.4	77.9	69.6
(X^2＝1.941，df＝1，Sig＝0.164)				
科学家们不可能预测未来的气候变化，因为他们连几天后的天气都无法预测	82.7	88.7	17.3	11.3
(X^2＝1.620，df＝1，Sig＝0.203)				

	答　对		答　错	
	中国记者	美国记者	中国记者	美国记者
在 1900—2000 年，科学家推测全球海平面会上升多少	9.5	37.7	90.5	62.3
	($X^2=23.687$，df=1，Sig=0.000)			
人类活动与气候变化				
下列哪一个国家每人每天消耗最多的二氧化碳	66.7	77.6	33.3	22.4
	($X^2=3.289$，df=1，Sig=0.070)			
以下哪种行为即使全世界人类都能一致做到，也不会减缓气候变化的速度	23.8	47.0	76.2	53.0
	($X^2=12.778$，df=1，Sig=0.000)			

总体来说，中美环境新闻记者对气候变化的科学预测所知均不尽如人意，但美国记者明显优于中国记者（见表 8）。除了在比较简单的问题上中美记者没有显著差异，在其他问题的回答上，美国记者的正确率均高于中国记者，并且统计分析显示均具有显著差异。这种统计结果显示中美两国环境新闻记者气候变化知识处于不同的发展层面。就科学性来说，美国环境新闻记者明显高于中国同行。

表9　中美新闻环境新闻记者气候变化知识测试成绩百分比分布　单位：%

	中 国 记 者	美 国 记 者
11 题	0%	0%
10 题（A）	0%	1.8%
9 题（B）	1%	9.2%
8 题（C）	8.7%	27.5%
7 题（D）	29.1%	48.6%
6 题	39.8%	67.9%
5 题	58.3%	81.7%
4 题	86.4%	91.7%
3 题	96.1%	95.4%
2 题	99%	98.2%
1 题	100%	100%

$X^2=27.130$，df=9，Sig=0.001

中国环境新闻记者在气候变化知识指数测量得分上（见表 9），统计显示与美国同行存在显著差距。该指数是由 11 个条目组成。中国记者得分的均值为 5.18（标准差为 1.69），略低于美国记者（均值为 6.22，标准差为 1.91），并且统计显示两者之间存在显著差异（$t = -4.184$，df = 209.093，Sig＝0.000）。中美记者都没有人能够正确回答所有问题。如果把答对题数转换为学校计分系统（90％正确成绩为 A，80％为 B，70％为 C，60％为 D，60％以下为不及格），中国记者无人得到 A 的成绩，其中 1％记者达到 B 等成绩，29.1％的记者达到及格以上成绩，70.9％的记者成绩不及格；而在美国记者中，有 1.8％的记者得到 A 的成绩，9.2％的记者达到 B 等成绩，48.6％的记者达到及格以上成绩，51.4％的记者成绩不及格。

为探索中美记者在气候变化知识测试上差距产生的原因及其异同，笔者使用嵌套式多元回归来分析记者的人口统计特征、环境知识学习指数、消息来源使用指数在气候变化知识测量中所产生的作用及其影响（见表 10）。

表 10　记者环境知识测量影响因素回归分析

预测因素	模型 1		模型 2		模型 3	
	中国	美国	中国	美国	中国	美国
性别	-0.018	-0.216*	0.735	-0.235*	-0.028	-0.139
学历	0.229*	0.120	0.259*	0.131	0.163	0.032
从事相关报道时间	1.660	0.301**	0.587	0.272*	-0.047	0.246*
环境知识正式学习指数			0.334	-0.048	-0.014	-0.094
环境知识非正式学习指数			-0.214*	0.097	-0.157	-0.005
科学消息来源使用指数					0.332**	0.065
非科学消息来源使用指数					-0.257*	0.004
增量 R^2			0.034	-0.013	0.011	-0.087
调整 R^2	0.034*	0.147*	0.068*	0.134*	0.077*	0.047*

注：* $p<0.05$，* * $p<0.01$，* * * $p<0.01$。

模型 1 在人口统计特征上，学历是影响中国记者气候变化知识的显著因素，对美国记者而言，学历不具有统计的显著性；性别和相关报道的从业时间影响着测试得分，男性并且从事相关报道时间越长在测试中得分越高。

模型 2 显示，当考虑到环境知识学习指数后发现，中国记者正式学习指数的影响对其测试不具统计显著度，而非正式学习指数，即中国记者从媒体、社会中接触和自学的相关环境知识对提高其测量得分有显著影响，而无论是正式学习指数还是非正式学习指数，对美国环境新闻记者的测量得分均不具有统计显著度。

模型 3 加入不同种类消息来源的使用变量后发现，其对中国环境新闻记者的气候变化知识测量产生显著影响，记者对科学消息来源使用越多，其测试得分越高；而记者使用非科学消息来源越频繁，其测试得分越低。但是，美国记者的测试得分不受这两者的影响。

五、讨论

本研究以环境污染的传播失灵为目标，发现中美国两国环境新闻记者在既有气候变化知识体系及其形成路径等方面存在较大差异。这些差异都会令中国读者感到焦虑，因为中国记者在各项指标体系测量上明显处于劣势。但是事实上，这些差异相互联系又各有不同，其背后隐藏着深刻而复杂的社会历史原因，蕴含着深远而微妙的社会文化意义。

首先，本研究发现中美环境新闻记者在信源使用上存在显著差异。美国环境新闻记者使用最频繁的是学术机构等相关科学性信源，而58.1％中国环境新闻记者使用最频繁的消息来源是非营利性环保组织，出现严重的"媒体 NGO 化"倾向。回归分析发现，记者使用包括非营利性环保组织在内的非科学消息信源越频繁，其在气候知识测试中得分就越低。信源影响中国记者对气候知识掌握，无疑也深刻影响着其相关报道的科学性。美国有调查显示，91％的记者不愿意参加环保组织提供的新闻招待会，因为他们认为环保组织信源"不准确与夸张""情感冲动""好事而无科学"，这些与环境新闻中的科学与准确性等专业主义精神相背离，所以美国环境新闻界对环保组织信源多数秉持怀疑态度。①

---

① Faul Rogers.，'Ranking NGOS：SEJ Members List Likes and Dislikes'，*SE Journal*，Winter，1999，pp.4－5.

当然，美国记者承认环保组织的积极作用，因为"敢于对污染宣战""他们是为了建立（公众）道德高地与信任而不是为了钱""环保人的献身精神""公共精神"等，也对环境报道新闻产生了一定积极影响。显然，对于美国环境新闻记者来讲，环保组织虽然能够唤起公众对环境新闻的关注，但他们在报道中通常不会援引环保组织的数据，而是偏重依靠科学性信源。

但是，环保组织在当前中国环境新闻记者的新闻生产中具有不可替代的作用。在信息公开与舆论监督的过程中它一定程度代表了公众参与。有法学专家指出，面对污染等损害社会公众利益的行为，能够代表公众向人民法院起诉的就是社会组织，其主要形式是环保组织，并且环保组织经常与媒体结合以提高其在公众中间的威望。① 中国新闻界普遍认为 2003 年反对怒江建坝事件即属个中典范之作。② 但中国媒体人深刻意识到这种状况的局限性和阶段性。资深环境新闻记者汪永晨就认为中国"媒体 NGO"或者媒体越位的状况是阶段性的，因为现有法律框架还不能保障社会"肌体"健康，媒体人又面临着环境保护之严峻形势，媒体和环保组织的角色互动是非常有效的形式；但这种越位是迟早要归位的，这也是很多媒体从业者由衷的期盼。③

其次，研究还发现，美国环境新闻记者在非正式学习中比中国同行获取气候知识的能力要强。回归分析进一步发现，中国记者对科学消息信源使用越多，其在气候知识测试中得分越高。这表明科学信源使用是中国环境新闻记者提升科学素养的重要管道之一，甚至可以说是科学信源决定媒体人的科学素养。这也是汪永晨所指的环境新闻记者"迟早要归位"的重要素养基础。中国越来越多的环境新闻记者也意识到此问题的重要性，正如具有吉林大学环境科学专业背景的媒体人方玄昌认为，因为没有科学精神，目前环境传播从业者队伍鱼龙混杂、各取所需，有可能会破坏环境新闻记者的公众形象，中国绿媒体人科学素养的提升必是未来的发展趋势。④

---

① 此部分为作者对王灿发教授的访谈，时间为上海交通大学举办的"中国环境新闻记者年会 2014"期间，2014 年 12 月 27 日。

② 刘海英：《中国环保 NGO 与媒体的合作》，载于《关注：中国环境记者沙龙讲堂》，生活·读书·新知三联书店，2009 年，第 34—75 页。

③ 汪永晨主编：《2006 年中国环保大事记》，载于《改变：中国环境记者调查报告（2006 年卷）》，生活·读书·新知三联书店，2007 年，第 1—5 页。

④ 此部分为作者对方玄昌的访谈，时间为上海交通大学举办"环境传播：健康、气候变化与绿色商业实践"高端研讨会期间，2011 年 3 月 26 日。

再次，本研究在中美两国调研的过程中表现出完全不同的受众反映。气候变化与环境污染是完全不同的现实话语，这套从温室效应题库、耶鲁大学气候变化传播计划中选择的系列问卷，与中国记者面临的环境问题存在较大的差异。中国环境新闻记者汪永晨面对问卷提出的观点就很有代表性，她说，为什么是气候变化？我们面临的问题主要是土地污染、雾霾、河流枯竭与有毒食品，这些问题与我们的生存息息相关，具有迫切性；而气候变化知识诸如海平面上升、二氧化碳含量等与我们迫切需要解决的问题相去甚远。[①]《中国环境报》社长、主编杨明森在笔者的访谈中也反映，二氧化碳目前在中国不是污染物，也不是毒气，也不会置人于死地，而毒食品、毒空气却能做到；碳和硫指标实际上标志着两个不同的发展阶段，我们环保的当务之急是在保命的前提下加快发展，中国与气候相关的碳减排问题归于发改委管理，属于精英话题、外交话题，环保部之于二氧化碳排放问题没有责任，也没有太多话语权。究其实质，欧美已经解决了这些具体的现实生存问题，而我们还在为生存努力，环境保护没有欧美发达国家那样精细。[②]

其实这个差异，只是南北环境新闻记者知识理念差异的一个缩影。早在1991年11月巴西里约地球峰会前的联合国环境与发展会上，美国学者发布的研究成果就发现追求气候变化之科学精神的美国记者与发展中国家同行存在着巨大的知识鸿沟，最根本的不同在于发展中国家的记者肯定环境问题离不开人的生存与发展，与社会问题紧密相连，比如吃饭问题与缺少土地、贫穷与受教育机会稀缺、女性不平等与生育、公众参与决策的难以实现等问题。因此研究认为世界20％的人口（发达国家）消费世界80％的资源（发展中国家），导致多数发展中国家的环境保护是为了人的生存。[③]

总之，气候变化知识相对于西方环境传播者，中国环境新闻记者的知识存在很大差异，特别是在科学性上。然而，这些差异并不能完全用来衡

---

① 此部分为笔者对汪永晨女士的访谈，时间为上海交通大学举办的"中国环境新闻记者年会2014"期间，2014年12月26日。

② 据笔者对杨明森社长的访谈，地点：上海交通大学举办的"中国环境新闻记者年会2014"，时间：2014年12月27日。

③ Ann Filemyr., 'Ethics and the Education of Environmental Journalists: An International Perspective', *SE Journal*, Winter, 1994, pp.23 - 24.

量两国环境新闻记者水平的高低抑或优劣，因为发展中国家有自己面临的任务。恰如，第三世界国家印度记者、国际环境新闻记者联盟（IFEJ）前主席达里尔·德蒙特（Darryl D'Monte）强烈反对环境保护排斥人之生存状况的做法，认为气候变化在西方媒体盛行而在发展中国家质疑之声甚少，关注物种灭绝，而不认为农民自杀是一个农业政策的环境问题，都是片面的环境报道。① 印度著名环境新闻记者安尼尔·安格瓦尔（Anil Agarwal）认为气候暖化这一话题是西方国家的话语形式，它的实质目的是不考虑各国发展差异，让发展中国家为全球变暖埋单，使现有全球化的不平等资源分配与消费长期存在。② 如今的全球暖化是全人类面临的共同话题，需要地球村民的共同行动，中美两国概莫能外。由于两国所处的发展阶段不同，要求两国环境新闻记者所努力解决的具体目标也不一样，因此也就产生了职业知识的不同。"没有哪一种知识理念与宗教哲学传统能够提供解决生态危机的完美办法。生态问题的批评强调理念的多样性，这与生态多样性、宇宙观的多样性是契合的。"③ 中美两国只有跨越分歧，超越"环境东方主义"与"环境世界主义"的简单对立，求同存异、协力合作，才能建设起环境更美好、气候更宜人的地球村。

---

① Darryl D'Monte, "Foreword", from Keya Acharya & Frederick Noronha (eds.), *The Green Pen Environmental Journalism in India and South Asia*, New Delhi: SAGE 2010, pp. xi - xv.

② Anil Agarwal & Sunita Narain, *Global Warming in An Unequal World*, New Delhi: Center for Science and Environment, 1996, pp. 1 - 3.

③ Mary Evelyn Tucker, John A. Grim, eds., *Worldviews and Ecology: Religion, Philosophy, and the Environment*, New York: Orbis Books, 1994, pp. 30 - 38.

下　篇

传播的重建：建立中国的 PRTR
体系与公众参与机制

下篇提出解决我国境内企业环境污染监督传播失灵的方案，即建立我国的 PRTR 体系。本篇由两章共五节组成。第六章研究美国的经验。首先，建立有害化学品清单，这里解决了环境污染信息外部性的问题，即把所有有害的化学品以清单的形式列出来，为防止这些有害物品产生负外部性影响做了指标性的规定。为了达到环境信息的有效传播，论证了这个清单在美国经验中演进的逻辑，这种演进遵循由公众认知度难易、成本高低等考量要素。有害化学品清单的严谨与完善是 PRTR 体系得以运作的前提。其次，主要研究公众参与在 PTRT 体系运作中如何保障有效传播，并提出具有多种层次的公众参与在不同层面解决多样的沟通与传播问题，最终从各个角度保障 PRTR 体系的有效沟通与平稳运作。

第七章，是本篇的核心，提出为了克服环境污染的传播失灵，以全国统一的企业环境信息数据库为核心、以不断演进的有害化学品清单为指标、以最高环保部门为主导、以第三方专业机构承运企业环境信息数据库为主要形式，建立我国的污染物排放与转移登记制度。结论认为全国统一的数据库保证了信息的完整与充分，克服了市场与地方政府传播失灵中信息不对称的缺点；以不断演进的有害化学品清单为指标，克服了环境污染的负外部性的缺点；以政府最高环保部门为主导的 PRTR 数据库，保证了环境污染信息的公共产品非市场属性。建立充分的公众参与也是对政府失灵之内在性与组织目标缺陷的纠正。

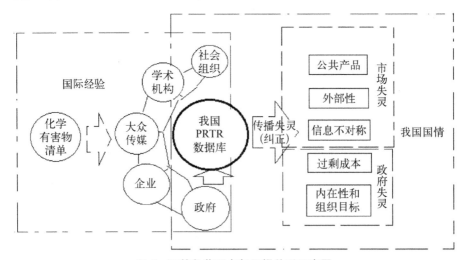

图 4　下篇各节观点与逻辑关系示意图

下篇回应了上篇提出的问题，即环境污染中的传播失灵现象，并指出了解决的方案；也回应了中篇的问题分析，即如何克服市场化大众传媒环境污染信息的传播失灵，地方政府与第三方机构舆论监督的传播失灵问题。主要针对市场化传播失灵的核心要素——环境信息的公共性与外部性，地方政府监督传播失灵的主要原因——内在性与组织目标、成本与收入分离的缺陷，指出解决这一问题的基本出路在于建立中国的PRTR体系。下篇是上篇的归宿。相对于中篇的问题分析，下篇回应了为什么PRTR体系可以有效营运并能够纠正传播失灵问题。作为PRTR体系有效传播的保障，公众参与是多层次、多渠道的，每一个层次和渠道都在解决传播失灵中的问题，从而实现有效传播。因此，下篇在中篇剖析问题根源基础上，针对性地提出了科学的解决方案（见图4）。

第六章

纠正传播失灵的机制性
方案：美国的经验

从公共选择理论来看，可以通过市场的手段来解决政府失灵问题，因为政府失灵的根本原因在于成本与效益关联性的缺失。因此，科斯定律认为，环境的外在性成本可以通过市场手段得以交易或达成某种契约，使得市场的效率得以保持。环境的负外部成本，诸如有害化学品物质或噪音、光污染排放等伤害可以通过市场交易获得补偿，即环境的受害者通过让侵害者出资的方式来制止污染行为，比如停止或降低排放，使得污染者承担污染的实际成本，这样就会重新保持住了市场的效率。[1] 批评者认为这相当难以达成的契约，除非有顺畅的沟通与信息对称的买卖交易系统，这就形成了交易成本经济学（transaction cost economics）的理论基础，也是美国有毒物质排放清单即 TRI 体制运作的理论基础。[2] 建立我国 PRTR 体系是纠正企业污染传播失灵的机制性解决方案。本章主要是对美国 PRTR 体系的 TRI 数据库体系进行分析，以展示其成功经验、论证其运作的内部逻辑。

---

① Coase，R.，'The Problem of Social Cost'，*Journal of Law and Economics*，October，1960，Vol.3，pp.1－44.

② Williamson，O.，*The Economic Institutions of Capitalism*，NY：The Free Press，1985.

第一节　TRI清单对纠正传播失灵的
指标作用与演进逻辑

　　TRI清单即美国有害化学品清单体系，在防治环境污染的负外部性、形成有效的交易成本、建立畅通的污染传播方面具有指标性意义。其全程为虚拟的排放成本，整个过程的信息公开与舆论监督是其保障。有害化学品清单是由环境资源部门制订与管理，对化学品的危害性进行分类和公示的具有科学指标性意义的文件。美国TRI历经多年发展，已较为成熟，对我国构建有害化学品清单具有借鉴意义。为了完善我国的有害化学品清单，以下以TRI清单为例，对有害化学品清单在美国环境信息公开中的作用作简要分析。[①]

一、TRI清单在纠正传播失灵中的作用

　　美国TRI数据库是世界上最早的污染物排放与转移登记制度（PRTR）数据库，由美国环境保护署运作，自运行之日起，至今已有30余年历史。美国政府以TRI清单为依据，要求企业进行排放数据的公开；企业在政府约束和公众压力下，以TRI清单为底线进行环境信息公开；公众和媒体利用TRI清单为指南，进行环保活动和环境新闻报道，实行有效传播。

　　（一）TRI清单是政府主导环境信息公开的依据

　　TRI清单是TRI数据库的信息公开依据。美国环保署要求，达到一定规模的企业设施和联邦机构设施，且制造、处理或以其他方式使用TRI清单中所列出的化学物质，使用量超过申报门槛的，均须向TRI数据库的管理部门提交报告；对未提交报告的设施，将进行民事处罚。[②] 而TRI清单

---

　　① 本节研究中所涉及的TRI有害化学品清单，是根据美国环境保护署的TRI数据库官方网站上所公布的历年清单等文件来进行研究的。此部分涉及的美国环保官方文件，均来自本页面：http://www.epa.gov/toxics-release-inventory-tri-program/tri-listed-chemicals.
　　② United States Environmental Protection Agency. Basics of TRI Reporting. http://www.epa.gov/toxics-release-inventory-tri-program/basics-tri-reporting，2016-01-20.

不仅是政府要求机构和企业进行环境信息公开的依据，也是政府对那些未按照规定完成信息公开的机构和企业进行处罚的依据。在 TRI 数据库启动的第一年，美国环保署即根据 TRI 清单，认定 42 家应提交报告的企业没有进行报告，并宣布对它们处以 165 万美元的罚金。[①] 政府主导的其他环境信息公开项目，也以 TRI 清单作为依据。美国环保署下属的固体废弃物和应急反应办公室发布的《全国优先化学品趋势报告》，涉及全部 31 种优先化学品中，就有 24 种来自 TRI 清单。不仅全国性的环境信息公开项目，地方性的环境信息公开项目也将 TRI 清单作为参考。俄勒冈州的尤金市，其市政府在开展"尤金市有毒物质知情权"项目时，就参考 TRI 清单，将其中的有害化学品全部列入了该项目的有害化学品清单。[②] 对于上述环境信息公开项目而言，TRI 清单是政府建立项目、确定环境信息公开范围时的参考，同时也是这些项目开始运作之后，政府用以收集和公开环境信息的依据。

（二）TRI 清单是企业环境信息公开的底线

TRI 清单给出了企业环境信息公开所要满足的最低标准。被美国环保署认定需要提交 TRI 报告的设施，被发现未能进行报告或是没有按照规定进行报告的，按照《应急预案和公众知情权法》第 325 条 C 款的规定，设施拥有者或运营者，需要承担法律责任，每天每次违法的民事罚金最高可达 2.5 万美元。[③] 一家电路板制造商就曾因为其在 2006—2008 年未能提交自己的铅排放量报告，而被美国环保署处以 2.6 万美元的罚款。[④] 这是企业通过政府的 TRI 数据库作为中介，所进行的一种间接的环境信息公开，其需要满足的最低标准就是 TRI 清单。

依照 TRI 清单，企业开始意识到直接进行环境信息公开的重要性，这

---

①　Hamilton, J. *Regulation through Revelation: the origin, politics, and impacts of the Toxics Release Inventory Program*. New York: Cambridge University Press. 2005: 191.

②　City of Eugene. Citizen Guide to the City of Eugene Toxics Right-to-Know Program. http://www. eugene-or. gov/ArchiveCenter/ViewFile/Item/2054, 2013 - 08 - 21.

③　侯佳儒、林燕梅：《美国有毒物质排放清单制度的经验与启示》，《中国海洋大学学报（社会科学版）》，2014 年第 1 期，第 86—91 页。

④　US Fed News Service, Including US State News. Edge Tech Industries of Davenport, Iowa, to Pay ＄26,000 Penalty for Failure to Report Annual Toxic Release Inventory for Lead. http://search. proquest. com/docview/750154588? accountid=13818, 2010 - 09 - 10.

是塑造企业正面形象的一种积极方式。孟山都（Monsanto）公司的成功经验就说明了这一点。除了在其网站上提供了下属设施过去和现在关于有害化学品排放和运输的 TRI 信息之外，孟山都公司还公布了二氧化碳排放、主要有毒化学品排放、处罚情况、化学品泄漏情况等信息。[①] 反之，面对媒体的负面报道和公众的质疑，企业不得不进行被动的环境信息公开，以消除其舆论危机，在公众舆论面前显得很被动。位于阿拉斯加州的"红狗"（Red Dog）矿场，就在其网站中关于环境保护的页面上以醒目的字体解释，该矿场的污染物排放量在 TRI 数据库中之所以位列全美第一，并非因为实际排放量巨大，而是通过其处理及运送的矿石和矿渣的巨大数量所计算得出。[②] 企业进行直接环境信息公开，无论其目的是进行形象塑造，还是消除舆论危机，为了使其更有说服力，往往都会参考 TRI 清单，来寻找信息公开的着力点。

TRI 清单的一大特点是其修改过程有企业界的参与，因此它也尊重了多数企业的意愿。每当 TRI 清单进行修改时，美国环保署都会征求各方面的意见，其中企业界的意见占了多数。较为典型的是 1994 年 TRI 清单修改。在修改过程中，环保署共收到 266 条意见，其中 136 条来自企业界、60 条来自各行业协会。参考这些意见之后，环保署中止了将一部分物质加入 TRI 清单的程序。[③] 除了对清单的修改提出意见之外，企业界还会向环保署直接提出申请，甚至向法院起诉环保署，要求将特定的物质从 TRI 清单中删除。美国化工生产协会就曾向环保署提出申请，要求将丁酮从 TRI 清单中删除。在申请遭到驳回之后，该协会起诉了环保署。环保署在败诉之后将该物质从 TRI 清单中删去。[④] 如果 TRI 清单的修改只由美国环保署进行，势必不能反映美国企业界的诉求，从而使 TRI 数据库的运行

[①] United States Environmental Protection Agency. How Are the Toxics Release Inventory Data Used?. http：//www. epa. gov/sites/production/files/documents/2003 _ TRI _ Data _ Uses _ report. pdf，2003 - 05.

[②] Red Dog Operations. Understanding the Toxics Release Inventory Report. http：//www. reddogalaska. com/Generic. aspx? PAGE = Red + Dog + Site% 2fEnvironmental + Pages% 2fTRI&portalName=tc，2009.

[③] United States Environmental Protection Agency. Addition of Certain Chemicals Final Rule. http：//www. epa. gov/sites/production/files/documents/1994chemicalexpansionfinal. pdf，1994 - 11 - 30.

[④] United States Environmental Protection Agency. Methyl Ethyl Ketone. http：//www. epa. gov/toxics-release-inventory-tri-program/methyl-ethyl-ketone，2005 - 06 - 30.

遇到阻碍。企业界参与 TRI 清单的修改工作中，使得 TRI 数据库在满足公众的环境信息公开需要的同时，也兼顾了企业的环境信息公开成本问题。

（三）TRI 清单是公众参与和媒体进行环境新闻生产的指南

公众能够依照 TRI 清单，有针对性地获取利于环保活动的信息。TRI清单能够帮助非政府组织有针对性地进行环保活动。有报道指出，五大湖区的公民团体曾利用 TRI 清单以及其数据库的数据，推动降低排放、保护五大湖区水资源的行动，并反过来要求美国环保署拓展 TRI 清单，来帮助公众更好地了解威胁五大湖区的有毒物质。[1] TRI 清单犹如一张地图，使非政府组织在进行环保活动时，可以分清化学物质对人体和环境的危害的轻重程度，从而针对那些危害较大的化学物质及其排放者进行环保活动。同时，清单也是非政府组织主导的环境信息公开行为的重要参考。位于加州的"硅谷毒物联盟"（Silicon Valley Toxics Coalition）组织就利用 TRI清单和数据库，建立了展示有毒化学品排放情况的网站，还发布了"硅谷环境指数"来表征圣克拉拉县的可持续发展状况。[2]

媒体也利用 TRI 清单获取环境信息，指导环境新闻的生产。《俄亥俄纪事电讯报》曾根据 TRI 清单，利用其数据库撰文指出，伊利湖受到砷、钡、铬、铅和汞等有害化学品的污染，且其年度致癌物排入总量为 4 907磅（约 2 226 千克），在全美所有水道中列第 48 位。[3] 媒体从业者自身往往并非环境领域的专家，由于缺乏专业性，往往只能针对最近发生的环境灾难事件，在环境危机发展到一定程度之后才进行介入。而 TRI 清单能够指导媒体从业者，何者才是对公众健康和自然环境具有长期、严重的负面影响的污染物，也就是媒体亟须进行针对性调查和报道的污染物，从而令媒体以报道形式进行的环境信息公开具有更强的针对性和科学性，甚至有一

①　Pollution Watch. Great Lakes Still Under Siege from Toxic Pollution. http：//www. pollutionwatch. org/pressroom/releases/20100421. jsp，2010 - 04 - 21.

②　United States Environmental Protection Agency. How Are the Toxics Release Inventory Data Used?. http：//www. epa. gov/sites/production/files/documents/2003 _ TRI _ Data _ Uses _ report. pdf，2003 - 05.

③　Goodenow, E. Lake Erie ranks in nation's top 50 for carcinogens dumped into water. http：//chronicle. northcoastnow. com/2012/04/24/lake-erie-ranks-in-nation% E2% 80% 99s-top - 50 - for-carcinogens-dumped-into-water，2012 - 04 - 24.

定的前瞻性。这些都使得环境污染的信息传播具有了指标意义，能够有效纠正传播失灵的问题。

二、TRI 清单的管理与演进逻辑

TRI 清单只有不断管理与演进，才能符合人们对环境信息公开的要求。由美国环保署管理，TRI 清单的演进必须遵循一定的、合理的逻辑。TRI 清单的演进过程中大致呈现如下逻辑：按公众认知度由高到低列入项目，同时删除无助于环境信息公开目标的项目。

（一）TRI 清单增添项目的逻辑：按公众认知度由高到低列入项目

首先，TRI 清单优先列入通过重大环境灾难使公众得到认知的化学物质。一方面，重大环境灾难的发生催生了有害化学品清单。TRI 清单的诞生和剧毒化学品"甲基异氰酸酯"密切相关。这种物质在低浓度下就能对呼吸系统造成严重的损害，并导致呕吐甚至死亡，还会造成孕妇产下畸胎或死胎。1984 年 12 月 4 日，美国联合碳化物公司位于印度博帕尔市的工厂发生甲基异氰酸酯泄漏事故，仅当晚就造成数千人死亡，其他受害者或陆续死亡，或遭受永久的残疾。事故发生后的一年内，仅《纽约时报》一家报纸，就发表了 246 篇提及甲基异氰酸酯的报道。[①] 这起事故及其引起的大量媒体报道，促使美国国会于 1986 年制定了《紧急计划与社区知情权法案》（EPCRA），其第 313 条是 TRI 清单及其数据库的建立的法律基础。[②] 另一方面，重大环境灾难导致媒体对相关化学品进行大量报道，提高了公众认知度，从而推动了 TRI 清单的进一步拓展。对于美国环保署而言，曾经造成重大环境灾难的危险化学品，是 TRI 数据库进行环境信息公开时最先需要关注的对象。因为公众认知度高，较为敏感，曾导致水俣病

---

① 美国主流报纸中，《纽约时报》对于环境问题发表的报道最多，故此部分选取其报道数量作为特定污染物的公众认知度的表征。此部分所涉及的特定时期内关于甲基异氰酸酯的媒体报道，均在《纽约时报》的档案搜索页面（http：//www. nytimes. com/ref/membercenter/nytarchive. html）中，通过搜索特定时间段内含有关键词 "methyl isocyanate"（即甲基异氰酸酯）的报道所得到的。此部分所涉及的关于其他有害化学品的媒体报道，均是通过相同方法所得到。

② United States Environmental Protection Agency. Why was the TRI Program created? https：//www. epa. gov/toxics-release-inventory-tri-program/learn-about-toxics-release-inventory ♯Why was the TRI Program created?，2016 - 05 - 22.

事件的汞及其化合物便是其中的代表。水俣病患者往往出现口齿不清、走路不稳的症状，进而失明失聪、全身麻痹，最后精神失常、身体弯曲直至大叫而死。熊本大学的研究团队经过长期研究，得出水俣病的病因是甲基汞中毒，来源是附近日本窒素工厂生产乙醛时所排放的工业废水。日本官方确认的水俣病患者共 2 950 人，但非官方的统计数字多达 1 万余人。[①] 对于这起发生在日本的重大环境灾难，美国媒体从 20 世纪 70 年代起就持续进行报道。《纽约时报》在 1970—1979 年，共发表 61 篇有关水俣病的报道。媒体对于环境灾难事件的大量报道，使得人们充分认识到汞及其化合物对人体的危害和对环境的威胁，也使得汞单质以及所有含汞化合物，在 1986 年便顺理成章地成为首批列入 TRI 清单的化学品之一。将曾造成环境灾难的高危险性物质优先列入 TRI 清单，不仅满足了公众和媒体对有害化学品排放和转移情况的信息需求，也减小了新创立的 TRI 数据库在收集污染物排放数据时所遇到的业界阻力，给了 TRI 数据库和 TRI 清单一个良好的拓展机会。

其次，公众在日常生活中认知其危害性的物质，按认知度由高到低列入 TRI 清单。公众认知度较高的有害化学品列入 TRI 清单也较早，甲醇就是其中之一。人们很早就意识到，误饮甲醇会导致失明甚至死亡。除了甲醇的急性毒性之外，在近年来的研究中，研究者还发现，吸入甲醇蒸汽的孕期小鼠，产下畸形后代的概率更高；而暴露在甲醇蒸汽中的孕期大鼠，其产下的后代的大脑质量会大幅减轻。[②] 美国媒体对甲醇的毒性多有报道，仅在 1984—1986 年，《纽约时报》就有 22 篇关于饮用甲醇致人死亡的报道。媒体对甲醇所造成的危害的广泛报道，使得整个美国社会对于甲醇的危害性有着充分的认知，从而推动了对甲醇的生产、运输和排放情况的公开。甲醇也成为首批在 1986 年被列入 TRI 清单的化学物质之一。

公众认知度较低的有害化学品，会较晚被列入 TRI 清单。在 20 世纪 90 年代 TRI 清单所增加的物质中，除草剂阿特拉津具有较强的代表

---

① 董立延：《水俣病：现代社会的一面镜子——从公害发源地到环境模范都市》，《福建论坛（人文社会科学版）》，2013 年第 7 期，第 179—183 页。

② Clary, J., *The Toxicology of Methanol*, Hoboken: John Wiley & Sons, Inc., 2013, pp.112 - 113.

性。阿特拉津是美国用量最大的除草剂之一，但一系列研究表明，阿特拉津会导致实验动物的激素分泌出现异常，并导致雌性大鼠患上乳腺肿瘤，甚至使雄性蛙类出现雌雄同体等生殖缺陷。[①] 在 20 世纪 90 年代新列入 TRI 清单的物质当中，阿特拉津的公众认知度已居前列。但《纽约时报》从 1984—1995 年，也仅有 12 篇关于阿特拉津的报道。较低的公众认知度，使得阿特拉津列入 TRI 清单的推动力低于那些公众认知度高的物质，导致其在 1994 年才被环保署根据其致癌性列入 TRI 清单。

公众在日常生活中认知其危害性的物质，有列入 TRI 清单的必要。此类物质的公众认知度并不如曾造成环境灾难的物质那么高。一方面民众的支持度有限，另一方面企业界又会为了自身的利益而产生极大的抵触情绪，甚至可能对 TRI 数据库的数据收集工作产生损害。美国环保署将此类物质在多年间逐渐列入 TRI 清单的做法，在对公众和媒体的环境信息公开需求负起责任的同时，也顾及了相关企业的利益诉求，体现了环保署不急不躁、"一步一个脚印"的务实精神。

最后，近年来才发现其危害性的物质，其公众认知度必然最低，也必然最晚被列入 TRI 清单。美国环保署需要时刻关注科学界的最新进展，并将发现有害的物质列入 TRI 清单。被环保署最新列入 TRI 清单的物质是 1-溴丙烷。20 世纪末以来，该物质在工业上常被作为溶剂或清洁剂使用，在干洗、人造纤维制造等产业上也有应用，以替代破坏臭氧层或可能致癌的化学品。人们一度认为它是一种颇有前途的有机溶剂和清洁剂。然而，随着毒理学的不断发展，近年来在鼠类身上进行的实验证实，1-溴丙烷会导致大鼠患上大肠癌等一系列癌症。由此，美国国家毒理学计划（NTP）在其致癌物报告中认定，有充足理由预期 1-溴丙烷会导致人类罹患癌症。[②] 但 1-溴丙烷的公众认知度非常低，《纽约时报》自创刊以来只有 1 篇关于 1-溴丙烷的报道，即是最好的证明。在对 NTP 的报告进行了详细研究之后，美国环保署认为证据足够充分，证明 1-溴丙烷满足列入 TRI 清

---

① Hayes T B, Collins A, Lee M, et al. Hermaphroditic, demasculinized frogs after exposure to the herbicide atrazine at low ecologically relevant doses. *Proceedings of the National Academy of Sciences*, 2002, 99 (8)：5476 - 5480.

② National Toxicology Program. 1 - Bromopropane. http：//ntp. niehs. nih. gov/ntp/roc/content/profiles/bromopropane. pdf，2016 - 04 - 13.

单的条件，从而在 2015 年将其列入 TRI 清单。[①]

随着科技的进步，人类的生产和生活当中必然会出现大量前所未见的化学物质，其中也必然会有一部分物质会对人体和环境产生严重的危害。新发现危害性的物质，其公众认知度最低，需要及时列入 TRI 清单，以提高公众的认知水平。环保署不断将最新发现其危害性的有害化学品列入 TRI 清单，使得 TRI 清单能对实际生产中出现的新变化做出相应的改变，以保障公众的环境知情权。

（二）TRI 清单删除项目的逻辑：删除无助于环境信息公开目标的项目

首先，低毒性物质会被删除。在实际操作中，存在着高估某些物质毒性的可能，从而导致美国环保署不必要地将它们列入 TRI 清单，不仅增大了相关企业的申报成本，也对改善环境信息公开状况帮助不大。硫酸钡的情况即是如此。钡如果摄入人体，在短期内会造成呕吐、腹部痉挛、腹泻、呼吸困难等症状，大剂量的钡摄入则会造成高血压、心律不齐、麻痹，甚至导致死亡。绝大部分含钡化合物都具有高毒性，所以美国环保署将钡和含钡化合物列入 TRI 清单的决定是合理的。但在众多高毒性的含钡化合物之中，硫酸钡是一个例外，其化学性质稳定，不溶于水，由于释放出的钡离子极少，故而理论上无毒性。[②] 相关企业和企业协会均提出，鉴于硫酸钡不符合 TRI 清单的列入条件，故申请将其删除。美国环保署在审议后同意了申请，并将硫酸钡从 TRI 清单中删除。[③]

其次，处于低危险性状态下的某些物质会被删除。某些物质在一些状态下具有较大的危害性，但在另一些状态下却并非如此。因此，在制订和修改 TRI 清单时，美国环保署如果将这些物质的不同状态一并列入，也会造成企业成本不必要的提高。氯化氢是一个典型的例子。气溶胶状态下的氯化氢，长期吸入会对人体呼吸道造成损伤，急性吸入中毒除了损害呼吸

---

①　United States Environmental Protection Agency. Addition of 1 - Bromopropane Final Rule. https：//www. gpo. gov/fdsys/pkg/FR - 2015 - 11 - 23/pdf/2015 - 29799. pdf，2016 - 04 - 18.

②　唐兴华、李琼、曾婉婷、刘世喜：《硫酸钡制剂在消化道造影中的不良反应及并发症研究进展》，《中国全科医学》，2013 年第 27 期，第 2536—2538 页。

③　United States Environmental Protection Agency. Deletion of Barium Sulfate Final Rule. https：//www. gpo. gov/fdsys/pkg/FR - 1994 - 06 - 28/html/94 - 15578. htm，2016 - 04 - 20.

系统外，还会导致脑部、心脏、肝脏等脏器的缺氧性损害。[①] 由于氯化氢具备急性毒性，美国环境署曾将其列入 TRI 清单。但非气溶胶状态的氯化氢并不具备上述危害，不符合 TRI 清单的列入条件。因此，部分企业提出，应只将气溶胶状态的氯化氢列入 TRI 清单。经过审议，美国环保署同意了这一申请，将非气溶胶状态的氯化氢从清单中删除。[②]

再次，易反应的物质也会被删除。此类物质虽然本身具备较大的危害性，但由于易与环境中的其他物质发生化学反应，故而并不会在环境中大量存在。将它们列入有害化学品清单，对环境信息公开状况的改进意义不大。这类物质的代表是氢氧化钠。氢氧化钠溶液进入人体后，会吸收组织内的水分，破坏蛋白质，造成组织坏死。由于氢氧化钠溶液具有急性毒性，美国环境署曾将其列入 TRI 清单。但事实上，此类强碱中毒案例极为少见，仅有的案例也多为受害者故意吞服强碱性物质，[③] 而非从环境中摄入。事实上，氢氧化钠在环境中会迅速与酸性物质发生反应，计算氢氧化钠的排放量，对于提升环境信息公开水平的意义并不大。有鉴于此，美国环保署决定，将氢氧化钠溶液从 TRI 清单中删除。

三、公众参与：美国媒体对 TRI 数据库的使用与传播

美国的环境新闻记者在从事环境新闻报道时，极其注重对 TRI 数据库的使用。长期从事环境报道的知名记者詹姆斯·布拉格斯（James Bruggers）就曾表示，在查找某个工业设施、地区、州县乃至全国的污染物排放量的时候，TRI 数据库是每个记者、编辑或新闻制片人的首选数据库。由于报道范围的覆盖层级不同，美国环境记者在 TRI 数据库的利用上也各有侧重。

在全国范围的环境新闻生产中，TRI 数据库让记者能够掌握全国的污染物总体排放情况。由于全国性环境新闻通常较为笼统，故而在以地区性

---

① 李艳萍、张立仁、熊永根：《急性氯化氢吸入中毒 144 例临床报告》，《工业卫生与职业病》，2007 年第 1 期，第 51—52 页。

② United States Environmental Protection Agency. Hydrochloric Acid. https://www. epa. gov/toxics-release-inventory-tri-program/hydrochloric-acid, 2016 - 04 - 24.

③ 张秦初、唐承汉、尚明琪：《一例氢氧化钠中毒尸检报告》，《中国法医学杂志》，1987 年第 3 期，第 170—171、197 页。

报纸为主的媒体环境中，较少单独出现。美国知名的环境记者肯·沃德（Ken Ward Jr.）在《查尔斯顿报》上利用 TRI 数据所发表的报道，8 篇中有 4 篇将全国范围的 TRI 数据作为文章的背景。这类报道以全国为范围，利用 TRI 数据，使受众得以了解总体的污染物排放情况和趋势，对州、县等更低层级的环境新闻生产起到补充作用。TRI 数据库应用最多的场合，是对各州环境新闻的报道。据统计，2001—2013 年，美国报纸涉及 TRI 数据库的 141 篇报道当中，有 60 篇报道提及了报纸所在州的污染物排放情况，比例高达 42.55%。缅因州的《晨间哨兵报》就曾援引 TRI 数据，报道该州 2010 年的污染物排放量较前一年上升了 114 万磅（约合 517 吨），并将此视为造纸业乃至全州的工业从衰退中恢复的标志。各州的环境状况，受到的关注程度高于全国性的新闻，且各州数据往往已由环境署完成统计，故而受到各家媒体的青睐。同时，这类环境新闻，由于贴近各州的实际情况，回答了公众的具体疑问，因而在各州受众中反响较好。在州级环境新闻生产中应用 TRI 数据，能让报道更为翔实，增强报道对本州民众的服务性。

美国大部分报纸都是地区性报纸，在地区性环境新闻的报道中，美国的环境新闻记者群体，也会利用 TRI 数据库来获取必要的数据。底特律郊区的胭脂河（River Rouge）地区面临着严重的空气污染问题，《新闻周刊》的记者对此进行了专题报道。在报道中，记者引用了 TRI 数据，指出该地在 3 英里的半径内即设有 52 家重工业设施，其中 22 家由于其有害化学品的生产或处理量达到规定数值而必须向环保署上报 TRI 数据，以翔实的数据阐明了该地区空气污染的严重程度及其成因。这些记者难以主动获取精确数据，通过 TRI 数据库得以一览无余。由于多数公众并不直接投身环保事业，所以他们往往缺少途径和动力来获取 TRI 数据，这使得媒体机构必须承担起传输信息的责任。媒体通过地区性环境新闻生产和传播的流程，让当地公众更易接触到 TRI 数据，增进了他们对污染物排放状况及其危害的了解。

美国媒体在报道社区环境新闻时，常常借助 TRI 数据库对看似微小的数据进行分析，挖掘出有重大意义的新闻。学校附近的污染状况一直牵动整个美国社会的关注，受众对相关报道的需求十分强烈。《今日美国》就曾利用 TRI 数据库，对美国各地超过 10 万所学校周围的污染状况做出评估，并结合实地采访和专家访问，完成了题为"有毒的空气和美国的学校"的专题报道。在《今日美国》的专题报道引起反响之后，美国环保署随即对 62 所学校周围的空气质量展开了调查工作，并公布了结果。由于社区群众往往缺乏解读污染物排放数据所需的知识储备和分析能力，媒体机构便承担起解读数据、分析问题的责任。也正是由于媒体在更深的层面对社区层级的 TRI 数据进行解读，才使得环境新闻不停留在仅转述污染物排放数据的层面上，而是在看似微小的数据之下，深挖环境状况恶化、环境正义失效、环境监管失灵等问题的根源，深化了社区公众对环保问题的理解，也实现了环境新闻的社会价值。

美国媒体对 TRI 数据库的利用，不仅聚焦于具体的环境问题，也致力于形成一套有规律的报道机制。在美国环保署公布 TRI 年度报告之后，媒体常常各自跟进报道本州的污染状况，利用新近发布的 TRI 年度报告进行分析，从而形成了全国范围内的高频率报道现象。据统计，2001—2016年，美国报纸提及 TRI 的报道当中，将近 1/3 发表于环保署公布 TRI 年度报告后的一个月内。在一年中的其他时间，媒体引述 TRI 数据，更多是针对具体的新闻事件。总体而言，美国媒体利用 TRI 数据库进行的环境新闻生产，既有描绘总体污染状况的年度报告解读，也有针对具体环境事件进行的数据引证，体现出新闻的周期性生产和对突发事件的追踪报道相结合的特点。

四、TRI 清单对我国有害化学品清单的借鉴意义

我国《危险化学品环境管理登记办法（试行）》于 2012 年首次要求企业就重点环境管理危险化学品的释放与转移情况提交报告。其配套文件《重点目录》仍然具有众多的理论意义。它首次将 84 种物质列入其中，作为我国首个致力于环境信息公开的有害化学品清单，具有开创性的意义，但仍处于起步阶段。通过美国 TRI 清单的经验可以看到，对于《重点目录》的长期完善是其实用性的保证，而严格执行的信息公开法律规范则确保了其有效性，与之相配套的数据库和信息公开平台体现了其满足公众环境信息需求的服务性。三者如同一个人的灵魂、骨骼和血肉，相辅相成，缺一不可。此部分假定《重点目录》没有被废止，但它依然需要完善，以

这一角度来讨论美国 TRI 清单的借鉴意义更有可比性。

我国《重点目录》的完善是一个过程。虽然已被废止，一份多年不曾经历增删的有害化学品清单，必然无法满足公众的实际需求，也必然无法反映本国不断变化的污染情况。美国 TRI 清单的成功并非一日之功，其有害化学品清单也绝非一蹴而就。从 TRI 清单创立之日起，针对该清单的修改从未停止，共经历了 10 次增补和 10 次删减。就在 2015 年 11 月，美国环保署完成了 TRI 清单的最近一次修改，将 1-溴丙烷列入其中。TRI 清单的修改幅度在近年来虽有所减小，但从未停止。

与经历数十年修改的美国 TRI 清单相比，我国《重点目录》仍需要进行长期而大幅度的修改。虽然《重点目录》一开始只有 84 种化学物质，与 TRI 清单的 600 多种尚无法相比，但只要主管部门根据我国的实际情况，将修改工作长期坚持下去，它一定能成为一份详尽且实用的有害化学品清单。

《重点目录》不完善的结果是，即使执法到位，也难以达到环境信息公开的目的。以我国境内的跨国公司为例，壳牌公司在广东省惠州市的工厂在 2014 年的排污记录里，仅有 15 项指标，即废气的"氮氧化物""二氧化硫""烟尘" 3 项指标，以及废水的"化学需氧量""氨氮""石油类" 3 项指标，还有固体废弃物的共 9 项指标，而在 2015 年，其指标总数有所上升，达到 32 项。① 但在美国境内，壳牌所属公司在 TRI 网站上公布的各类指标却高达 49 种之多。② 而且两者的信息质量也有一定差距。在中国，企业公开的固体废弃物信息是废弃物的品名和处理量；而美国的 TRI 网站上，企业公开的信息则是具体的污染物名称和排放量。因此，我国有关部门应意识到完善《重点目录》的紧迫性与长期性。

我国《重点目录》的完善须建立配套的数据库和信息公开体系。与庞大且精密的美国 TRI 数据库相比，我国缺少完善的有害化学品排放数据库系统，而与《重点目录》相配套的信息公开平台更是无从谈起。在我国环保部网站上，可以查到的污染物排放数据仅有"化学需氧量排放量""氨

---

① 广东省环境信息中心：《中海壳牌石油化工有限公司年度自行监测报告》. http：//www.epinfo. org/selfmonitor/getSelfMonitorReportList/report/ad8bd3e8 - 4074 - 11e3 - a6a2 - 6c626d51ef74？ename=中海壳牌石油化工有限公司，2016.

② 王积龙：《新环保法规框架下我国境内跨国公司的环境信息公开机制研究》，《现代传播（中国传媒大学学报）》，2015 年第 10 期，第 122—127 页。

氮排放量""二氧化硫排放量""氮氧化物排放量"4 种，显然与《重点目录》提出的 84 种具体的危险化学品的信息公开要求相差甚远，更不能满足公众的知情权。

同时，鉴于非政府机构收集数据的能力有限，且很大程度上缺乏对企业的强制力，故而世界上多数类似的 PRTR 数据库和信息公开体系均是由政府部门所建立、管理和运行的。我国有关部门应对牵头建立信息公开体系负起责任，使相关企业真正落实新《环保法》第 55 条所提出的"如实向社会公开其主要污染物的名称、排放方式、排放浓度和总量、超标排放情况"，满足公众对环境信息公开的需求。

第二节　纠正传播失灵，实现信息对称，需要多层次的公众参与

在纠正企业污染的传播失灵过程中，公众参与的各种形式都在不同层面纠正着造成传播失灵的各种障碍，特别是以政府传播失灵为特征的功能性传播失灵、以社会组织传播失灵为主的结构性的功能传播失灵。以提高公众对于环境风险认知为核心任务，以推动环境污染风险的对话为主要形式，以影响政府风险管控政策的制定为目标，纠正各类传播失灵的要素。美国公众以 TRI 数据库为基础的 30 多年实践，给我们研究风险传播中公众参与及其各层次的作用提供了大量的鲜活资料。此部分在风险传播框架下研究公众参与各层面对纠正企业污染传播失灵各要素的作用。在理论上，把 TRI 数据库作为有效传播的基础，就在于 TRI 所有风险的确认是可以量化的。"风险感知应是可计量与可预测的"[1]，在此基础上展开对 TRI 数据库公众参与的实践研究，探索 TRI 公众参与层次对于纠正传播失灵的功能。

一、公众参与在 TRI 数据库系统中的层次

风险传播基于 TRI 数据库的研究是建构"客观风险"的需要。由于风

---

[1]　Slovic, P., ‘Informing and Educating the Public about the Risk’, *Risk Analysis*, 1986, p.408.

险的不确定性，在风险传播中风险评估者往往根据量化模型来确定风险。风险评估者认为这些数字才是"实在的风险"，其他非计量的风险去制定政策被认为是独断的。菲施霍夫（J. Fischhoff）等研究者认为风险传播中的信息并非被同等看待，技术专家（technical expert）把风险分成"客观风险"与"主观风险"。前者的"风险"被认为是科学研究的结果，主要表现为公众健康数据、实验研究发现、流行病调查、潜在风险分析等；后者"风险"为非专家研究结果，点缀于公众议程之中，用于以吸引公众眼球。① 因此，本研究要建立在 TRI 数据库基础上，在公众参与各层次中它是风险传播之客观风险感知的基础。

风险正义需要公众参与的多层次和多样化。从目前阶段来看，风险传播研究有越来越多的人认为社会构建与公众的信任在风险感知中发挥着重要的作用；② 从社会正义角度来看，公众参与的程序正义认为在风险管控的政策制定过程中，公众的参与的各种程序及其形式比公众参与的结果本身更重要。③ 参与形式在美国国家研究中心（NRC）的研究结论中同样起着不可或缺的作用，该中心研究认为公众参与中需要强制性地让更多的利益相关者参与到风险评估中来。风险评估应该是这样一个过程：在不排除公众参与及公民意见的（公众对于风险的感知）前提下，科学家展开与确定风险的研究。④ 按照风险正义的规范，多层次的公众参与本身就是一种目的。

公众参与中专业技术与社会文化维度的关系。公众参与程度也取决于地方化的问题，具有真实的社会情境，而不是基于假设的、去社会情境的心理测量等要素。米雷尔（B. Mirel）认为在风险感知过程中，心理学研究受限于个体的激愤因素，事实上风险感知是由社会和文化群体建构起来的，⑤ 与单纯的试验设计或可计量的数据不同，社会文化因素补充了计量

① Fischhoff，B.，Watson，S. R.，& Hope，C.，'Defining Risk'，*Policy Sciences*，1984（17），pp.123 - 139.

② Cvtkovich，G.，*Social Trust and the Management of Risk*，London：Earthscan Publication，2000.

③ Lauber，T. B.，& Knuth，B. A.，'Fairness in Moose Management Decision-making：The Citizens' Perspective'，*Wild Society Bulletin*，1997，25（4），pp.19 - 37.

④ *Understanding Risk：Informing Decision in a Democratic Society*，National Research Council，Washington D. C.：National Academy Press，1996.

⑤ Mirel，B.，'Debating Nuclear Energy：Theories of Risk and Purposes of Communication'，*Technical Communication Quarterly*，1994（3），pp.41 - 65.

要素所发生的社会情境，TRI 数据库的实践都具有这种社会情境。因此，社会文化因素也是作为本研究风险传播中公众参与程度的重要坐标，它是稳定的心理要素。与之形成对照，"技术性"（technical）特征是指在风险管理政策制定过程中的技术性要素，主要指具有制定风险管控政策的"技术专家"。瓦德尔（C. Waddell）认为如果不接受公众参与，就很容易形成风险传播的"技术模式"。① 在这个模式里，决定风险管控的政策掌握在"技术专家"手里，他们具有高度的公众参与性（public power），但他们又很容易脱离公众。有学者批评技术性专家"缺少公众参与的合法渠道"而使得其政策服务于"特殊社会利益"群体。② 因此，技术性特征与文化要素形成公众参与度不同方向的两个维度。

在风险传播过程中，好的风险管控政策制定既需要科学性又要符合社会正义，这在风险传播研究中作为重要的参照要素反映在公众参与的各层次当中。③ 因此，公众参与在科学实证与社会正义框架下考察被认为是较理想的状态；与之形成对照，非实证的批判性特征成为衡量公众参与的另一参照要素。本研究把公众参与各种形式建立在 TRI 数据库基础上，来研究公众参与层次及其功能，TRI 的可计量与可预测属性是风险传播和公众参与的科学基础。与心理学测量不同，笔者基于 TRI 的研究侧重于不同层次与功能，基于实践上的宏观模型与图解。在 TRI 数据库基础上的公众参与的形式中，企业是被监督的对象又是法人，具有公众参与的权利，接着是公民个人与社区，然后是社会组织、学校教育与大众传媒，再到研究机构与政府部门的公众参与。根据理论分析，做出下图坐标的各元素及其相互关系，见图 5。

公众参与的不同层次及其关系。作为美国环保署环境政策的规划与评估的管理者，弥尔顿·拉塞尔（M. Russell）认为风险传播过程中政府、科学家、媒体与普通公众在公众参与中有不同作用。④ 作为风险管理政策

① Waddell, C., 'Defining Sustainable Development: A Case Study in Environmental Communication', *Technical Communication Quarterly*, 1994 (4), pp.201-216.

② Winner, L., 'Citizen Virtues in a Technological Order', In Andrew Feenberg & Alastair Hannay, (Eds.), *Technology and the Politics of Knowledge*, Bloomington: Indiana University Press, 1995, pp.65-84.

③ Rowan, K., 'What Risk Communicators Need to Know: An Agenda for Research', In Brant Burleson (Ed.), *Communication Yearbook* 18, International Communication Association, 1994b, pp.300-319.

④ Stratman, J. E., Boykin, C., Holmes, M. C., 'Risk Communication Meta-communication, and Rhetorical States in the Aspen EPA Superfund Controversy', *Journal of Business and Technical Communication*, 1995 (9), pp.5-41.

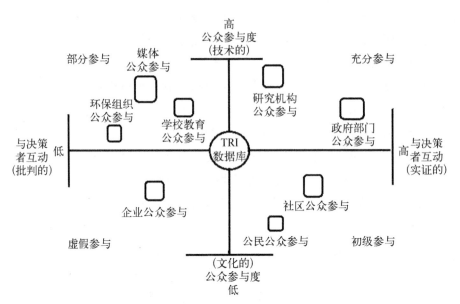

图 5　TRI 数据库的公众参与层次示意图

制定者（即政府监管机构）像"批发商"，采用科学家的研究意见去解释政策（大规模定制）的合理性；专业的传播机构如有线广播或报纸记者是"零售商"，通过传播新闻将批发的商品摆在货架上让人挑选；普通的公民是"消费者"，他们根据自己的需要来决定是否购买商品。这是一个偏执的单向传播过程，但它表明在风险传播中，政府部门、科学家、媒体与公民在政策制定过程中具有"阶梯性"，拥有不同的层次与地位，公众参与正好是打破这种话语权力模式，是反向传播的过程。它是指在制定环境风险管控的政策过程中，公民、风险各方、利益相关群体、市场团体与政府之间的意见交流过程，公众参与在于推动这一过程。① 因此，在公众参与中，政府、科学家、媒体、公民组织、公民个人、市场团体就构成了对制定政策产生不同影响的利益主体，处于不同的"公众参与度"坐标项内。

　　在公众参与风险传播的过程中，TRI 数据库起到了基础性的作用。学者林恩（F. Lynn）与卡兹（J. Kartez）曾经对全美范围 TRI 使用者的情况做过调查，使用者反映在公众参与方面，可以通过 TRI 数据库监督企业

　　① Renn, O., Webler, T., & Wiedmann, P. M., *Fairness and Competence in Citizen Participation: Evaluating Models for Environmental Discourse*, Dordrecht: Kluwer, 1995, p.5.

使其在政策允许范围内正常地排放，又能确定污染源所处位置，了解污染源减排机会，获取有利于健康的信息，还可以掌握推动公众参与的方法等。研究认为，以 TRI 数据库为基础的公众参与推动了各方的对话，公众知道了怎样更好地去控制企业有毒物质对外界的排放，因此更好地推动相关政策的出台。[①] 事实上，在 TRI 的实践过程中，公众参与展示出更复杂的层次与关系。

二、公众参与在 TRI 数据库中各层次的功能

在风险传播中，对于风险的评估因主体性的差异而会有不同的感知结果，因此各群体的诉求需要在公众参与中得到体现以形成舆论，并对风险管控的政策制定过程产生影响。因此，在公众参与过程中，风险传播的利益主体要多样化。以 TRI 数据库为基础，笔者探索这 30 多年里美国公众参与的实践。

（一）企业的虚假公众参与，形成风险的感知客体

避免传播失灵必须要有被监督的对象。在以 TRI 数据库为基础的风险传播中，企业是风险主要的制造者，在公众参与中它是以追逐利润为原动力的、具有原罪特点的参与主体。有学者提出虚假公众参与（pseudo-participation）一说，认为这种参与形式是在风险管控的政策早已经被制定出来后，为了避免公众的不友好反应，制定者（如政府部门、企业等）通过公众参与来创造公众也加入风险管控政策制定过程的幻觉。[②] "虚假参与"是对企业公众参与的最接近的描述，在以 TRI 数据库为中心的公众参与中，企业始终处于被舆论监督的对象中。在"虚假参与"模式里，贝尔斯顿（L. Belsten）认为社区里的公民不做公众参与活动不是他们对诸如污染等风险问题不感兴趣，而是认为公众参与仅仅是一种"决定—宣布—辩护"的过程，这一过程是权力方设计好的公众参与的公关记录，并认为这

---

① Lynn, F. M., Kartez, J. D., 'Environmental Democracy in Action: The Toxics Release Inventory', *Environmental Management*, Vol. 18, No. 4, 1994, pp.511-521.

② Iacofano, D., Moore, R., & Goltsman, S., 'Public Involvement in Transit Planning: A Case Study of Piece Transit, Tacoma, Washington, USA', In H. Sanoff (Ed.), *Participatory Design: Theory & Techniques*, Henry Sanoff, 1990, pp.196-205.

种参与会导致来自公众对于风险管控政策的明显的反对，会延缓这类管理政策的出台与顺利推行。[①] 因此，企业这类公众参与并不能吸引太多的公民以及社区参与其中。

企业公众参与的重要形式是利用 TRI 数据库进行内部环境风险监控。波音公司把 TRI 数据库里该公司的排放数据刊登于公司官网上，以此向企业内部员工和公众展示该公司的环保工作及其进程。该公司官网的信息显示，从 1991—2002 年波音公司有害化学品总量排放已经减少了 82%，波音公司将继续投资研发减排的新科技、寻找新路径。[②] 孟山都（Monsanto）公司同样在本公司网站上公开以往和现在本公司工厂排放的 TRI 数据，合规的排放处罚、化学品泄漏、现场优先排放的化学品等。在企业以 TRI 为基础的风险传播中，理想状态下企业试图让公众充分了解企业对于企业风险管理科学性的认知，目标公众的这种认知甚至需要达到与企业管控者相一致的程度，这样公众就会同意企业对于风险管控的种种制度的理解与支持。事实上，由于公众较少参与其中，利用 TRI 数据来检测本公司环境各类指标是其主要的功能。

提高企业循环再利用能力以获取市场回报。企业利用 TRI 信息可以进行有效的内部废物处理。马拉松石油公司（Marathon Oil）加装热脱吸装置对废旧油桶处理，成功再利用了 12 万余废旧油桶；乔治亚海湾公司（GGC）采用 TRI 信息装置甲醇汽提塔净化管线，成功回收 9 300 加仑的甲醇，这些甲醇之前已经被作为生物废物处理。[③] 佛罗里达电照公司（FPL）注意到 TRI 在公众参与中的影响力，建立了回收利用中心对旧材料回收再利用，该中心每年售卖再利用产品的利润达到 180 万美元。[④] 范德堡大学基于 TRI 的研究发现，企业从事治污活动级别较高者，其在股票市场的价值就会越高（EPA，2003，P54.）。

[①] Belsten, L., 'Environmental Risk Communication and Community Collaboration', In Star Muir & Thomas Veenendall (Eds.), *Earthtalk*, Westport, Connecticut: Praeger Series in Political Communication, 1996, p.31.

[②] 'Safety Health and The Environment', Boeing Company Website, January 7th , 2003.

[③] Pine, J., *1997 Toxics Release Inventory and Right-to-Know Conference Proceedings*, Washington D. C.: EPA, September 8, 1997.

[④] McDonnell, Jeff S., 'The Toxics Release Inventory: A New Challenge for Electric Utilities', *How Are the Toxics Release Inventory Data Used?*, Washington D. C.: EPA, 2003, p.32.

企业利用 TRI 数据的公众参与在于改善形象来实现市场目标。《财富》杂志用 TRI 数据编制出美国制造业的"绿色指数"，依据企业的环境记录给企业打分（0—10 分）并区分出 10 个级别。[①] 一些公司特别是大公司会充分利用 TRI 数据库中关于本企业的记录，来监测与内部评估其企业的环境表现。对于一般的企业，如福特汽车使用 TRI 来追踪本企业的环境改善轨迹，以此作为企业可持续发展计划的一部分。[②] 最近这些年苹果公司也会利用 TRI 数据库里本企业的环境记录，每年会出版《苹果环境责任报告》（AERR），作为社会责任的一种具体表现，向公众进行环境信息公开。这是企业社会责任的一部分，是提高形象的重要途径，也是一种公关行为。

这种"虚假参与"让企业作为环保主体进入公众参与中来，是形成"企业—政府—公众"为基础的多层次公众参与的前提条件。然而，有研究发现在全球范围内光鲜夺目的企业社会责任报告中，企业通常都会回避其核心业务，这些公众参与也不会对其日常决策产生影响。只有极少数企业的可持续发展计划得到重视并获取了资源。因此企业的这些公众参与无法在全球业务中逐步实现环境的改善。[③] 这种参与和哈贝马斯的话语伦理理论里的"战略行动"（strategic action）相似，只是它的传播方式是单向与线性的，权力一方制定了风险管控的决策以后，再与公众沟通后让公众接受。[④] 这个层次的公众参与，让公众多了一个不同利益主体，有了一个主要的舆论监督的客体和公共对话的对象。

（二）初级公众参与，以纠正内容扭曲性的传播失灵

初级公众参与是指公民个体或者社区组织引导的公民小群体，尝试在风险认知与风险管理政策制定过程中，与制定者建立一种双向的信息交流沟通关系。按照学者罗威（G. Rowe）等的观点认为，公众参与应该

---

① Rice, F., 'Who Scores Best on the Environment', *Fortune*, Vol. 128, No. 2, July 26th, 1993.

② *Ford Sustainability Report 2017-2018*, Ford Motor Company, 2018.

③ 《绿色供应链：CITI 指数 2015 年度评价报告》，公众环境研究中心，2016 年，第 2 页。

④ Grabill, J. T. & Simmons, W. M., "Toward a Critical Rhetoric of Risk Communication: Producing Citizens and the Role of Technical Communicators", *Technical Communication Quarterly*, 1998, 7 (4), pp.415-441.

是信息双向流通的过程。他们专门与公共传播（public communication）的信息从权威到公众、公共咨询（public consultation）的信息从公众到权威的单向流通相区别，认为公众参与在双向信息流通中获取参与表达的机会。[①]

公民个人的参与是最基本的形式。因为有了 TRI 数据库，美国公民会主动挖掘 TRI 数据库，传播当地的环境风险，扩大社区公民对当地风险的认知，从而获得公众参与的主动权。威尔森（D. Wilson）是美国一位普通公民和环保主义者，在得克萨斯州墨西哥湾的锡德里夫特镇，她采用 TRI 数据库来确认这个海边小镇内有害污染物对于公众与经济的负面影响。[②]威尔森是该镇的第四代渔民、5 个孩子的妈妈。当她得知她和邻居们生活在美国污染最严重的小镇以后，她决定用 TRI 数据库的信息来抗争和反击。作为公民个体公众参与的范例，威尔森获得了国家渔民杂志奖（NFMA）、路易斯安那环境行动（LEAN）等公民奖项。

通过 TRI 数据与周边的排放工厂直接双向沟通是公民公众参与的重要形式。相对于企业来说，公民个人的力量也相对较小，在公众参与中更多地以社区的形式参加到风险传播中来。20 世纪 90 年代加州里士满小城（Richmond），一些社区周围有数家炼油厂和大工厂排放化学品污染物。居民在"改善环境社区"（CBE）等社区组织的倡导下，挖掘 TRI 数据库中有关里士满小城里的污染源，出版了《处于风险中的里士满》报告，确定有 20 家最大的污染厂，并认定雪佛龙炼油厂为最大污染源。于是，社区居民与雪佛龙公司之间组织多次的直接对话。在 TRI 数据面前，雪佛龙公司答应在 1994 年关闭工厂的旧设施，替代以环保的新设备，从而达到公民、社区层面公众参与的效果。[③]

社区组织带领个体公民参与风险认知实现信息的双向流通，通过 TRI 数据库出版社区报告以获取参与交流的机会。爱荷华工商业协会（IABI）是致力于社区为单位来做环保的组织，利用 TRI 数据库，该组织要在德梅

---

① Rowe, G., & Frewer, L. J., 'A Typology of Public Engagement Mechanisms', *Science Technology & Human Values*, 2005, 30 (20), pp. 251 - 290.

② Wilson, D., *An Unreasonable Woman A True Story of Shrimpers, Politicos, Polluters, and the Flight for Seadrift, Texas*, Chelsea Green Publishing Company, September 15, 2006.

③ *A Citizen's Guide to Reducing Toxic Risks, Puting the Toxics Release Inventory to Work!*, Washington D. C.: EPA, 1998.

因波尔克县内的社区里减少 TRI 里有害化学品的排放，并制定在 1992—1995 年减少 70％排放的监督计划，并有较好的效果。[1] 社区居民的参与甚至能够形成较大的地域性舆论，密西西比河走廊广为人知的"癌症村"（cancer alley）居民利用 TRI 数据库出版了社区报告《呼吸毒物：卡尔克苏教区工业的毒害成本》，[2] 揭示卡尔克苏教区的穷人和有色人种的呼吸健康比普通公众承受更大的环境风险伤害。这一报告引起美国州和联邦环境资源部门的重视，2002 年美国环保署太平洋西南区域办事处在此基础上还专门出版了《降低毒性风险的公民指南》，[3] 针对加州、夏威夷州、内华达州等地的公民，指导他们如何使用 TRI 数据库来降低社区与邻里间的环境风险。因为有了 TRI 数据库，传统意义上的公民个人与社区公众参与的作用发生了较大变化，它变成了其他几种公众参与的基础。

　　学校教育中传播风险属于偏文化属性的范畴。教育领域利用 TRI 数据库建立知识体系，对学校里的学生进行环保教育，这是促进公众参与的重要形式。在中学教育层面，有从事公共卫生咨询事业的学者利用麾下的非营利组织环境健康研究中心设置了高中阶段的课程，鼓励高中生以 TRI 数据库为研究的基础，进入到环境评估与保护的公众参与中来。[4] 在从小学到大学的课程里面，美国环保署也在推荐以各类 TRI 为基础的健康防护课程。[5] 在大学研究层面，《洛杉矶时报》报道过加州大学洛杉矶分校利用 TRI 数据库的研究，证实美国人口最多的县（洛杉矶县），低收入群与拉丁族裔比其他群体更接近该区主要的几个空气污染源，有可能导致健康问题。这种新知识也会对这个领域进一步研究提供理论框架。[6] 这些教育领

　　[1]　*State Directory: 33/50 and Voluntary Pollution Prevention Program*，Washington D. C.：U. S. Environmental Protection Agency，1993，October 1993.

　　[2]　*Breathing Poison: The Toxic Costs of Industries in Calcasieu Parish*，Residents of Calcasieu Parish，Louisiana，Mossville Environmental Action Network，June 2000.

　　[3]　*A Citizen's Guide to Reducing Toxic Risks*，Using the Toxics Release Inventory，EPA's Pacific Southwest Regional Office，Summer，2002.

　　[4]　JSI Center for Environmental Health Studies：A Division of the JSIR Rearch and Training Institute，data available at the website www. jsi. com/JSIInternet/IntlHealth/index. cfm on Oct 30，2018.

　　[5]　'TRI Curriculum Project for Universities and High Schools'，data available at the website www. epa. gov/sites/production/files/2014 - 10/documents/bk2 _ wed _ 8 _ katers _ eggert _ 0. pdf on Oct 30，2018.

　　[6]　Kolacovic，G.，'Poor Neighborhoods and Poor Health'，*Los Angels Times*，October 18，2001.

域从知识体系上培养年轻人使用 TRI 数据库的方法，以尽早形成环保领域公众参与的习惯。

总体来看，初级公众参与主要是公民个人或社区利用 TRI 数据库传播风险，以主动获取公民参与中双向沟通的机会，以纠正大众传媒为代表的内容扭曲性的传播失灵。米雷尔认为在公民与社区公众参与层面，风险心理学家认为公民的愤怒是由社会、伦理方面的认知反应引起的，因此心理学家认为这个层面风险传播的目的，一定不要用专家的"事实"去"教育"公众，而是要建立一种对话机制，要在一个公民愤怒与恐惧的话题上建立双向共享信息的流通渠道。因此，初级公众参与中公民并不能真正地从科学高度理解风险的真实存在，而是争取获取双向信息流通的机会以影响公众参与的结果。

（三）部分公众参与，以纠正功能性的传播失灵

功能性的传播失灵在于传播的结构齐全，有些结构不能发挥有效传播的功能，科技语言与大众语言的沟通不畅是最常见技术性的失灵表现。部分公众参与是由"技术性"（technical）正坐标轴和"批判性"（critical）负坐标轴组成。"技术性"是指风险可以独立于社会情境而被研究出来的属性。沿着这个坐标项，风险评估者需要努力促使公众用专家的思维方式去考虑风险，公众的风险感知需要与科学理性相一致，[①] 这样就更容易与科学政策制定者产生互动。然而，这一维度的偏颇之处在于它排除了风险的社会建构因素，也排除了公众利用已有知识运用于政策制定过程的可能性。"批判性"维度正好用来纠正这一倾向，它是指像大众传媒、环保的非政府组织等在用大众化的语言传播科学风险的信息，从而在"技术性"专家与普通公众之间架起一座桥梁，提升公众的风险认知能力，以避免功能性的传播失灵。这个过程中，一方面，承接了公民个体与社区的公众参与，因为他们还没有获得风险知识；另一方面，在此层面公众并不能与政策制定者进行对话，只有完成这一步才能进入到政策制定者对话阶段。故此，此一层面被称为部分公众参与。

---

① Plough, A., & Krimsky, S., *Environmental Hazards: Communicating Risks as a Social Process*, Dover: Auburn House, 1988, p.305.

　　大众传媒利用 TRI 进行数据分析来对公众进行风险传播。每年美国环保署 TRI 数据库最新的报告出炉，媒体都会对全美的环境问题作各类分析与总结。《华盛顿邮报》对 2009—2010 年全美增加的 16% 有害物排放物进行分析认为，这些增量主要来自金属冶炼和化学品制造业，并注意到这些产业也增加了二噁英的排放，加大伤害公众健康的风险。[①] 借助公众对于科学风险的理解以形成强大的舆论，报道有毒物排放与公众健康关系为常见的新闻生产方式，如全国大报《今日美国》利用 TRI 数据跟踪工业污染，确定出美国有 12.8 万家学校毗邻高污染设施。这篇报告在涉及与 TRI 数据库的关系时指出："数据是在由 2 万家工厂提交给政府报告信息的基础上挖掘出来的，这里还提供给美国公民如何获取校外空气（质量）信息以及如何防护的知识"。[②]

　　大众传媒还能代表公众监督地方政府表现，从而形成舆论压力敦促地方政府改进工作。新英格兰地区的网媒 golocalprov 利用 TRI 数据库，根据罗德岛上的有毒物排放给市政府评级，以推动公众参与。[③] 作为美国有影响力的媒体，网媒《福布斯》利用 TRI 数据库中有害化学品排放的分布，发布美国"最有毒"的前 10 名城市排行榜，以此引起公众注意力，形成对政府的舆论压力。[④] 因为 TRI 数据库很容易形成各类污染数据排名，连英国的《卫报》为博得眼球也加入这种新闻生产中来，做了美国污染前 10 名电厂的排名。[⑤]

　　这些大众传媒利用 TRI 数据库进行新闻生产所形成的风险传播具有强大的舆论效果。美国联邦环保署下属的化学应急准备和预防办公室（CEPPO）的调查发现，媒体基于 TRI 数据的风险报道过后，被媒体点名的大排放企业出现明显的减排现象，是整体产业排放降幅的两倍。[⑥] 对于公众参与来说，这一点无疑具有振奋人心的效果。

　　① Eilperin, J., 'Toxic Releases Rose 16 persent in 2010, EPA Says', *The Washington Post*, January 5th, 2012.

　　② Benjamin Penn, 'The Smokestack Effect: Toxic Air and America's Schools', *USA TODAY*, April 1th, 2009.

　　③ Beale, S., 'The Most Toxic Towns in Rhode Island', www. golocalprov. com, April 12, 2012.

　　④ Brennan, M., "America's 10 Most Toxic Cities", www. forbus. com, February 28, 2011.

　　⑤ Oltman, S., Kate S., 'America's Top 10 Polluting Power Stations', *The Guardian*, January 12, 2012.

　　⑥ *How Are the Toxics Release Inventory Data Used?*, Washington D. C.: EPA, 2003, p.36.

　　大众传媒与环保组织在 TRI 数据上的舆论联动。环保组织因为具有高度的公众参与性，某种程度上反映着公众的声音，媒体在风险传播的公众参与方面，愿意与环保组织形成舆论上的合力，以强化舆论效果来推动公众参与。以环境美国（Environment America）为例，该环保组织很注重在调查研究基础上带动公众参与，美国多家大众传媒都与其形成过舆论联动。《今日疏浚》（*Dredging Today*）新闻生产中使用环境美国的 TRI 数据研究发现，在 2010 年有 850 万磅的有毒化学品被倾倒进新泽西的水航道里，造成巨大环境风险。[①] 这种互动会有空间上的联动性，同样以环境美国的报告为基础，《新泽西实时新闻》（*NJRTN*）列出新泽西州境内具体的河流污染情况，如特拉华河污染全美排名第 5、摩尔斯河（Morses Creek）污染全美第 19，并指出问题根源："环保人士指出污染者并不是违法（倾倒），企业自己报告给环保署的（TRI）数据是（合法的），基于国家法律许可的（底线）向水路排放（污染）物质的。"[②]

　　在新闻生产过程中媒体与环保组织在事实与观点上很容易形成联动，既能用生活化的语言传播公众以风险知识，又能促使政府政策制定者提高排放标准，容易产生强大的舆论效果，让受众多角度地感知风险，公众参与的效果就好。

（四）充分公众参与，纠正结构性功能的传播失灵

　　传播的结构性功能失灵即传播结构不完整或者结构上存在不确定因素，导致传播失灵，在本研究中主要是因为外部权力系统所致的传播结构不全，或者结构要素不确定，导致传播失灵。因此，按照公共选择理论，需要公众参与选择、参与表达，然后在政策层面保证这种传播结构的完整与功能的畅通，从而实现有效传播。按照贝尔斯顿的观点，充分公众参与（full participation）是一种理想状态，是指在决策机构里每一个成员对政策的制定都有平等的权利，权力已经去中心化，公众参与过程的建议与修改方案将会被纳入政策制定中来。当然，这种充分参与是建立在前三种

---

　　① '8.5 Million Pounds of Toxic Materials in New Jersey's Waterway', *Dredging Today*, April 5th, 2012.

　　② Augenstein, S., 'Delaware River is 5th Most Polluted River in U. S., Environmental Group says', *New Jersey Real-Time News*, April 5th, 2012.

层次的公众参与基础之上的，没有前三种公众参与就不会有充分的公众参与。与此同时，正如米切尔·西蒙斯所说的那样，我们没有人会认为公众参与的每一个体都会平等地对政策的制定产生影响。之所以这样说，是为了表达这种公众参与对于政策制定的影响力之强大。不过它是有条件的，学者罗斯（Ross）认为一个开放的公众交流的平台应该包括各种利益相关方，政策制定之前对于各种公众参与诉求的尊重。①

充分的公众参与首先表现在研究领域对于 TRI 数据库基础上的风险研究，这个层面关照的对象是社会精英阶层，它们直接或间接地作用于政策制定者，是在公众参与的高层次才出现的高参与度。具有独立身份的学术团体或民间研究机构，运用 TRI 数据在公众参与中能够直接推动政府工作。布鲁克林区消费者政策研究所（CPI）是一个联邦政府认可、财政上独立于政府和企业的慈善组织。这个研究机构使用 1988 年的 TRI 数据库发现，乌兰诺公司（Ulano Corporation）是纽约市第一家空气污染大户。它联合多家媒体报道对政府职能机关形成强大的舆论压力，纽约市环保局（DEC）采取行动促使乌兰诺公司改造焚烧炉，把甲苯的排放减少到原来的 5% 左右。② 这种公众参与有独立研究机构基于 TRI 的数据库研究，直接推动政府提高企业产业标准的规定，大大提高了公众参与的效果，是这个层面公众参与的典型。

政府利用 TRI 数据来完善企业公众参与的奖惩政策。科罗拉多公共卫生与环境部（CDPHE）以 TRI 数据系统为依据，确定了全州范围内 10 家企业集团为最大的有害品化学排污单位。这一纪录是该州环境部开展企业治污活动优先权及其资金分配的重要依据，这也是大企业参与政府减排项目的重要参照。③ 政府职能部门利用 TRI 数据库可以有效地完善企业信息公开和促进公众参与。纽约州环境资源部用 TRI 数据确定出全州境内 400 家工厂排放出该州 95% 的有毒物质。据此，政府环境资源部门有针对性地

① Ross, S. M., 'Two Rivers, Two Vessels: Environmental Problem Solving in an Intercultural Context', In Star Muir & Thomas Veenendall（Eds.）, *Earthtalk*, Westport, Connecticut: Praeger Series in Political Communication, 1996, pp.171-190.

② Fung and O'Bourke, 'Reinventing Environmental Regulations from the Grassroots Up', *Environmental Management*, Vol 25, Issue 2, February 2000, pp 115-127.

③ *Economic Analysis of the Final Rule to Add Certain Industry Groups to EPCRA Section 313*, Washington D. C.: EPA, April 1997, pp.6-29.

修改政策，重点对这些工厂进行多媒体通告、强化监督、持续检测，并通过各类媒体形式促进公众参与。[①]

立法是 TRI 在风险传播中对公众参与推动作用的最高体现。在制定政策方面 TRI 数据库同样具有很高的公众参与性。路易斯安那州议会根据 TRI 数据库里的信息，要求州环境质量部（DEQ）颁布法令确定 100 种优先污染物，并为它们确立排放标准，并以 1987 年为起点到 1994 年减少 50% 的排放。[②] 基于 TRI 数据库的学术研究以精英阶层为主要的风险传播对象，在此基础上产生的理论对精英阶层的问题分析起到框架的作用，在国际范围能培养出一些学术共同体，从而进一步影响大众的风险认知，为政策的出台奠定基础。比如在环境正义理论假说里，认为至少在美国部分区域内，穷人与少数族裔社群居住在离工厂、公路和机场等高污染、高噪音区域里更近的地方，这必然对他们的健康产生更大的危害和风险。[③] 这一理论至少在美国部分地区通过 TRI 数据库的信息得以证实，如前文所述的密西西比河走廊上的"癌症村"。这一理论在国际上产生影响，因为大量的工业废物被运往发展中国家，引起国际学术界的注意。1995 年 9 月，77 国集团修订了《巴塞尔公约》，禁止所有危险废物从工业国出口到其他国家（主要是第三世界）。[④]

在充分公众参与层面，实际是在机构（institution）内进行的意见交换过程，在公共选择理论里，是获得公众选票的过程。福柯（M. Foucault）认为机构是一个权力场，对于发生在制度环境（institutional settings）下公共政策讨论中话语的考察，能够揭示出这样的（公共）空间：在那里，公民被明显地排斥于公众参与之外，抑或公民明显地被鼓励参与其中。[⑤]

---

① 'States as Innovators: It's Time for a New Look to Our Laboratories of Democracy in the Effort to improve Our Approach to Environmental Regulation', *Alabama Law Review* 347, pp.370 -371.

② *Economic Analysis of the Final Rule to Add Certain Industry Groups to EPCRA Section 313*, Washington D. C.: EPA, April 1997, pp.6 - 29.

③ John McQuaid, 'Q & A: What is Environmental Justice?', NOLA Live, January 7th, 2002.

④ Bullard, R., 'Confronting Environmental Racism in the Twenty-First Century'. *Global Dialogue*, April 26, 2012.

⑤ Foucault, M., 'The Subject and Power', In Huber L. Dreyfus & Paul Rabinow (Eds.), *Michel Foucault: Beyond Structuralism and Hermeneutics*, Chicago: University of Chicago, 1982, pp.208 - 226.

在这个层面公众参与中公民做了有影响力的事情，需要更多的底层公众参与和支持方能实现。

三、风险传播中公众参与各层次的相互作用

通过 TRI 数据库在美国 30 多年实践的分析，我们发现对于企业的环境污染，需要有多利益主体、多层次的公众参与，以形成公众的选择，达成一致的舆论，再进一步推动政策的出台。TRI 数据库的存在使得从公民个人到立法机构都有了可以量化以确定风险的科学依据；同时，好的公共政策的出台需要科学知识与社会正义的结合，多层次的公众参与能够保障这一目标的实现。这一过程实质还是信息对称下的公众选择。[1]在各类公众参与过程中，认知风险一直是公众参与的主要目标，各类公众参与形式是实现这一目标的程序保障。企业的公众参与，对内是为了监测企业风险，对外是为了树立负责任的社会形象以获取更多的市场利润，对公众来说有了风险感知的目标客体；初级公众参与中公民个体或社区团体，为了主动争取风险信息双向流通的参与机会，是获取参与的前提；部分公众参与是通过大众传媒与专业民间团体，把风险的科学知识用大众化的语言传递给公众，其目的是为了让公众与政策制定者之间缩小知识沟，形成强大的舆论，为建立双向信息流通创造条件；充分公众参与是在保障前三种公众参与的前提下，实现体制内的权力去中心化，达到风险管控政策的科学化与社会正义性。这四个层次具有阶梯性与递进性的特征，彼此有不可或缺、各有各的功能。

在 TRI 数据库基础上多层公众参与的借鉴意义。我国现在还没有建立 TRI 数据库，目前对于企业环境污染最有影响力的监督形式是中央环保督察。从 2016 年开始的中央环保督察在我国环境保护过程中起到了重要的作用。前三批中央环保督察之后，初步立案处罚的企业 15 586 家，罚款额度 7.75 亿元，立案侦查案件 1 154 起，行政和刑事拘留人数为 1 075 人。然而，上述这些信息只有结果，具体信息从未对社会公

---

① Simmons，M.，*Participation and Power Civic Discourse in Environmental Policy Decision*，Oneonta：State University of New York Press，2005，p.26.

开过。① 权力监督及其制约理论为政府干预地方环境保护工作、全面开展中央环保督察提供了理论依据。同时，后工业社会理论认为环境污染这类负外部公共属性管理问题，是两级体制（即政府和企业）失灵所造成的，需要引入第三部门的参与管理与监督。② 中央环保督察这种属于政府内部的权力监督，有学者认为这种权力制约的方式不可避免地形成一种拮抗效果，将会导致管理资源的内部消耗，也将会增加社会治理的成本，不利于我国环境公共利益的实现，③ 这还是没有逃过政府失灵的圈子。不过，中央环保督察在我国还是必要的，督查代表党中央国务院在管理上有权威性，是由监督企业—监督政府—监督地方党委建构的权力监督模式，④ 督查推动了地方政府治理环境的效率，这是基于我国国情对于环境保护重点工作的顶层设计不断细化的结果。同时，我国的环境保护应该有充分的多层面的公众参与，形成畅通的有效传播，包括政府、企业和各层次公众的多元主体。本研究这种基于 TRI 数据库基础上多层次的公众参与，对于推动解决我国企业污染的传播失灵具有一定的借鉴意义。

---

① 《积弊　清理：2016—2017 年度 120 城市污染源监管信息公开指数（PITI）报告》，公众环境研究中心，2017 年，第 11—13 页。

② 若弘：《中国 NGO：非政府组织在中国》，人民出版社，2015 年，第 5—12 页。

③ 刘奇、张金池：《基于比较分析的中央环保督察制度研究》，《环境保护》，2018 年第 11 期，第 51—54 页。

④ 常纪文、王鑫：《由督企、督政到督地方党委：环境监督模式转变的历史逻辑》，《环境保护》，2016 年第 7 期，第 18—23 页。

第七章

有效传播的重建：建立我国的 PRTR 体系

建立我国的 PRTR 体系，需要在理论上解决传播失灵的问题。总的来看，中央政府环保部门（即生态环境部）主管 TRI 数据库建设并对公众开放，这保证了环境污染数据的公共产品属性，从而脱离了市场化媒体的内容扭曲性传播失灵；有害化学品清单的合理演进使缩小环境污染的负外部性成为可能，加上地方政府对企业的监督、中央政府对地方政府的监督，以及信息对外界的透明性，能够很好地纠正企业环境污染的功能性传播失灵；在强制公开的规制面前，企业和地方政府作为环境污染信息的传送者，中央政府环保部门作为主管者，建立起完整的 TRI 数据库，建立起完整开放的媒介平台，具有各层次参与能力的公众为受众，形成完整的传播结构与功能，从而

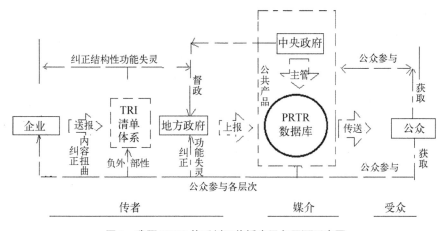

图6 我国 PRTR 体系纠正传播失灵各层面示意图

纠正我国企业环境污染的结构性功能的传播失灵。（见图 6）。PRTR 体系已经成为国际社会化学品环境安全管理的重要制度之一。建设 PRTR 制度对于我国纠正环境污染领域的传播失灵具有理论的可能性，也具有重要的现实意义。

第一节　确立为公共产品：中央政府环保部门
管控全国统一 PRTR 数据库建设

一、我国中央政府主导统一数据库建设，保证公共产品属性

我国企业环境信息公开之实践困境亟待政府最高环境资源部门出面管控以扭转局面。

首先，中央政府环保部门主管并对公众开放，是使我国 PRTR 数据库中的企业环境污染信息成为全民之公共产品的客观需要。市场化传媒在传播环境污染的信息方面之所以会出现内容扭曲而导致传播失灵，是因为环境污染信息具有明显的两个属性，决定其不能够依靠市场力量进行有效分配：

（1）环境污染信息所服务的对象或所指向的客体，如大气、水、土壤等，是共享的，不会因为一个人的消费而影响其他人的消费，它是非排他性的。

（2）环境及环境污染的信息不是私人物品，不是专有的，只要它被提供给一个团体，一个团体的每一位成员都可以使用它。因此，这些属性决定了环境污染信息不可能成为市场化的商品，它需要成为公共产品并有效管控才能够发生效益。中央政府环保部门主管 PRTR 数据库建设，并对公众公开，保证了企业环境污染信息的公共产品属性。

其次，中央政府环保部门主导数据库建设，是纠正地方政府功能性传播失灵的需要。地方环境资源部门未真正发挥在企业环境信息公开中的监督作用。比如被调研的 29 个省份中，有 31% 的"重点监控企业环境自行监测信息发布平台"的污染源自动监测数据，在发布时间上存在至少 24 小时或以上的时间滞后。[①] 其主要原因在于地方政府的内在性和组织目标，

---

① 《蓄势 待发——2015—2016 年度 120 城市污染源监管信息公开指数（PITI）报告》，公众环境研究中心，2016 年，第 26 页。

地方政府既要发展经济，又要保护环境，而在多数情况下发展经济挤压环境保护，从而导致环境监督的传播失灵，特别是对第三方监督与媒体监督。中国环境治理一开始都是由政府主导的，被称为"政府主导型环境保护"。① 由中央政府委托省级政府管理，然后再交给县级政府执行，具有典型的阶梯性治理特点。中央政府是委托方，具有指定目标与规则的职权；中间的省份政府为管理方，使得其承担管理职责，敦促地方政府有效执行国家法规；基层政府是代理方，具体执行政策法规。② 通过中央政府的监督，PRTR 数据库要求地方政层层递交监管信息，并形成完整的数据库。这一模式有利于纠正地方政府功能性传播失灵，实践证明这一监督的效率，也保证 PRTR 数据库的完整性。

二、政府管控统一数据库为公共产品，是国际经验的总结

实践证明，PRTR 制度建设由最高环境资源部门管控统一的 TRI 数据库是一个国际惯例。欧美等国都是由政府最高环保主管部门对企业环境信息公开进行监管。美国 TRI 数据库由 EPA 主管和营运，EPA 对需要进行排放与转移申报的企业类型、有毒物质、申报程序等做了明确规定，并制定了相应的管理规则和技术指南，对企业提交相应数据做出规范。③ 企业需按照要求填写并向州政府和 EPA 提交报告，由 EPA 统一整理并公布。"美国 TRI 制度是由法律、总统令、若干最终规则和通知建立的一种强制性行政手段。"④ 与此类似，欧盟的 EPRTR 制度要求企业将污染物情况提交至各自国家主管当局，由主管当局将数据汇总提交至欧盟委员会和欧洲环保局，并最终通过 EPRTR 网站公开污染物数据。日本的 PRTR 制度也是由企业提交至地方环保主管单位，再汇总至中央政府统一进行数据分析和信息公开。以上国家 PRTR 制度的运行都离不开该国政府最高环保主管部门的管控。

---

① 洪大用：《中国民间环保力量的成长》，中国人民大学出版社，2007 年，第 63 页。
② 周雪光、练宏：《中国政府的治理模式》，《社会学研究》，2012 年第 5 期，第 69—93 页。
③ *Toxic Chemical Release Inventory Reporting Forms and Instructions*（Revised 2012 Version），Washington DC：Office of Pollution Prevention and Toxics（USA），EPA，2013.
④ 赵小进、刘凯、陈红燕等：《美国 TRI 制度对中国 PRTR 制度实施的启示》，《环境科学与管理》，2016 年第 2 期。

　　中央政府环保部门主管在对 PRTR 数据库建设初期困难的解决尤为重要。我国企业环境信息数据库建设正处在初创阶段,在数据完整性和准确性方面面临挑战。与此类似,美国 TRI 数据库建立初期也面临同样的困境。因早期 EPA 资金缺乏使得 TRI 项目执行困难,依靠企业自愿进行登记。项目实施第一年,有 25% 的企业未提交相应的数据报告。[①] 此外,TRI 仅仅要求企业提交已知的或可查明的数据,而缺乏测量或验证方式。尽管次年报告中污染排放和转移数据相比下降了 11%,但研究发现这并不代表企业排污行为的转变,更多因企业评估技术改变等原因导致测量结果偏低。在环保主义者调研的 45 家排放数据下降的企业中,只有 13 家真正采取了措施减少排放。

　　对此,EPA 每年都会从 2 万多家申报企业中抽取 3% 左右进行核查,并且会将 TRI 报告与其他项目要求报告进行对比。对违反报告义务的企业,EPA 采取按日计罚的措施,最高可达到每日 37 500 美元的罚款。[②] 为了避免人工申报的复杂,EPA 开发了企业申报的 TRI-MadeEasy(TRI-ME)软件,申报者可自行在网络上下载,并依据提示申报,申报数据可通过中央数据交换系统传递至 EPA。这一软件具有错误检查功能,在数据检查时若发现问题会及时向企业发出通知并令其纠正。[③] 在一系列行政措施的改进下,TRI 数据库的信息公开在减少企业污染上有着显著效果。相比 1988 年,1992 年数据显示美国有害化学品排放量减少了 35%,转移量减少 34%。与美国 TRI 数据库建设初期类似,我国企业环境信息数据库的最大困境是数据完整性缺失。因此,由最高环境资源部门直接管控,在人力、技术、权威性等方面的保障有助于建立完整、统一的 TRI 数据库。

三、科学与效益:第三方专业机构营运数据库

　　政府已意识到建立统一的企业环境信息数据库的重要性。环保部部长

---

　　① Hamilton J., *Regulation through Revelation: the Origin, Politics, and Impacts of the Toxics Release Inventory Program*. Cambridge University Press,2005,p.53.
　　② 《格局 创新——2014—2015 年度 120 城市污染源监管信息公开指数(PITI)报告》,公众环境研究中心,2015 年,第 51 页。
　　③ *A Tool for Environmental Policy and Sustainable Development: Guidance Manual for Governments*,Paris:Organisation for Economic Cooperation and Development,1996,p.85.

陈吉宁提出要运用"互联网＋"、大数据等智能技术推进环境治理能力和治理体系现代化；[①] 环保部还通过了《生态环境大数据建设总体方案》，以建设统一的污染物排放在线监测系统。[②] 北京市环保局于 2015 年年底发布相关通知，要求重点排污单位同步在北京环保公众网"企业事业单位环境信息公开平台"上统一发布环境信息。[③] 由此可见，建立统一、完整的企业环境信息数据库是政府环境治理的迫切需求。

在数据库建设上有着丰富经验的第三方专业机构能够保障企业环境信息的科学性与完整性。IPE 自 2006 年起开始建设污染数据库，具有专业运作 PRTR 数据库的丰富经验。该组织最早开发了全国范围内的污染地图，以数据库、App 等多种方式呈现，在数据库建设上有其专业性。目前 IPE 数据库已收录 31 个省、338 个地级市政府所发布的环境排放、环境质量、污染源监管记录、企业被强制披露或自愿披露的信息，[④] 并且记录了最新的监测数据。公众可通过污染地图查询所在城市空气、水质情况及废气、废水污染源分布等数据。尤其在蔚蓝地图 App 上，公众可实现对空气质量的自测，了解自己所在城市的污染物排放情况等，促进公众参与。

建立环境资源部主管、第三方专业机构营运 TRI 数据库的合作机制，以权威化管理和专业化运作保证 PRTR 数据库的科学性。与欧美等国不同，我国存在环境资源部与非政府组织合作建设环境信息数据库的可能。第三方机构在专业信息传播上有其开创性，如 IPE 蔚蓝地图 App 的开发极大地促进了环境信息传播和公众参与；政府的权威性可以弥补第三方机构在数据完整性上的不足，且可以为数据库建设提供更多资金、技术、人力资源。IPE 与自然资源保护协会 2014—2015 年污染源信息公开指数评价结果发布会是在北京市环保局召开的，北京市环保局监测处处长、温州市环保局副局长出席会议，显示非政府组织与政府环境资源部门的关注焦点一致，存在合作可能。[⑤] IPE 还在其蔚蓝地图 App 3.0 中尝试与政府举报数据

① 曹红艳：《环保大数据呼之欲出》，《经济日报》，2015 年 7 月 1 日。
② 徐丽莉：《〈生态环境大数据建设总体方案〉公布》，《中国环境报》，2016 年 3 月 14 日。
③ 北京市环境保护局：《北京市环境保护局关于开展企业事业单位环境信息公开工作的通知》，2015 年 11 月 2 日。
④ 《携手共享蔚蓝——公众环境研究中心 2015 年度报告》，公众环境研究中心，2016 年，第 4 页。
⑤ 张天潘：《环境信息：没有什么不能公开》，《南方都市报》，2015 年 12 月 16 日。

平台相连通，以促进多方主体参与环保。以行政力量保证数据的完整性，以第三方机构的运作经验保证数据库建设的专业性，对建立我国科学、统一的 TRI 数据库起着重要作用。

第二节　消除负外部性：我国有害化学品清单完善演进逻辑

通过有效传播限制环境的负外部性是 PRTR 体系重要的功能，其最核心的部分就在有害化学品清单的功能及其演化上。负外部性的市场失灵是指一个（法）人的行为可能连带的外部成本，可能会对多个人产生成本，故此市场无法调节这种其他连带人不知情的负外部成本的交换形式。科斯的出现改变了这一切，按照罗纳德·科斯定律，环境的负外部性便可以被交易，通过此种方式可以提高污染成本以遏制污染的负外部性的发生，让市场重新发挥作用；其核心认为那些负外部成本诸如各类有毒化学品或者声音与光的污染，受害者可以通过要求污染者出资赔偿的方式来终止损害行为。一旦契约履行，市场交易完成，污染者就会想着各种方法、技能来减轻污染排放，因为一旦排放，将会变成其生产的实际成本。[①] 科斯定律的实质是通过负外部效应可交易的方式，让市场调节重新发挥作用，其核心保障是各种受害者的知情与负外部成本的可计算性。有害化学品清单就是具有这样的作用。

一、有害化学品清单具有消除环境负外部性的作用

有害化学品清单在 PRTR 体系里就是为了让环境污染的负外部成本变得可计算、让公众能知情而设计的，是 PRTR 体系有效运作的指标体系。根据科斯定律，威廉姆森开创了"交易成本经济学"，根据化学品有害物的成分、剂量与危害，能够计算出可以用来交易的环境负外部性市场价

---

① Coase，R.，'The problem of Social Cost'，*Jouirnal of Law and Economics*，October 1960，Vol.3，pp.1 - 44.

格。① 清单是阻止和计算环境污染负外部性成本的依据，是政府主导企业环境信息数据库公开的指标依据，是企业进行环境信息公开的底线，是媒体、公众获取企业环境信息的指南。② 有害化学品清单不仅是被动地缩小与消除环境污染的负外部性，而且可以用来积极地通过市场交易来消除负外部性，比如碳交易市场的理论基础就是来自科斯定律与威廉姆森的交易成本经济学。批评者认为，这一切都是空中楼阁，因为这种交易很难完成，因为其负外部性没有人愿意进行这种交易。③ 然而，PRTR 体系及有害化学品清单的强制性申报与公开改变了一切，使得这种成本计算与市场交易变成为可能，欧盟碳交易市场执行严格的市场法则取得明显成效就是证明。因此，有害化学品清单的完善也是 PRTR 体系中消除环境负外部性的前提条件。

有害化学品清单的建设是一个不断完善的过程。我国 2016 年废止的《重点目录》中列入了 84 种物质，但与美国的 600 多种、欧洲 90 多种污染物相比，在化学品涉及范围、成本、危害性等方面还有一定差距。我国在类似 PRTR 制度的排污申报登记制度中规定的化学物质种类和数量较少，现有清单笼统且主要是常规污染物。从国际经验看，有害化学品清单也是在实践中不断演进的。美国制定 TRI 项目初期，清单因包含的污染物种类与涉及的行业范围太小，受到环保人士的质疑。④ 知情法案赋予 EPA 增减有害化学品清单中化学物质的权力。因此，EPA 针对有害化学品清单进行了扩展。EPA 于 1994 年通过颁布规章将另外 286 种化学物质及类型增加到了有害化学品清单中。⑤ 此后也有几次增减，目前该清单增加到 595 种单一化学物质和 31 种化学物质类别（其中 4 种类别涵盖 68 种特定化学物质）。⑥ 因此，需要对有害化学品清单的管控主体、增减条件等做出具体规

①　Williamson, O., *The Economic Institutions of Capitalism*, NY：The Free Press, 1985.

②　王积龙、张渠成：《有害化学品清单在环境信息公开中的管理与演进逻辑——以美国 TRI 数据库为个案》，《新闻大学》，2016 年第 5 期。

③　Wolf, C., *Markets or Governments: Choosing Between Imperfect Alternatives*, RAND Corporation, 1986, pp.15 - 17。

④　James T. Hamilton, *Regulation through Revelation: The Origin, Politics, and Impacts of the Toxics Release Inventory Program*, Cambridge：Cambridge University Press, 2005, p.78.

⑤　James T. Hamilton, *Regulation through Revelation: The Origin, Politics, and Impacts of the Toxics Release Inventory Program*, Cambridge：Cambridge University Press, 2005, p.117.

⑥　*TRI-Listed Chemicals*, US Environmental Protection Agency. https：//www. epa. gov/ toxics-release-inventory-tri-program/tri-listed-chemicals, 2017 年 3 月 1 日。

定，以更好地完善该制度。

PRTR 体系中信息公开法规的完善是有害化学品清单能够有效执行的外部保障。我国现有法律体系在企业环境信息公开的规定方面有待完善。新《环保法》规定了重点排污单位强制公开的义务，但是对于如何公开、如何监管等问题解释不清，对于不在重点排污单位名录的企业也未做强制公开要求。《危险化学品安全管理条例》《危险化学品环境管理登记办法（试行）》规定了对重点环境管理危险化学品的释放与转移信息的申报，但具体操作的细节性规定还有待进一步完善，实施效果有限。《办法（试行）》（本章简称《办法（试行）》）中对企业环境信息公开的规定按强制性与自愿相结合的原则进行，但由于概念界定不清等原因，至今仍存在较多企业以商业秘密为由拒绝公开的现象。且《办法（试行）》只是一个环境资源部的部门规章，对国土、城建、水利、海洋、林业、工信等部门缺乏足够影响力和约束力，在推动企业环境信息公开上存在局限。[①]而美国、欧盟、日本都有 PRTR 制度的专项法律，对该制度的实施方式、实施流程、技术保障等内容做出了明确规定。[②]

信息公开法规的建设也是逐步完善的过程。参考国际经验，美国知情法案规定了 TRI 制度的具体流程，符合条件的企业必须向 EPA 上报有毒物质的排放、转移情况；1990 年的《污染预防法》进一步扩展了 TRI 报告的要求，企业在申报时还需添加有毒化学品的废物处理和削减源排放活动信息。欧盟 2006 年《关于建立欧洲污染物释放与转移制度的法规》规定了由各国家当局建立 E-PRTR 制度的具体实施流程，取代了原有的污染物排放登记（EPER）系统；日本的《关于掌握特定化学物质释放量以及促进改善管理的法律》在参照美国 TRI 制度的模式上，建立了 PRTR 申报制度。因此，我国需要在本国国情基础上建立逐步完善的相关法律规范，以推进我国PRTR 体系建设。以新《环保法》和《办法（试行）》为基础，确立最高环境资源部门对企业环境信息数据库建设的主管权力，对需要申报的企业范围、污染物清单、申报内容、申报方式等做出具体规定；同时，对于拒绝公

---

① 王华、郭红燕、黄德生：《我国环境信息公开现状、问题与对策》，《中国环境管理》，2016年第 1 期。

② 于相毅、毛岩、孙锦业：《美日欧 PRTR 制度比较研究及对我国的启示》，《环境科学与技术》，2015 年第 2 期。

开的企业的处罚措施、商业秘密的具体界定、信息公开的渠道等加以改进。

二、清单消除负外部性的进化逻辑

我国有害化学品清单的演进应遵循一定的逻辑。作为我国首个致力于企业环境信息公开的有害化学品清单，曾经的《重点目录》开创性意义是毋庸置疑的，即使不废除，也需要在不断的修改中增强科学性。公众对化学品危害性的认知高低、化学品的危害程度轻重、控制成本高低和影响范围大小都是影响有害化学品清单扩张的关键因素（见图7）；此外，还应按照无害原则完善有害化学品的退出机制。

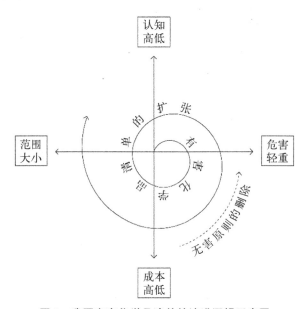

图7　我国有害化学品清单的演进逻辑示意图

演进逻辑之一：公众认知度高的有害化学品较早添加进清单，反之则较晚添加。公众对化学品危害性的认知程度与媒体报道、日常生活接触频率以及是否发生重大环境灾害事件等因素有关。参考国际经验，美国按照公众认知度由高到低的逻辑顺序将有害化学品列入清单。美国1986年知情法案的颁布正是受到印度博帕尔工厂异氰酸甲酯化学品泄漏和美国弗吉尼亚州化学品泄漏事件的冲击，其第313条规定建立有害化学品清单及其数据库。异氰酸甲酯毫无疑被列入其中。与此类似，日本水俣病的广泛影响使公众充分认知汞的危害，也早早被列入日本有害化学品清单。我国《重点目录》自公布后至今尚未修改，应结合我国国情充分考虑公众认知度这一因素，因为它在一定程度上反映着民意，任何政府都不会轻视这一要素。

演进逻辑之二：有害化学品清单的扩张遵循危害程度由高到低的逻辑。危害程度不只限于生产安全，还会对环境和健康产生长期负面影响，例如威胁水生环境、具有生殖毒性或是具有其他潜伏性风险的化学品。以"壬基酚"为例，传统生产安全意义上并非危险化学品，但该物质具有环境危害性，因而被新增进国家安监总局 2013 年《危险化学品目录（征求意见稿）》和环保部的《重点目录》中。"持久性、生物累积性和毒性""生产使用量大或用途广泛"，且"具有高的环境或健康危害性"是环保部制定《重点目录》的几大考量要素。参考美国 TRI 制度，其有害化学品清单也是按照对健康、环境的危害程度原则来进行删减的，包括引起或可能引起"重大急性健康威胁"，致癌、畸形或其他"不可治愈的疾病"，具有"环境持久、生物累积"及长期毒性（James T. Hamilton，2005，p.119）几大参考指标。按照这一原则，美国环保署已对有害化学品清单进行过 11 次增补，最新一次仅新增了六溴环十二烷一种化学品。六溴环十二烷作为一种阻燃剂被广泛运用于建筑绝热材料、家具、汽车座椅等产品中，具有神经毒性、生殖毒性和生物聚集性。联合国已发布禁令在全球范围内禁止使用该化学品，欧盟有毒化学品清单和我国《重点目录》也已将其列入其中。

演进逻辑之三：有害化学品的使用范围越广，控制成本越高，被列入清单的可能性越小；反之，则越大。在这方面，塑化剂是非常典型的化学品。"白酒塑化剂"事件于 2012 年 11 月把这类问题展现在公众面前，起因于酒鬼酒公司被爆出邻苯二甲酸二丁酯（DBP，塑化剂的一种）含量超标 2.6 倍。因塑化剂是公众熟悉且具有较大危害的"环境激素"类物质，已经列入欧盟和美国有害化学品清单中。但由于塑化剂在我国白酒行业中使用范围广，白酒在我国某些省份甚至是支柱性产业，若将其列入有害化学品清单，将会带来巨大的经济损失，控制成本过高，因此最终并未列入《重点目录》。

有害化学品清单的演进是认知、危害、成本、范围四种因素综合考量的结果。此外，环境资源部在实际操作中也需立足本国国情，兼顾各方利益主体。上述所提塑化剂在中国未被列入《重点目录》便是如此。《重点目录》公布之前，环保部曾于 2013 年公布过"十二五"重点防控化学品目

录，其中涉及 58 种有害化学品，且《化学品环境风险防控"十二五"规
划》中指出有 25 种"累积风险类重点防控化学品"会被列入《重点目录》。
但最终仅有 6 种化学品入选 2014 年公布的《重点目录》。落选的化学品中
双酚 A、邻苯二甲酸二乙酯（DEHP 塑化剂）、三丁基氯化锡（TBTC）三
种是有重大环境和健康风险的化学品。其中双酚 A 已经被卫生部禁用于婴
儿奶瓶的生产中。可见，环境资源部在制定有害化学品清单时需要兼顾多
种因素的综合作用。

　　演进逻辑之四：有害化学品清单的退出机制应遵循无害删除的原则。
首先，在操作过程中，存在高估某些化学品毒性的可能。以国际经验为
例，赫斯特塞拉尼斯公司于 1989 年向美国环保署提出从清单中删除硫酸钠
溶液这一物质。硫酸钠对眼睛和皮肤确有刺激作用，也会造成大气污染，
但环保署发现其毒性未达到"对健康的严重危害、慢性或长期健康影响和
环境毒性的标准"，因此将其从有害化学品清单中删除。其次，某些化学
品在不同状态下危害程度不同。气溶胶状态的硫酸对人体健康和空气危害
较大，但非气溶胶状态下其毒性较小。因此 EPA 将非气溶胶状态的硫酸
从有害化学品清单中删除，并严格限定了硫酸包括雾、蒸汽等在内的酸性
气溶胶形式。[①] 欧盟 EPRTR 制度的有害化学品清单中目前仅有 91 种物
质，[②] 因部分有害化学品在严格控制下已逐渐退出市场，不再需要列入清
单。因此，为了避免控制成本过高，对于已无法对人体健康和环境造成严
重危害的化学品可考虑删除。

第三节　重建有效传播：公众参与是保障

　　企业环境信息公开作为环境传播的一部分，要达到好的传播效果离不开
公众参与。单独的政府主导型环境保护具有很多缺陷，需要多方主体的共同
参与，对政府行政权力进行补充和监督。根据公共选择理论，非市场化失灵

---

　　① *Changes to The TRI List of Toxic Chemicals*，US Environmental Protection Agency，https：//www. epa. gov/toxics-release-inventory-tri-program/changes-tri-list-toxic-chemicals 2016 年 11 月 28 日.

　　② European Environment Agency，http：//prtr. ec. europa. eu/#/static? cont = about，2017 年 3 月 3 日.

往往需要市场化的手段来纠正。它把政治选票看作市场选票的一种形式，政府及其官员与市场同为并行机构，接受公众选择，如同市场里接受消费者选择一样。公众参与各种形式的表达就是公众选择的过程。就 PRTR 体系的运作来说，只有公众参与才能解决各种类别的传播失灵，比如内容扭曲的传播失灵就很容易造成信息不对称，环境信息本身又具有专业门槛，造成公众对环保参与热情不高，需要运用多种方式充分调动公众参与的积极性。

一、丰富 PRTR 数据库信息公开的形式，以减少内容上的传播失灵

运用多种解读方式帮助公众理解环境信息。公众如何获取环境信息并理解其内容是 PRTR 制度的重要一环。但是，受众在缺乏科学知识的前提下，获取环境信息时存在知识沟，无法解读数字背后的含义，传播效果差。语言、形式的易读性是受众认知的基础，需要运用图片、表格、短片等方式将科学话语改变为通俗易懂的语言。[①] 借鉴国际经验，美国 TRI 数据库初期因仅公布单一数据而遭受质疑。企业环境污染数据专业性太强，仅仅提供数字而缺乏相应的解读容易造成公众误解甚至恐慌；数据更多以化学品排放和转移数量为衡量标准，缺乏对污染物毒性的衡量，易导致排放量大但毒性较小的企业备受舆论压力，而排放小但毒性大的企业却未受到关注；[②] 数据的获取需要利用先进的计算机在线服务进行，普通公众难以接触。因此，EPA 公布了化学品的毒性数据、企业提交的 TRI 申报数据和相应的数据分析报告；开发了 TRI-Explorer 便于公众获取和查询相关信息；开发 TRI 污染防治搜索（PPS）提供同类企业的排放数据比较，在信息加工和分类整合上有其突出特色。相比之下，IPE 在技术手段、数据解读上略有差距。以图表、分析报告等方式对专业数据进行解读能够缩小知识沟，若能增加语言的趣味性、故事性，甚至通过突发事件来讲故事，这些都有助于公众理解环境数据。

与自身利益相关的信息更能引起公众的关注和思考，也是缩小知识沟的最好切入点。因此，需要将环境数据转化为与公共利益、衣食住行等息息相

---

① Maher Z., 'Investigating Citizens' Experience of Public Communication of Science (PCS) and the Role of Media in Contributing to This Experience (A Case Study on Isfahan Citizens)', *Global Media Journal*, 2015, 13 (24): 1-30.

② Karkkainen B. C., *Information as Environmental Regulation: TRI and Performance Benchmarking*, Precursor to a New Paradigm. Geo. LJ, 2000, p.332.

关的信息。美国 TRI 数据库的应用软件 myRTK 帮助公众了解自己周围的污染物情况及对健康的影响等信息，输入邮政区号便可查询。IPE 开发了蔚蓝地图 App，帮助公众查询自己所在城市的污染企业及相关污染物排放数据。但是该地图无法实现县级或以下更精准的定位，其开展的调研也仅限于满足该 120 个城市公众的需求。因此，需要借助政府力量，建立统一、完整的数据库并对公众公开，通过各种解读方式将科学语言转化为大众语言，使得公众可以更方便快捷地获取与理解信息，形成对企业的监督。

二、公众参与助推清单缩减环境的负外部性

有害化学品清单的建立与完善离不开公众参与。我国在公布《危险化学品目录（2015 版）》之前曾制定"征求意见稿"，公示期为 2013 年 9 月 26 日—2013 年 10 月 31 日，公众可通过信函、电子邮件、传真 3 种方式进行。不过公众意见内容、政府是否回应、有关职能部门是否采纳均不得而知。从国际实践来看，美国知情法案规定公众有权对化学物质的删减、申报企业范围及报告形式等内容提出意见，EPA 需要在 180 天内做出回应。EPA 于 1994 年提出的修改申报最低数量门槛的提议收到了 500 条意见，其中 400 条来自企业和行业协会，100 条来自环保组织、公共利益团体、国家机构成员和普通公民。从 1987—2003 年，企业和行业协会多次请求减少有害物清单化学品数量。在这些请求的基础上，EPA 于 1989 年发布了第一份 TRI 报告。该报告的数据相比 1987 年收集数据减少了 1 种化学物质，比 1988 年的数据减少了 3 种化学物质，另有 4 种化学物质被提议删除。有害化学品数量的不断递减是公众参与的共同结果。欧盟 EPRTR 条例同样规定公众有机会参与到 EPRTR 法案的修订准备程序之中。欧美国家对公众参与权利的详细规定有助于提升公众参与的积极性，对我国有害化学品清单的完善有借鉴意义。

建立相关法规保障公众参与 PRTR 制度建设的权利，以提高公众参与的意愿。公众对信息的关注程度取决于信息与公民个人利益的相关程度[1]，

① Longnecker N., 'An Integrated Model of Science Communication—More than Providing Evidence', *Journal of Science Communication*，2016，15（05）.

因而在 PRTR 制度建设中更多地引入公共利益可以促进公众参与。公众除了通过 PRTR 制度获取环境信息之外，还应参与 PRTR 制度本身的修改，可以提升公众主动了解化学品物质属性的意愿，真正实现公众与政府决策的对话与有效互动。政府、学术机构、环保组织、媒体等多方环保主体都能充分运用 TRI 数据库对企业环境信息公开进行监督，通过自身行为向企业施压以遏制污染。根据美国一项民意调查显示，85％的 TRI 数据使用者向企业施加了压力，其中 58％的目标企业会对其做出回应并采取相应减排措施。相比之下，中国的污染物清单主要由政府制定公布，公众参与制定过程的机会较少，公众意见的具体内容和回应都不被公开。因此，要充分保障公众参与权利，提升公众参与的积极性。

三、公众参与纠正非市场的传播失灵

公众参与助力中央监督纠正地方政府的传播失灵。按照公共选择理论，中央政府的民选属性也就决定了民众选择的合理性。在我们国家的环境保护中，公众参与多以中央政府出台的法律法规与政策系统为依据，在全国范围内争取舆论支持，以敦促地方政府的不作为。[①] PRTR 体系由中央政府环保部门主管，地方政府呈报其所属地的企业环境信息，在公众参与的背景下，迫使地方政府改变其内在性和组织目标，很容易纠正地方政府的功能性传播失灵。

建立全国统一的 PRTR 数据库是公众参与的基础，它的权威性来自政府最高环境资源部门。企业环境信息数据由企业上报至各级地方政府，需要环保最高行政机构的管控，才能保障全国各地的数据汇总到统一的数据库中，从而保证企业污染信息的公共产品属性与信息的完整性。对于地方政府未按照要求上报或公开数据的情况，环境资源部可以对其进行行政问责。新《环保法》第 67 条规定了上级政府及其环保部门对下级政府和环保部门的监督权力，并且可以对有违法行为的工作人员直接做出"越级处罚"，变成一种行政监督行为，具有强制性、规制性和效率性，社会组织

---

① 汪永晨：《西部江河开发与公众参与》，载于汪永晨：《改变：中国环境记者调查报告（2006 年卷）》，2007 年，第 122—145 页。

与公众对地方政府的监督都难以达到这样的效果。因此，最高环境资源部门必须成为 PRTR 全国统一数据库建设的管控者，通过其行政手段能够把地方政府监控企业的环境信息汇总到一起。从国际经验来看，美国 TRI 制度、欧洲 E-PRTR 以及日本的 PRTR 制度等都是依靠政府最高环境资源部门的行政力量来保证信息收集的权威性与统一性，而不是任何其他政府机构或社会化组织。

　　结合我国的实际，须重建企业环境信息的有效传播。我国的 PRTR 制度建设是由一个多元素相互作用的体系构成的（见图 8）。它以建立对公众开放的统一 PRTR 数据库为核心。该数据库应由政府最高环境资源部门管控以保证其数据的公共产品属性和权威性，并委托第三方专业机构承运以保证其信息内容的科学性。信息公开法规和有害化学品清单规定企业公开环境信息的义务，力图使环境污染的负外部性可计算、可知晓、可交换、可负责，地方政府监督企业信息公开并将环境数据上报至环境资源部。政府机构、市场组织、媒体、公民、社会团体和学术机构等主体的加入丰富了公众参与的形式，有助于企业环境信息公开中的各类传播失灵。

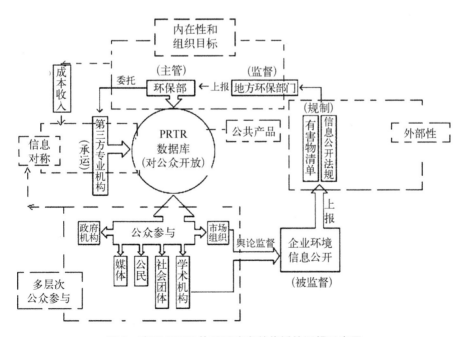

图 8　我国 PRTR 体系重建有效传播的逻辑示意图

主要参考文献
References

一、中文文献

［1］黑川哲志. 环境行政的法理与方法［M］. 肖军译. 北京：中国法制出版社，2008.

［2］贝尔纳. 科学的社会功能［M］. 陈体芳译. 桂林：广西师范大学出版社，2003.

［3］巴巴拉·亚当，等. 风险社会及其超越［M］. 赵延东，等译. 北京：北京出版社，2005.

［4］常纪文，王鑫. 由督企、督政到督地方党委：环境监督模式转变的历史逻辑［J］. 环境保护，2016，44（7）.

［5］戴斯·贾丁斯. 环境伦理学［M］. 林官明，杨爱民译. 北京：北京大学出版社，2002.

［6］董立延. 水俣病：现代社会的一面镜子——从公害发源地到环境模范都市［J］. 福建论坛（人文社会科学版），2013（7）.

［7］冯建三. 传媒公共性与市场［M］. 台北：台湾巨流图书公司，2012.

［8］李艳萍，张立仁，熊永根，等. 急性氯化氢吸入中毒144例临床报告［J］. 工业卫生与职业病，2007，33（1）.

［9］刘奇，张金池. 基于比较分析的中央环保督察制度研究［J］. 环境保护，2018（1）.

［10］罗文辉，陈韬文，等. 变迁中的大陆、香港、台湾新闻人员［M］. 台北：台湾巨流图书公司，2004.

［11］潘祥辉. 论传播失灵、政府失灵及市场失灵的三角关系——一种信息经济学的考察视角［J］. 现代传播（中国传媒大学学报）［J］，2012，34（2）.

［12］若弘. 中国NGO：非政府组织在中国［M］. 北京：人民出版社，2010.

［13］唐兴华，李琼，曾婉婷，等. 硫酸钡制剂在消化道造影中的不良反应及并发症研究进展［J］. 中国全科医学，2013，16（27）.

［14］汪永晨，王爱军. 改变——中国环境记者调查报告［M］. 北京：生活·读书·新知三联书店，2006.

［15］汪永晨，熊志红. 关注：环境记者沙龙讲堂［M］. 北京：生活·读书·新知三联书店，2009.

［16］王华，郭红燕，黄德生. 我国环境信息公开现状、问题与对策. 中国环境管理

[J].2016，8（1）.

[17] 于相毅，毛岩，孙锦业. 美日欧 PRTR 制度比较研究及对我国的启示 [J]. 环境科学与技术，2015，38（2）.

[18] 约翰·缪尔. 我们的国家公园 [M]. 郭名京译. 长春：吉林人民出版社，2012.

[19] 布坎南. 自由市场和国家 [M]. 吴良健，等译. 北京：北京经济学院出版社，1988.

[20] 张秦初，唐承汉，尚明琪. 一例氢氧化钠中毒尸检报告 [J]. 中国法医学杂志，1987（3）.

[21] 赵万里. 科学的社会建构：科学知识社会学的理论与实践 [M]. 天津：天津人民出版社，2002.

[22] 赵小进，刘凯，陈红燕，等. 美国 TRI 制度对中国 PRTR 制度实施的启示 [J]. 环境科学与管理，2016.

[23] 王积龙. 抗争与绿化：环境新闻在西方的起源、理论与实践 [M]. 北京：中国社会科学出版社，2010.

[24] 王积龙，张渠成. 有害化学品清单在环境信息公开中的管理与演进逻辑——以美国 TRI 数据库为个案 [J]. 新闻大学，2016（5）.

[25] 王积龙. 雾霾区和非雾霾区大学生风险感知与政策认知的实证研究 [J]. 现代传播（中国传媒大学学报），2018（12）.

[26] 王积龙，闫思楠. 企业污染的舆论监督为什么需要多层次的公众参与——基于美国 TRI 数据库实践的研究 [J]. 中国地质大学学报（社会科学版），2019（1）.

二、英文文献

[1] Abelson, J. , Eyles, J. , Mcleod, C. B. , Collins, P. , Mcmullan, C. , & Forest, P. G. , Does deliberation make a difference? results from a citizens panel study of health goals priority setting. *Health Policy*, 2003, 66（1）.

[2] Acharya, Keya. Noronha, Frederick. *The Green Pen: Environmental Journalism in India and South Asia*, NewDelhi: SAGE Publications, 2010.

[3] Agarwal, Narain. 'Global warming in an unequal world'. *Independent*, 1991, 71（6）.

[4] Ann, Ronald. *Reader of the purple sage: Essays on western writers and environmental Literature*, Reno: University of Nevada Press, 2003.

[5] Aronoff, M. , & Gunter, V. , 'A Pound of Cure—Facilitating Participatory Processes in Technological Hazard Disputes', *Society & Natural Resources*, 1994, 7（3）.

[6] Aronson, N. , 'Science as a Claims-making Activity: Implications for Social Problems Research', in J. Schneider and J. I. Kitsuse（eds）, *Studies in the Sociology of Social Problems*, Norwood, NJ: Ablex.

[7] Ballard, K. R. , & Kuhn, R. G. , 'Developing and Testing A Facility Location Model for Canadian Nuclear Fuel Waste', *Risk Analysis*, 1996, 16（6）.

[8] Barbara Adam, *The Risk Society and Beyond Critical Issues for Social Theory*, London: SAGE, 2000.

[9] Barry Commoner, ' The Ecosphere ', *The Closing Circle: Nature, Man and*

Technology，Publisher：Alfred A. Knopf New York，1971.

[10] Baxter，L.，Egbert，N.，'Everyday Health Communication Experiences of College Students'，*Journal of American College Health*，2008，56.

[11] Beierle，T. C.，& Cayford，J.，*Democracy in Practice: Public Participation on Environmental Decisions*，Washington DC：Resources for the Future，2002.

[12] Bennett，John. *Human Ecology as Human Behavior.* New Brunswick（U. S. A）：Transaction Publishers，1993.

[13] Bies，J.，Moag，F.，'Interactional Justice：Communication Criteria of Fairness'，in R. Lewicki（Eds），*Research on Negotiations in Organizations*，1986，Greenwich：CT：JAI Press.

[14] Boykoff，M. T. & Boykoff，J. M.，'Balance as bias：Global warming and the US prestige press'，*Global Environmental Change*，14，2004.

[15] Branch，M.，Bradbury，A.，'Comparison of DOE and Army Advisory Boards：Application of A Conceptual Framework for Evaluating Public Participation in Environmental Risk Decision Making'，*Policy Studies Journal*，2006，34.

[16] Burkhalter，S.，Gastil，J.，'A Conceptual Definition and Theretical Model of Public Deliberation in Small Face to Face Group'，*Communication Theory*，2002，12（4）.

[17] Cash，D. W.，Clark，W. C.，'Knowledge Systems for Sustainable Development'，*Proceedings of the National Academy of Sciences*，100，2003.

[18] Charnley，S.，& Engelbert，B.，'Evaluating Public Participation in Environmental Decision-making：EPA's Superfund Community Involvement Program'，*Journal of Environmental Management*，2005，77（3）.

[19] Checkoway，B.，'The Politics of Public Hearings'，*The Journal of Applied Behavioral Science*，1981，17（4）.

[20] Cvtkovich，G.，*Social Trust and the Management of Risk*，London：Earthscan Publication，2000.

[21] Dahl Richard.，'Greenwashing：Do You Know What You're Buying?'，*Environmental Health Perspectives*，2010，118（6）.

[22] Daniel S，Diakoulaki C.，'Operations Research and Environmental Planning'，*European Journal of Operational Research*，1997，102（2）.

[23] David R. Keller，'Not in My Back Yard：Environmental Injustice and Cancer Ally'，Peggy Connolly，Beck Cox-White，*Ethics in Action: A Case Based Approach*，MA：John Wiley & Sons，2007.

[24] Eberhard Abele，Tobias Meyer，*Global Production: A Handbook for Strategy and Implementation*，Berlin：Springer，2008.

[25] Einsiedel，E. E.，& Eastlick，D. L.，'Consensus Conferences As Deliberative Demacracy —— A Communications Perspective'，*Science Communication*，2000，21（4）.

[26] Eric Aakko，'Risk Communication，Risk Perception，and Public Health'，*WMJ*，Vol.103，No.1，2004.

[27] Evans G，Durant J.，'The relationship between knowledge and attitudes in the

public understanding of science in Britain', *Public Understanding of Science*, 1995, 4 (1).

[28] Fagerlin A., 'How Making A Risk Estimate Can Change the Feel of That Risk: Shifting Atitudes toward Breast Cancer Risk in a General Public Survey', *Patient Education and Counseling*, 2005, 57.

[29] Hannigan, A., 'Science, Scientists and Environmental Problems', *Environmental Sociology*, NY: Routledge, 2006.

[30] Hansen, A. 'Journalistic practices and science reporting in the British press', *Public Understanding of Science*, 3, 1994.

[31] Hart, S., Nisbet, C., 'Boomerang Effects in Science Communication: How Motivated Reasoning and Identity Cues Amplify Opinion Polarization about Climate Mitigation Policies', *Communication Research*, 2012, 39, pp.701 – 723.

[32] Harvey, J., 'Communication Failure on Environmental and Health Issues', *The Irish Journal of Psychology*, 1996, 17 (4).

[33] Herman, E., Chomsky, N., *Manufacturing Consent: The Political Economy of The Mass Media*, NY: Pantheon Books, 1988.

[34] Hornik, R., *Public health communication: Evidence for behavior change*, NY: Lawrence Erlbaum, 2002.

[35] Horty, J. F., 'Hospital-patient Communication Failure Can Turn Medical Cases into Legal Cases', *Modern Hospital*, 1969, 113 (5).

[36] Hwang Y. & Jeong S-H, 'Revising the Knowledge Gap Hypothesis: A Meta-analysis of Thirty-five Years of Research', *Journalism & Mass Communication Quarterly*, vol.86, 2009.

[37] Krishnan, S., 'NGO Relations with the Government and Private Sector', *Journal of Health Management*, 9 (2), 2007.

[38] Kroeber, Karl. *Ecological Literary Criticism: Romantic Imagining and the Biology of Mind*. Columbia University Press, 1994.

[39] Lauber, T. B., & Knuth, B. A., 'Fairness in Moose Management Decision-making: The Citizens' Perspective', *Wild Society Bulletin*, 25 (4), 1997.

[40] Ostman, J., 'The Influence of Media Use on Environmental Engagement: A Political Socialization Approach', *Environmental Communication*, 2014, 8.

[41] Robert V. Percival, Christopher H. Schroeder, Allan S. Miller, *Environmental Regulation Law, Science and Policy*, NY: Wolters Kluwer, 2013.

[42] Roger E, Klistorner S. BioBlitzes help science communicators engage local communities in environmental research. JCOM, 2016, 15 (03).

[43] Rowe, G., & Frewer, L. J., 'Public Participation Methods: A Framework for Evaluation', *Science, Technology & Human Values*, 2000, 25 (1).

[44] Sachsman, D. B., Simon, J., and Vlenti, J. M., 'Environment reporters and U. S. journalists: A comparative analysis', *Applied Environmental Education & Communication*, 7, 2008.

[45] Simmons, T., Beyond Politics: *The Roots of Government Failure*, Oakland: Independent Institute, 2011.

[46] Slovic, P., Perceived Risk, Trust, and Democracy, *Risk Analysis*, 1993, 13 (6).

[47] Stratman, J. E., Boykin, C., Holmes, M. C., 'Risk Communication Meta-communication, and Rhetorical States in the Aspen EPA Superfund Controversy', *Journal of Business and Technical Communication*, 1995 (9).

[48] Tyler, R., Lind, A., 'A Relational Model of Authority in Groups', *Advances in Experimental Social Psychology*, 1992, 25.

[49] Ubell, E., 'Covering the news of science', *American Scientist*, 45, 1957.

[50] Waisbord S., *Watchdog Journalism in South America*. New York: Columbia University Press.

[51] Williamson, O., *The Economic Institutions of Capitalism*, NY: The Free Press, 1985.

[52] William M Lankford, Faramarz Parsa, 'Outsourcing: A Primer', *Management Decision*, 37 (4), 1999.

[53] Wilson, K., 'Forecasting the future', *Science Communication*, 4, 2002.

[54] Wyss, R. *Covering the Environment: How Journalists Work the Green Beat*, Lawrence Erlbaum Associates, 2007.

[55] Yearly, S., *The Green Case: A Sociology of Environmental Issues, Arguments and Politics*, London: Routledge, 1992.

索　引
Index